Kathrin Lang

Transkriptionelle Analysen bei B. japonicum auf Genistein und Stress

Kathrin Lang

Transkriptionelle Analysen bei B. japonicum auf Genistein und Stress

Südwestdeutscher Verlag für
Hochschulschriften

Imprint
Any brand names and product names mentioned in this book are subject to trademark, brand or patent protection and are trademarks or registered trademarks of their respective holders. The use of brand names, product names, common names, trade names, product descriptions etc. even without a particular marking in this work is in no way to be construed to mean that such names may be regarded as unrestricted in respect of trademark and brand protection legislation and could thus be used by anyone.

Publisher:
Südwestdeutscher Verlag für Hochschulschriften
is a trademark of
Dodo Books Indian Ocean Ltd., member of the OmniScriptum S.R.L Publishing group
str. A.Russo 15, of. 61, Chisinau-2068, Republic of Moldova Europe
Printed at: see last page
ISBN: 978-3-8381-2605-0

Zugl. / Approved by: Dresden, TU, Diss., 2010

Copyright © Kathrin Lang
Copyright © 2011 Dodo Books Indian Ocean Ltd., member of the OmniScriptum S.R.L Publishing group

Was wir wissen ist ein Tropfen, was wir nicht wissen ein Ozean.

Isaac Newton

Diese Arbeit ist meinen 3 wunderbaren Kindern gewidmet.

Danksagung

An dieser Stelle möchte ich mich bei Herrn Prof. Michael Göttfert von der TU Dresden bedanken, welcher mich für die molekulare Genetik begeistern konnte und mir die Möglichkeit gab in seiner Arbeitsgruppe in die „unendlichen" Weiten der stressigsten Seiten von *B. japonicum* einzutauchen. Ich danke ihm für seine stetige Unterstützung meiner wissenschaftlichen Arbeit und seine Bereitschaft jederzeit daran Anteil zu nehmen.

Inhaltsverzeichnis

DANKSAGUNG	2
INHALTSVERZEICHNIS	5
ABKÜRZUNGSVERZEICHNIS	8
1 EINLEITUNG	11
1.1 DER BEGRIFF DER SYMBIOSE	11
1.2 BEDEUTUNG, CHEMIE UND FUNKTION DER FLAVONOIDE	11
1.3 DIE RHIZOBIEN-LEGUMINOSEN-INTERAKTION	13
1.3.1 DIE ORDNUNG DER RHIZOBIALES	13
1.3.2 DIE AUSBILDUNG DER RHIZOBIEN-LEGUMINOSEN-INTERAKTION	15
1.3.3 DIE INTERAKTION VON *BRADYRHIZOBIUM JAPONICUM* UND *SOJABOHNE* ALS REAKTION AUF GENISTEIN	17
1.4 BAKTERIELLE EFFLUXSYSTEME	19
1.4.1 REGULATION DER EFFLUXSYSTEME	22
1.4.2 EFFLUXSYSTEME IN DER BAKTERIELLEN ABWEHR	23
1.5 ABIOTISCHER STRESS UND DIE AUSWIRKUNGEN AUF DIE RHIZOBIEN-LEGUMINOSEN-INTERAKTION	24
1.5.1 DER EINFLUSS VON TREHALOSE AUF BAKTERIEN BEI ABIOTISCHEM STRESS	25
1.5.2 DIE BAKTERIELLE ANTWORT AUF TEMPERATURERHÖHUNG	26
1.5.3 DIE HITZESCHOCKREGULATION IN *BRADYRHIZOBIUM JAPONICUM*	28
1.6 ZIELSETZUNG DIESER ARBEIT	29
2 MATERIAL & METHODEN	31
2.1 ANZUCHT DER BAKTERIEN	31
2.2 OLIGONUKLEOTIDE, VEKTOREN UND PLASMIDE	33
2.3 DNA - PROTOKOLLE	34
2.3.1 ISOLIERUNG VON DNA	34
2.3.1.1 DNA-Isolierung aus *Bradyrhizobium japonicum*	34
2.3.1.2 Isolierung von Plasmid-DNA aus *Escherichia coli*	35
2.3.2 POLYMERASE-KETTENREAKTION (PCR)	35
2.3.3 KLONIERUNG UND TRANSFORMATION VON DNA-FRAGMENTEN	36
2.3.4 PLASMIDTRANSFER IN *BRADYRHIZOBIUM JAPONICUM* MITTELS BIPARENTALER KONJUGATION	36
-GALAKTOSIDASEAKTIVITÄTSMESSUNG	36
2.4 RNA - PROTOKOLLE	37
2.4.1 ALLGEMEINE VORBEREITUNGEN	37
2.4.2 RNA - ISOLIERUNG AUS *BRADYRHIZOBIUM JAPONICUM*	38
2.4.2.1 Die Zellgewinnung	38
2.4.2.2 RNA - Isolierung	39
2.4.2.3 DNase I-Behandlung & Aufreinigung der RNA	40
2.4.3 CDNA-SYNTHESE	41
2.4.4 AUFREINIGUNG, FRAGMENTIERUNG UND MARKIERUNG DER CDNA	41
2.5 MIKROARRAYARBEITEN	43
2.5.1 DAS MIKROARRAYDESIGN	43
2.5.2 HYBRIDISIERUNG DES MIKROARRAYS	43
2.5.3 WASCHEN UND SCANNEN DES MIKROARRAYS	44
2.5.4 DATENAUSWERTUNG DER MIKROARRAYS	45

Inhaltsverzeichnis

2.5.4.1	Datenauswertung der Mikroarrays in Bezug auf die transkriptionelle Antwort auf Genistein	45
2.5.4.2	Datenauswertung der Mikroarrays in Bezug auf die transkriptionelle Stressantwort	46
2.6	**PROTEINPROTOKOLLE**	**46**
2.6.1	GLUTATHION – AFFINITÄTSCHROMATOGRAPHIE	46
2.6.1.1	Kultivierung und Aufschluss von *Escherichia coli* BL21	46
2.6.1.2	Reinigung des Fusionsproteins aus Bakterienrohextrakt	47
2.6.1.3	Bestimmung der Proteinkonzentration mit Roti® - Nanoquant	48
2.6.2	SDS-POLYACRYLAMID-GELELEKTROPHORESE	48
2.6.3	BANDSHIFTANALYSEN	50
2.7	**COMPUTERPROGRAMME**	**51**

3	**ERGEBNISSE**	**52**
3.1	**DAS GENISTEIN-STIMULON VON *BRADYRHIZOBIUM JAPONICUM***	**52**
3.1.1	DAS FLAGELLARCLUSTER	54
3.1.2	DIE SYMBIONTISCHE REGION	55
3.1.3	WEITERE GENISTEIN-INDUZIERBARE GENE IN *BRADYRHIZOBIUM JAPONICUM*	57
3.1.3.1	Die 2-Komponenten-Regulatoren Bsl1713 und Blr4775	58
3.1.3.2	Der LysR-Typ-Regulator Blr6429	60
3.2	**NODW-UNABHÄNGIG REGULIERTE GENISTEIN-INDUZIERBARE GENE**	**61**
3.2.1	TETR-REGULATOREN UND EFFLUXSYSTEME	62
3.2.1.1	Bioinformatorische Analyse	63
3.2.1.2	Die Bestimmung des Translationsstartpunktes von Blr4322	65
3.2.1.3	Blr4322 und Blr6623 – Flavonoid-abhängige Regulatoren	67
3.2.2	BLR4684 – EIN BAKTERIELLES PATATIN	70
3.3	**TRANSKRIPTIONELLE STRESSANALYSEN IN *BRADYRHIZOBIUM JAPONICUM***	**71**
3.3.1	DIE TRANSKRIPTIONELLE ANTWORT VON *BRADYRHIZOBIUM JAPONICUM* AUF PH- UND SALZSTRESS	71
3.3.1.1	Der Einfluss von pH 8 auf *Bradyrhizobium japonicum*	72
3.3.1.2	Der Einfluss von pH 4 auf *Bradyrhizobium japonicum*	79
3.3.1.3	Der Einfluss von Salz auf *Bradyrhizobium japonicum*	82
3.3.1.4	pH-abhängige Gene in *B. japonicum*	85
3.3.1.5	Salz- und pH-abhängige Gene in *B. japonicum*	86
3.3.2	DIE TRANSKRIPTIONELLE ANTWORT VON *BRADYRHIZOBIUM JAPONICUM* AUF TEMPERATURVERÄNDERUNGEN	88
3.3.2.1	Der Einfluss von Hitzeschock auf *Bradyrhizobium japonicum*	89
3.3.2.2	Der Einfluss von Temperaturstress auf *Bradyrhizobium japonicum*	90
3.3.2.3	Temperatur-abhängige Gene in *Bradyrhizobium japonicum*	90
3.3.2.4	Der Einfluss von RpoH$_1$ und RpoH$_3$ auf die Hitzeschockantwort von *Bradyrhizobium japonicum*	92
3.4	**STRESS-ABHÄNGIGE GENE IN *BRADYRHIZOBIUM JAPONICUM***	**96**
3.5	**TRANSKRIPTIONELLE ANALYSE DER BLR5264-MUTANTE *BRADYRHIZOBIUM JAPONICUM* D826**	**98**
3.5.1	DER VERGLEICH VON D826 MIT DEM WILDTYP BEI NORMALEN WACHSTUMSBEDINGUNGEN	99
3.5.2	DER VERGLEICH VON *BRADYRHIZOBIUM JAPONICUM* D826 MIT DEM WILDTYP BEI STRESS	103
3.5.2.1	Salzstress	103
3.5.2.2	Hitzeschock	104
3.5.2.3	Stress-abhängige Gene in *Bradyrhizobium japonicum* D826	104
3.5.3	BEI STRESS UND NORMALEN WACHSTUM DIFFERENZIELL EXPRIMIERTE GENE IN *BRADYRHIZOBIUM JAPONICUM* D826	106

4	**DISKUSSION**	**108**
4.1	**DAS GENISTEIN-STIMULON VON *BRADYRHIZOBIUM JAPONICUM***	**108**
4.1.1	DAS FLAGELLARCLUSTER	108
4.1.2	DIE SYMBIONTISCHE REGION	111
4.1.3	WEITERE GENISTEIN-INDUZIERBARE GENE IN *BRADYRHIZOBIUM JAPONICUM*	115

Inhaltsverzeichnis

4.2	NODW-UNABHÄNGIG REGULIERTE GENISTEIN-INDUZIERBARE GENE	116
4.3	DIE TRANSKRIPTIONELLE STRESSANTWORT VON *BRADYRHIZOBIUM JAPONICUM*	121
4.3.1	DIE TRANSKRIPTIONELLE ANTWORT VON *BRADYRHIZOBIUM JAPONICUM* AUF PH 4 UND PH 8	122
4.3.1.1	pHi-Homöostase	123
4.3.1.2	Energiemetabolismus	126
4.3.1.3	Chemotaxis und Flagellarassemblierung	128
4.3.1.4	Das pH-abhängige RegSR-System	131
4.3.2	DIE TRANSKRIPTIONELLE ANTWORT AUF SALZSTRESS IN *BRADYRHIZOBIUM JAPONICUM*	134
4.3.3	STRESS DURCH TEMPERATURERHÖHUNG IN *BRADYRHIZOBIUM JAPONICUM*	140
4.3.4	DIE REGULATION DER STRESSANTWORTEN IN *BRADYRHIZOBIUM JAPONICUM*	144
4.4	DER STRESSREGULATOR GSCR AUS *BRADYRHIZOBIUM JAPONICUM*	148
4.4.1	GSCR-REGULIERTE GENE	149
4.4.1.1	Die transkriptionelle Antwort von *Bradyrhizobium japonicum* D826 bei normalem Wachstum	150
4.4.1.2	Die transkriptionelle Antwort von *Bradyrhizobium japonicum* D826 auf Stress	151
4.4.1.3	GscR-spezifische Gene	154
5	ZUSAMMENFASSUNG	157
5.1	DAS GENISTEIN-STIMULON VON *BRADYRHIZOBIUM JAPONICUM*	157
5.2	DIE TRANSKRIPTIONELLE STRESSANTWORT VON *BRADYRHIZOBIUM JAPONICUM*	159
5.3	DER STRESSREGULATOR GSCR VON *BRADYRHIZOBIUM JAPONICUM*	160
6	LITERATUR	161
	PUBLIKATIONEN	188

Abkürzungsverzeichnis

ABC	ATP-binding cassette
Abk.	Abkürzung
AG	Arabinose-Gluconat-(Medium)
APS	Ammoniumperoxodisulfat
AS	Aminosäure
bp	Basenpaare
BSA	Rinderserumalbumin
CBB	Calvin-Benson-Bassham-(Zyklus)
CIRCE	controlling inverted repeat of chaperone expression
DEPC	Diethyl-Pyrocarbonat
DMSO	Dimethylsulfoxid
DTT	Dithiothreitol
ECF/Ecf	extracytoplasmic function Faktor
EDTA	Ethylendiamintetraessigsäure
EMSA	elektrophoretic mobility shift assay
FC	fold change; Induktionsrate
GST	Glutathion-S-Transferase
HEPES	N-2-Hydroxyethylpiperazin-N'-2-ethansulfonsäure
Hsp	kleines Hitzeschockprotein
HTH	Helix-Turn-Helix-(Motiv)
IPTG	Isopropyl-β-D-thiogalactopyranosid
Kap.	Kapitel
kb	Kilobasenpaare
MATE	multidrug and toxic compound extrusion
MCP	methyl-accepting chemotaxis protein
MDR	multidrug resistance
MES	2-Morpholinoethansulfonsäure-Monohydrat
MET	multidrug endosomal transporter
MFP	membrane fusion protein
MFS	major facilitator superfamily
MU	Methylumbelliferon
NADH	Nicotinamidadenindinukleotid
OD	optische Dichte
OMP	outer membrane protein

Abkürzungsverzeichnis

ORF	*open reading frame*
PCR	Polymerase-Ketten-Reaktion
pHi	(Zell)interner pH
PQQ	Pyrrolochinolinchinon
PSY	*peptone salts yeast* (extract; Pepton-Salz-Hefemedium)
RND	*resistance nodulation division*
ROSE	*repression of heat shock element*
rpm	*revolutions per minute*; Umdrehung pro Minute
RT	Raumtemperatur
SAP	*shrimp alkaline phosphatase*
SAPE	Streptavidin-Phycoerythrin
SDS	Natriumdodecylsulfat
SLR	*signal log ratio*
SMR	*small multidrug resistance*
ssDNA	*single stranded* DNA
TBE	Tris-Borat-EDTA
TCA	Trichloressigsäure
TE	Tris/EDTA
TEMED	Tetramethylethylendiamin
TGT	*target intensity value*
TLS	Translationsstart
TS	Temperaturstress
T3SS	Typ-III-Sekretionssystem
u.a.	unter anderem
UE	Untereinheiten
Wt	Wildtyp
x g	x-fache Erdbeschleunigung (Gravitation)
X-gal	5-Brom-4-Chlor-3-Indoxyl-β-D-Galaktopyranosid

1 Einleitung

1.1 Der Begriff der Symbiose

In der Natur existieren verschiedenste biotische Wechselwirkungen. Diese sind nach ihren Einflüssen auf die Partner klassifizierbar. Es werden hemmende, fördernde oder neutrale Einflüsse unterschieden [Werner 1987]. Der Botaniker de Bary führte 1879 den Begriff der Symbiose ein [Vouk 1926; Werner 1987]. Ursprünglich wurden nach de Bary zwei Klassen der Symbiose unterschieden: Parasitismus und Mutualismus. Heute werden Symbiosen als mutualistische Systeme definiert, welche eine Optimierung des Überlebens für die beteiligten Arten und eine evolutionäre Höherentwicklung darstellen.

Neben Symbiosen mit Pilzen sind aus dem bakteriellen Bereich auch viele Beispiele für Symbiosen mit höher entwickelten Pflanzen bekannt. Im Bereich der Gram-positiven Bakterien ist vor allem die Familie *Frankiaceae* (Frankia), im Bereich der Gram-negativen Bakterien die Familie *Rhizobiaceae* (Rhizobien) von Bedeutung. Die Frankia-Stämme sind in der Lage verschiedene Pflanzenfamilien zu besiedeln [Benson & Silvester 1993], während die Rhizobien im Wesentlichen auf die Familie der Leguminosen beschränkt sind [Doyle 1994]. Sowohl Frankia, als auch Rhizobien, bilden das Enzym Nitrogenase, welches in speziellen Organen, den Wurzelknöllchen, der Stickstofffixierung dient [Pawlowski & Bisseling 1996]. Der fixierte Stickstoff wird als Ammonium der Pflanze zur Verfügung gestellt [Waters *et al.* 1998; Allaway *et al.* 2000]. Im Gegenzug erhalten die Bakterien C_4-Dicarbonsäuren, welche diese als Kohlenstoff- und Energiequelle nutzen [Finan *et al.* 1983; Kahn *et al.* 1998].

1.2 Bedeutung, Chemie und Funktion der Flavonoide

Flavonoide sind sekundäre phenolische Pflanzeninhaltsstoffe, die in höheren Pflanzen vorkommen [Harborne & Williams 2000]. Sie fehlen in Bakterien, Pilzen und im gesamten Tierreich. Mehr als 8000 Verbindungen dieser Stoffklasse sind bis zum heutigen Zeitpunkt identifiziert. Die Grundstruktur der Flavonoide ist ein Flavanon, welches aus den zwei Benzolringen A und B sowie einen heterozyklischen Ring C besteht (Abb. 1) [Fowler & Koffas 2009]. Die Ringe B und C sind durch eine Kohlenstoffbrücke, welche unterschiedliche Oxidationsgrade aufweisen kann,

Einleitung

miteinander verbunden. Der Ring B ist häufig in meta- bzw. para-Stellung hydroxyliert und kann Substituenten binden. Alle im Molekül vorhandenen Hydroxylgruppen können frei, methyliert oder glykosyliert vorliegen. Biosynthetisch erfolgt der Aufbau des A-Ringes aus drei Molekülen Malonyl-CoA, welche aus dem pflanzlichen Glukose-Metabolismus stammen. Der B- und C-Ring leitet sich aus einem Molekül aktivierter p-Cumarsäure aus dem Shikimat-Weg der Pflanze ab.

Nach einem ersten Zyklisierungsschritt entsteht ein Chalkon. Dieses ringoffene Flavon kann mit Hilfe von Enzymen zu einer Flavonoid-Grundstruktur zyklisieren (Abb. 1).

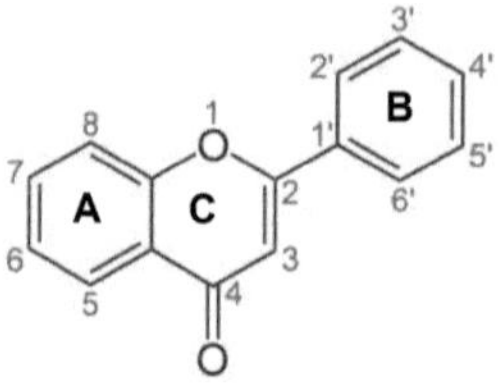

Abb. 1: Die Flavonoid-Grundstruktur.

Die antimikrobielle, antifungale und antivirale Wirkung der Flavonoide wurde eingehend analysiert [Cushnie & Lamb 2005]. Beispielsweise zeigten Maillard *et al.* (1989), dass ein prenyliertes Isoflavanon, welches aus der Rinde von *Erythrina berteroana* Urb. isoliert wurde, antifungal auf *Cladosporium cucumerinum* wirkt. Neben der Wirkung gegen Mikroorganismen besitzen Flavonoide weitere Funktionen in der Zelle. So sind sie eingebunden bei der Kontrolle von Wachstumsvorgängen, in Oxidoreduktionssyteme der Zelle, als Schutz vor ultravioletter Strahlung sowie bei der Anlockung von Insekten [Harborne & Williams 2000]. Bekannt sind Flavonoide des Weiteren für die chemische Signalwirkung auf Rhizobien, was zur Einleitung der Symbiose mit Leguminosen führt [Kosslak *et al.* 1987; Zaat *et al.* 1987; Goethals *et al.* 1990; Hartwig *et al.* 1990].

Ihre Unterscheidung wird in sieben Kategorien vorgenommen (Tab. 1), die sich am Sättigungsgrad der Bindungen, dem Hydroxylierungsgrad und den Ringpositionen orientiert [Cushnie & Lamb 2005; Fowler & Koffas 2009].

Einleitung

Tab. 1: Die Kategorien der Flavonoide. Die Tabelle wurde in Anlehnung an Phillips (2000), Cushnie & Lamb (2005) sowie Fowler & Koffas (2009) erstellt.

Kategorie	Strukturbeispiel	Beispiel
Flavone	Apigenin	Erbse
Isoflavone	Genistein	Sojabohne
Flavanone	Naringenin	Bohne
Flavanonole	Taxifolin	Ginkgo
Flavonole	Quercetin	Bohne
Katechin / Flavan-3-ol	Catechin	grüner Tee
Anthocyanin	Cyanidin	Kirschen

1.3 Die Rhizobien-Leguminosen-Interaktion

1.3.1 Die Ordnung der Rhizobiales

α-Proteobakterien sind Gram-negative Bakterien, welche sowohl im Boden als auch im Wasser vorkommen. Die derzeitige taxonomische Einteilung der α-Proteobakterien basiert auf Analysen der 16S-rDNA und umfasst die sieben Ordnungen *Caulobacterales, Rhizobiales, Rhodobacterales,*

Einleitung

Rhodospirillales, Rickettsiales, Sphingomonadales and *Parvularculales* [Gupta & Mok 2007]. Die Ordnungen der α-Proteobakterien wurde des Weiteren mittels Sequenzanalysen konservierter Proteine bestätigt [Gupta 2005; Kainth & Gupta 2005].

16S-rDNA-Analysen zeigten, dass die Gattungen *Rhizobium* und *Bradyrhizobium* ferne Verwandte sind [Young *et al.* 1991; Yanagi & Yamasato 1993]. Starkenburg *et al.* erbrachten 2008 den Nachweis, dass die Verwandtschaft von *Bradyrhizobium* zum Nicht-Symbionten der Gattung *Nitrobacter* größer ist als zur Gattung *Rhizobium*. Aufgrund dieser Erkenntnisse wurde die Ordnung der *Rhizobiales* in die Familien *Rhizobiaceae* und *Bradyrhizobiaceae* getrennt [Gupta & Mok 2007]. Gemeinsam ist den beiden Familien die Möglichkeit mit Leguminosen in Symbiose zu treten. Ein möglicher Stammbaum der Ordnung der *Rhizobiales* ist in Abbildung 2 dargestellt.

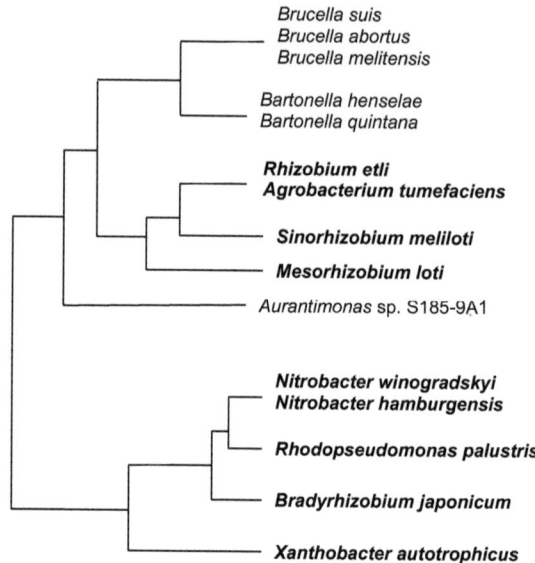

Abb. 2: Stammbaum der Ordnung *Rhizobiales*, basierend auf einer Sequenz von zwölf aufeinanderfolgenden konservierten Proteinen. Die Arten der Familien *Rhizobiaceae* und *Bradyrhizobiaceae* sind fett hervorgehoben. Die Darstellung ist als Ausschnitt Gupta & Mok (2007) entnommen.

Einleitung

1.3.2 Die Ausbildung der Rhizobien-Leguminosen-Interaktion

Rhizobien besitzen die Fähigkeit mit wirtschaftlich relevanten Pflanzen, wie z.b. Erbse, Bohne und Sojabohne, eine Symbiose einzugehen. Da die Symbiosen einen wichtigen Beitrag zur Wachstumssteigerung von agrarwirtschaftlich genutzten Pflanzen darstellen, ist es von großer Bedeutung die Mechanismen der Interaktion zu verstehen.

Die Voraussetzung einer funktionierenden Symbiose zwischen Rhizobien und Leguminosen besteht in einem erfolgreichen Signalaustausch der beiden Partner. Rhizobien werden durch Flavonoide angelockt, welche die Leguminosen mit ihren Wurzelexudaten sezernieren [Phillips 2000]. Einige Rhizobien können aktiv auf das Flavonoid ihrer spezifischen Wirts-pflanze reagieren. So wirkt Luteolin, ein Flavonoid der Luzerne (*Medicago sativa*), auf *Sinorhizobium meliloti* chemotaktisch [Caetano-Anollés *et al.* 1988; Hartwig *et al.* 1990]. Die Flavonoide Daidzein und Genistein werden von der Sojabohne als Signalstoffe entlassen und führen zur spezifischen Interaktion mit *Bradyrhizobium japonicum* [Kosslak *et al.* 1987]. Obwohl *B. japonicum* wie alle Rhizobien begeißelt ist und somit chemotaktisch auf Genistein reagieren könnte, ist kein einheitliches Bild hinsichtlich der Chemotaxis von *B. japonicum* in der Literatur beschrieben. Kape *et al.* (1991) bezeichnen *B. japonicum* als schwach chemotaktisch aktiv, währenddessen Barbour *et al.* (1991) kein chemotaktisches Verhalten in Bezug auf Genistein feststellen konnten.

Die Erkennung der Flavonoide erfolgt primär über LysR-Typ-Regulatoren, den NodD-Proteinen. Diese wurden in allen untersuchten Rhizobien identifiziert. Verschiedene NodD-Proteine können unterschiedliche Flavonoide erkennen, weshalb der Besitz mehrerer NodD-Proteine das Wirtsspektrum und die Wirtsspezifität beeinflusst [Perret *et al.* 2000]. Im Genom von *Rhizobium leguminosarum* bv. *trifolii* ist ein *nodD*-Gen vorhanden, während *B. japonicum*, *Rhizobium* sp. NGR234 und *S. meliloti* zwei bis drei *nodD*-Gene besitzen [Göttfert *et al.* 1992; Dénarié *et al.* 1992].

Die NodD-Proteine aktivieren nach Erkennung der Flavonoide die Expression der *nod* (*nol*, *noe*)-Gene [Broughton *et al.* 2000]. Diese besitzen in der Promotorregion eine hoch konservierte *nod*-Box, welche als Bindestelle für die NodD-Regulatoren fungiert [Rostas *et al.* 1986; Schofield & Watson 1986]. *B. japonicum* nutzt zusätzlich das 2-Komponentenregulationssystem NodVW zur Aktivierung der *nod*-Gene [Sanjuan *et al.* 1994; Loh *et al.* 1997]. Die Produkte der *nod*-Gene bilden spezifische Nod-Faktoren [Schultze & Kondorosi 1998], welches Lipochitooligosaccharide mit

Einleitung

charakteristischen Substituenten sind [D'Haeze & Holsters 2002]. Die Nod-Faktoren können des Weiteren Modifizierungen wie z.b. Acetylierungen oder Fukosylierungen aufweisen. Bekannt ist, dass Rhizobien, wie z.B. *Rhizobium* sp. NGR234, mit der Möglichkeit verschiedene Nod-Faktoren zu bilden, ein größeres Wirtsspektrum besitzen. So ist *Rhizobium* sp. NGR234 in der Lage mit über 100 Pflanzenarten in Symbiose zu treten [Pueppke & Broughton 1999]. Nod-Faktoren werden spezifisch von der Wirtspflanze erkannt und induzieren an dieser die Knöllchenbildung [D'Haeze & Holsters 2002].

Rhizobien erkennen spezifisch Flavonoide. *R. leguminosarum* bv. *viciae* reagiert auf die Flavonoide Eriodictyol, Hesperitin und Naringenin der Wicke (*Vicia* spp.) sowie auf Apigenin der Erbse [Zaat *et al.* 1987]. Obwohl nahe verwandt mit *R. leguminosarum* bv. *viciae* erkennt *R. leguminosarum* bv. *trifolii* nicht die Flavonoide von Wicke und Erbse, sondern das 4′,7-Dihydroxyflavon des Klees (*Trifolium* spp.) [Zaat *et al.* 1987]. *Azorhizobium caulinodans* reagiert ebenfalls auf Naringenin. Das Bakterium geht dabei aber eine Symbiose mit *Sesbania rostrata* ein [Goethals *et al.* 1990].

Der Nod-Faktor induziert zumeist im Bereich der Wurzelhaarspitze eine Wurzelhaarkrümmung und die Bildung eines Infektionsschlauches zur Besiedlung des Wurzelbereiches durch die Bakterien [Brewin 1991; van Rhijn & Vanderleyde 1995; D'Haeze & Holsters 2002]. Anschließend kommt es zur Teilung der kortikalen Zellen, welche das Knöllchenprimordium bilden, in dessen Richtung der Infektionsschlauch mit den sich teilenden Rhizobien wächst [Stokkermans *et al.* 1995; van Rhijn & Vanderleyden 1995]. Auf diesem Weg wandern die Bakterien in das Rindenparenchym der Wurzel, wo sie sich zu Bakteroiden differenzieren. Es erfolgt eine Kompartimentierung der Bakteroide mit einer Peribakteroidmembran im pflanzlichen Cytosol [Parniske 2000]. Die Membran und die darin eingeschlossenen Bakteroide werden als Symbiosom bezeichnet. In einigen wenigen Fällen treten die Bakterien per *crack-entry* in das pflanzliche Gewebe ein, wobei es ebenso zu einer Besiedlung per Infektionsschlauch kommen kann [Gage *et al.* 2009].

Die Produktion von Leghämoglobin schafft ein mikroaerobes Klima im Symbiosom, welches die Expression der *nif*- und *fix*-Gene der Rhizobien aktiviert [Thumfort *et al.* 1994]. Die *nif*-Gene kodieren für die Untereinheiten der Sauerstoff-empfindlichen Nitrogenase, dem Enzymsystem zur Stickstofffixierung. Das Enzym reduziert atmosphärischen Stickstoff zu Ammonium, welches an die Pflanze abgegeben wird [Fischer 1994; Kaminski *et al.* 1998]. Im Gegenzug versorgt die Pflanze die Bakteroide mit C_4-Dicarbonsäuren [Kahn *et al.* 1998].

Einleitung

1.3.3 Die Interaktion von *Bradyrhizobium japonicum* und *Sojabohne* als Reaktion auf Genistein

B. japonicum ist in der Lage, mittels des transkriptionellen LysR-Typ-Aktivators $NodD_1$ und des 2-Komponentensensors NodV das pflanzliche Signal der Sojabohne (Genistein) zu erkennen [Banfalvi *et al.* 1988; Göttfert *et al.* 1990; Göttfert *et al.* 1992]. NodV aktiviert durch Phosphorylierung den korrespondierenden transkriptionellen 2-Komponentenregulator NodW [Grob *et al.* 1993; Loh *et al.* 1997]. $NodD_1$ und NodW regulieren positiv die Transkription der *nod*-Gene, deren Produkte zur Synthese und zum Transport des Nodulationsfaktors (Nod-Faktor) benötigt werden [Göttfert *et al.* 1992; Loh *et al.* 1997]. Die Sekretion des Nod-Faktors durch *B. japonicum* führt bei der Sojabohne zur Erkennung des Bakteriums und die Symbiose wird initiiert.

NodW ist für die Infektion von *Vigna radiata*, *Vigna unguiculata* und *Macroptilium atropurpureum*, aber nicht für Sojabohne essenziell [Göttfert *et al.* 1990]. Diese zeigt nach der Inokulation mit einer NodW-Mutante eine verzögerte Knöllchenbildung, welche durch die Überexpression von NwsB, eines weiteren 2-Komponentenregulators, aufgehoben werden kann [Grob *et al.* 1993]. NwsB wird vermutlich von der korrespondierenden Sensor-Kinase NwsA phosphoryliert. Ist NwsA in einer NodW-Mutante deletiert und NwsB gleichzeitig über-exprimiert, so übernimmt wahrscheinlich NodV die Phosphorylierung von NwsB [Grob *et al.* 1994]. Des Weiteren ist NwsB in der Lage die Expression von *nolA* zu aktivieren [Loh *et al.* 1997]. NolA, ein MerR-Typ-Regulator, ist der Aktivator der $nodD_2$-Transkription [Garcia *et al.* 1996]. $NodD_2$, ein LysR-Typ-Regulator, ist der Repressor der *nod*-Gene.

Das Genom von *B. japonicum* weist drei *nod*-Boxen auf, deren Funktionalität in Abhängigkeit von $NodD_1$ und/oder NodW experimentell bestätigt werden konnte. Diese befinden sich im Promotorbereich von *nodY*, *nolY* und *ttsI* [Wang & Stacey 1991; Dockendorff *et al.* 1994; Krause *et al.* 2002]. Die durch das Operon *nodY-nodZ* kodierten Proteine sind an der Synthese und dem Transport des Nod-Faktors beteiligt [Perret *et al.* 2000]. Die Funktionen von NolY und NolZ sind nicht vollständig geklärt. Eventuell übernehmen die Proteine eine Funktion in der Modifikation des Nod-Faktors und besitzen so Einfluss auf den Wirtsbereich von *B. japonicum*. So schränkt z.B. ein mutiertes *nolY* die Symbiose mit *V. radiata* ein [Dockendorff *et al.* 1994]. TtsI, ein 2-Komponentenregulator, ist essenziell für die transkriptionelle Aktivierung des Typ-III-Sekretionssystems (T3SS) [Krause *et al.* 2002]. Eine mögliche Bindestelle für TtsI ist ein ebenfalls konserviertes Promotorelement, die *tts*-Box [Zehner *et al.* 2008]. Eine vierte *nod*-Box befindet sich

Einleitung

upstream des hypothetischen Gens *bsr1863* [Göttfert *et al.* 2005]. In Abbildung 3 ist der molekulare Signalaustausch zwischen *B. japonicum* und der Sojabohne, welcher zur Ausbildung der Symbiose führt, schematisch dargestellt.

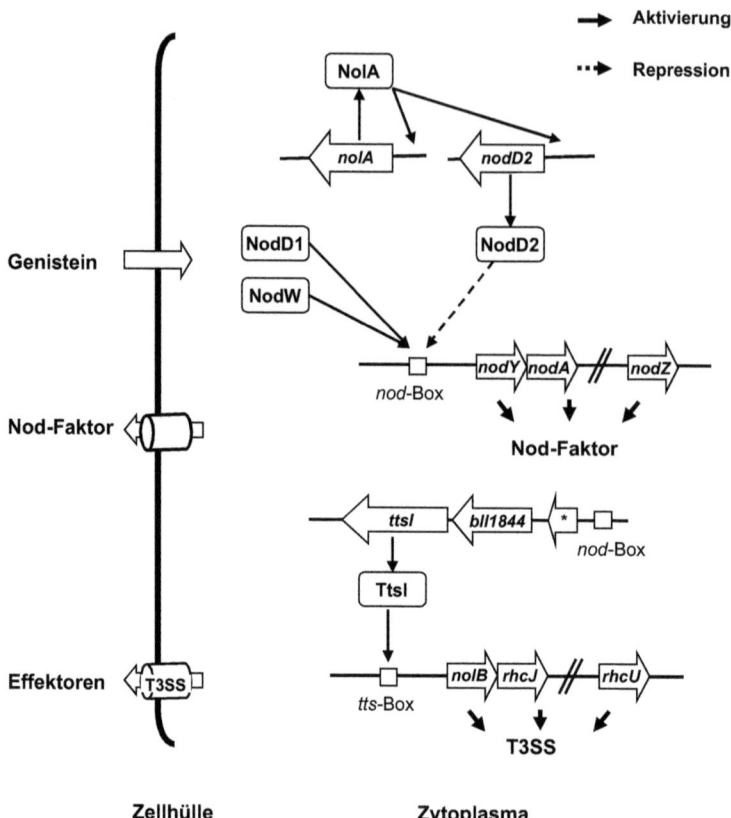

Abb. 3: Schematische Darstellung des molekularen Signalaustausches zwischen Sojabohne und *B. japonicum*. Genistein wird durch den transkriptionellen Regulator NodD$_1$ und das 2-Komponenten-regulationssystem NodVW erkannt [Banfalvi *et al.* 1988; Göttfert *et al.* 1990; Göttfert *et al.* 1992]. NodD$_1$ und NodW aktivieren die Transkription der *nod*-Box-assoziierten Gene [Göttfert *et al.* 1992; Loh *et al.* 1997]. Infolgedessen wird der Nod-Faktor gebildet und aus der bakteriellen Zelle ausgeschleust. Des Weiteren wird der transkriptionelle Regulator TtsI gebildet, welcher die Transkription der *tts*-Box-assoziierten Gene aktiviert [Krause *et al.* 2002]. Dies führt zur Bildung des Typ-III-Sekretionssystems und zum Ausschleusen von Effektoren in die Pflanze [Zehner *et al.* 2008]. NodD$_2$ ist der Repressor der *nod*-Box-assoziierten Gene und wird durch NolA transkriptionell aktiviert [Garcia *et al.* 1996; Loh *et al.* 2002]. Abk.: *****: *bsl1845*; T3SS: Typ-III-Sekretionssystem

Einleitung

1.4 Bakterielle Effluxsysteme

Effluxsysteme kommen in allen lebenden Zellen vor [van Bambeke *et al.* 2003a; van Bambeke *et al.* 2003b]. Sie transportieren aktiv Moleküle, wie z.b. sekundäre Stoffwechselprodukte oder toxische Stoffe, über die Membrangrenzen der Zelle. Entdeckt wurden sie in Bakterien aufgrund der Fähigkeit, Antibiotika aus der Zelle auszuschleusen. Später wurde gezeigt, dass dieselben Effluxsysteme neben dem entsprechenden Antibiotikum auch unspezifische dem Antibiotikum chemisch ähnliche toxische Substanzen sekretieren. Aufgrund dessen spricht man von Multidrug-Resistance (MDR) [Kumar & Schweizer 2005].

Die Effluxsysteme können in die sechs Superfamilien ABC (*ATP binding cassette*), MF (*major facilitator*), RND (*resistance nodulation division*), MATE (*multidrug and toxic compound extrusion*), SMR (*small multidrug resistance*) und MET (*multidrug endosomal transporter*) eingeordnet werden [Kumar & Schweizer 2005; Lewis & Lomovskaya 2001]. Proteine für MET sind bisher nur in Säugerzellen, z.B. von der Maus, bekannt [Hogue *et al.* 1999]. Die Abbildung 4 gibt eine schematische Übersicht über die bakteriellen Effluxsysteme, welche im Folgenden ausführlicher beschrieben werden.

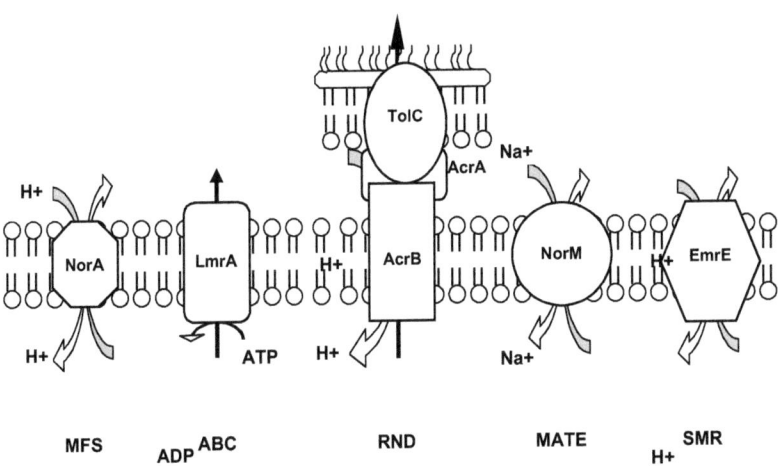

Abb. 4: Schematische Darstellung der in Bakterien vorkommenden Effluxsysteme. Dargestellt sind NorA aus *S. aureus* (MFS), LmrA aus *L. lactis* (ABC), AcrAB-TolC aus *E. coli* (RND), NorM aus *V. parahaemolyticus* (MATE) und EmrE aus *E. coli* (SMR). Die Substrate werden chemisch unverändert transportiert. Als Energiequelle wird ein Protonengradient (MFS; RND; SMR), ein Na^+-Gradient (MATE) bzw. ATP (ABC) genutzt. Die Abbildung wurde modifiziert nach Kumar & Schweizer (2005).

Einleitung

Grundlegend werden primäre und sekundäre MDR-Effluxsysteme unterschieden. Primäre Effluxsysteme, zu denen die ABC-Superfamilie zählt, gewinnen ihre benötigte Energie aus der ATP-Hydrolyse [Holland & Blight 1999]. Sekundäre Transporter nehmen bei den Prokaryoten eine wichtige Rolle bei der MDR ein. Sie nutzten den Protonengradienten über die Membran als Energiequelle für die Translokation der zu transportierenden Stoffe. Paulsen *et al.* (2001) fanden eine große Variabilität von Transportertypen innerhalb der untersuchten Mikroorganismen. Dies ist wahrscheinlich durch die Anpassung an ökologische Nischen begründet.

- **ABC-Transporter**

Die Superfamilie der ABC-Transporter umfasst sowohl Aufnahme- als auch Effluxsysteme, mit denen eine Vielzahl an verschiedenen Substraten, wie z.b. Zucker, Aminosäuren und Proteine transportiert werden können [Moussatova *et al.* 2008]. Diese Substratvielfalt bedingt die Einteilung in 28 Unterfamilien [Saier *et al.* 1998]. Des Weiteren übernehmen ABC-Transporter wichtige Funktionen in der bakteriellen Physiologie und in der MDR [Davidson *et al.* 2008]. LmrA aus *L. lactis* wurde als erste MDR-ABC-Transporter beschrieben [van Veen *et al.* 2000].

- **MFS-Transporter**

Die bei Pro- und Eukaryoten vorkommende *major facilitator* (MF)-Superfamilie stellt die größte Familie der Multidrug-Effluxpumpen dar. Derzeit sind 17 Unterfamilien bekannt, die Antibiotika, Zucker und Anionen transportieren. Sie enthalten sowohl spezifische als auch MDR-Pumpen [Pao *et al.* 1998; Saier *et al.* 1999]. Die Proteine der MFS-Transporter besitzen entweder 12 oder 14 transmembrane Domänen [Pao *et al.* 1998]. Bei den Gram-positiven Bakterien bestehen MFS-Transporter oft nur aus einem Membranprotein, wie z.B. Bmr aus *B. subtilis* oder NorA aus *S. aureus* [Paulsen *et al.* 1996a]. In Gram-negativen Bakterien wirken die MFS-Transporterproteine dagegen häufig mit einem Membranfusions- (*membrane fusion protein*; MFP) sowie einem äußeren Membranprotein (*outer membrane protein*; OMP) zusammen. Diese Pumpen sind somit in der Lage, einen Substratexport durch beide Membranen der Bakterien zu ermöglichen. Das bekannteste Beispiel hierfür ist EmrAB in Zusammenarbeit mit TolC aus *E. coli* [Lomovskaya & Lewis 1992].

Einleitung

- **MATE-Transporter**

1999 unterteilten Brown *et al.* die MFS-Familie in MFS- und MATE-Transporter. Beide Proteine besitzen eine Domäne mit 12 transmembranen Helices. Ungleich den MFS-Proteinen, welche einem H^+-Gradienten folgen, sind die MATE-Transporter an der Bakterienmembran von einem Na^+-Gradienten abhängig. Ein bekanntes Beispiel ist der MATE-Transporter NorM aus *V. parahaemolyticus*, welcher Resistenz gegen kationische Farbstoffe, Fluorchinolone und Aminoglykoside vermittelt [Morita *et al.* 1998].

- **SMR-Transporter**

Die Proteine der SMR-Familie sind bisher nur aus Bakterien bekannt und mit einer Länge von ca. 100 Aminosäuren die kleinsten MDR-Pumpen [Putman *et al.* 2000]. Sie bilden in der Bakterienmembran vermutlich Tetramere mit je vier α-Helices [Paulsen *et al.* 1996b]. Die SMR-Pumpen Smr aus *S. aureus* und EmrE aus *E. coli* sind am besten charakterisiert. Beide transportieren Farbstoffe, kationische Antiseptika und Antibiotika [Schuldiner *et al.* 2001].

- **RND-Transporter**

Die namensgebende Komponente der RND-Transporter ist die Translokase. Dieses Protein wird oft als RND-Protein bezeichnet und ist in der (inneren) Bakterienmembran positioniert. Die RND-Proteine bestehen aus zwölf membranspannenden α-Helices und zwei hydrophilen periplasmatischen Domänen [Lewis & Lomovskaya 2001]. Es wird vermutet, dass die periplasmatischen Schleifen zwischen der ersten und zweiten sowie zwischen der siebten und achten Helix für die Substraterkennung zuständig sind, da durch Mutationen in diesen Bereichen die Substratspezifität verändert wird [Mao *et al.* 2002]. Das RND-Protein bildet gemeinsam mit einem MFP und einem OMP den RND-Transporter. Das MFP ist ein Lipoprotein, welches über einen N-terminalen Lipidrest an der inneren Membran verankert ist. Es enthält zwei weitere Subdomänen: eine haarnadelförmige α-Helix und eine β-Barrel-Struktur. Aufgrund der Röntgenstrukturanalyse von MexA, dem MFP von *P. aeruginosa*, wird vermutet, dass ein ringförmiges MFP-Nonamer das RND-Protein und das OMP umschließt. Dies bewirkt eine Abdichtung und Stabilisierung des Effluxkanals, welcher durch das RND-Protein und dem OMP gebildet wird [Higgins *et al.* 2004]. Ein typischer OMP-Vetreter ist TolC aus *E. coli* [Sulavik *et al.* 2001].

Einleitung

Die Unterteilung der RND-Superfamilie erfolgt in sieben Familien. Für die MDR in Gram-negativen Bakterien sind hauptsächlich die Pumpen der HAE1- (hydrophoben/amphiphilen Efflux) Familie von Bedeutung, welche hydrophobe und amphiphile Substanzen transportieren [Tseng *et al.* 1999; Saier *et al.* 2006]. Die bekanntesten Beispiele sind die RND-Effluxsysteme MexAB-OprM von *P. aeruginosa* und AcrAB-TolC von *E. coli* [Poole *et al.* 1993; Nikaido & Zgurskaya 2001]. Hier bilden das RND-Protein MexB bzw. AcrB eine Mehrkomponentenpumpe mit dem MFP MexA bzw. AcrA und dem OMP OprM bzw. TolC (Abb. 4). Um die Substrate durch die innere und äußere Membran der Gram-negativen Bakterien zu transportieren, ist der komplexe dreiteilige Aufbau der RND-Pumpen essenziell [Lomovskaya *et al.* 2002].

Wie die MDR-Pumpen der anderen Transporterfamilien transportieren auch die RND-Systeme ein sehr breites Spektrum an unterschiedlichen Substraten. Neben diversen Antibiotikaklassen werden auch Desinfektionsmittel, Lösungsmittel und Tenside sowie Gallensäuren aus der Zelle gepumpt [Nikaido 1996; Poole 2000; Sulavik *et al.* 2001].

1.4.1 Regulation der Effluxsysteme

Für die Regulation der bakteriellen Effluxgene sind sowohl lokale als auch globale Regulations-mechanismen bekannt [Kumar & Schweitzer 2005]. Die Transkription der Transportergene kann hierbei aktiviert oder reprimiert werden.

Weit verbreitet ist die divergente Anordnung eines TetR-Gens benachbart zu den Genen der Effluxpumpen [Ramos *et al.* 2005]. Hierbei reprimiert der resultierende TetR-Typ-Regulator sowohl das eigene Gen als auch die Effluxgene [Kumar & Schweitzer 2005]. Bekannte Beispiele sind AcrR, der TetR-Typ-Repressor der *acrAB*-Gene aus *E. coli*, AcrS (*acrEF* aus *E. coli*), MexL (*mexJK*) und MexZ (*mexXY*) aus *P. aeruginosa* und SmeT (*smeDEF*) aus *S. maltophila* [Ma *et al.* 1994; Westbrock-Wadman *et al.* 1999; Zhang *et al.* 2001; Orth *et al.* 2000; Chuanchuen *et al.* 2002]. Des Weiteren sind aus *P. aeruginosa* auch Repressoren des MarR-Typs (MexR) sowie transkriptionelle Aktivatoren des LysR-Typs (MexT) bekannt [Li *et al.* 1995; Köhler *et al.* 1999]. In einigen wenigen Fällen sind 2-Komponentenregulationssysteme in die Regulation der Effluxgene involviert. Beispiele hierfür sind die Regulation der Gene für die MdtABC-Pumpe aus *E. coli* durch BaeSR oder das Schwermetall-abhängige Effluxsystem CzcCBA aus *P. aeruginosa* durch das 2-Komponentenregulationssystem CzcRS [Baranova & Nikaido 2002; Nagakubo *et al.* 2002; Perron

Einleitung

et al. 2004]. Die Gene der 2-Komponentenregulationssysteme sind in diesen Fällen oft benachbart zu den Effluxgenen angeordnet. Die Regulatoren fungieren zumeist als transkriptionelle Aktivatoren der Transportergene.

Auf globaler Ebene findet ebenfalls eine Regulation der Effluxgene statt. So werden die Gene der AcrAB-TolC-Pumpe aus *E. coli* z.b. von MarA und den Homologen SoxS und Rob reguliert. MarA ist ein AraC-Typ-Regulator, der in die *multiple antibiotic resistance* von *E. coli* eingebunden ist [White *et al.* 1997]. SoxS ist der Regulator der Stressantwort auf Superoxidstress und ein Aktivator der Effluxgene *acrAB* und *tolC* [Nunoshiba *et al.* 1992; Martin & Rosner 1997]. Rob wird konstitutiv exprimiert und versorgt *E. coli* mit einem Mindestlevel an Effluxproteinen [Alekshun & Levy 1997]. Ein weiterer globaler Regulator ist RamA, welcher in *K. pneumoniae* das Porinlevel reduziert und die *acrAB*-Expression bei Stress verstärkt [George *et al.* 1995; Ruzin *et al.* 2005]. RamA ist ebenfalls aus *S. entericae* sv. Paratyphi B und *E. aerogenes* bekannt [Yassein *et al.* 2002; Chollet *et al.* 2004].

1.4.2 Effluxsysteme in der bakteriellen Abwehr

Bei phytopathogenen Mikroorganismen wurden Multidrug-Efflux-Proteine beschrieben, die pflanzliche Abwehrstoffe und Antibiotika transportieren und somit eine wichtige Rolle bei der Pathogenese und der Resistenz einnehmen. In *A. tumefaciens* wurden die Gene *ifeABR* identifiziert, welche für ein RND-Transportsystem und den eventuell dazugehörigen Repressor kodieren [Palumbo *et al.* 1998]. Die Expression von *ifeA* wird durch verschiedene Isoflavonoide, wie das in Wurzelexudaten von Klee vorkommende Coumestrol, Formononetin oder Medicarpin induziert. Für Coumestrol konnte in einer *ifeA*-Mutante eine Akkumulation gezeigt werden [Palumbo *et al.* 1998]. Zusätzlich nehmen IfeA und IfeB bei der Wurzelbesiedlung eine wichtige Rolle ein. IfeA-Mutanten von *A. tumefaciens* können die Kleewurzel allein normal besiedeln. Im Vergleich mit dem Wildtyp waren diese Mutanten jedoch eingeschränkt kompetitionsfähig [Palumbo *et al.* 1998]. Peng & Nester (2001) konnten aus einem weiteren *A. tumefaciens*-Stamm die drei RND-Effluxgene *ameABC* und das Gen des dazugehörigen transkriptionellen Repressor *ameR* identifizieren. Eine Mutation im *ameC*-Gen, welches wahrscheinlich für das OMP kodiert, resultierte in einer erhöhten Sensitivität gegenüber verschiedenen Antibiotika, wie z.B. Novobiocin und Carbenicillin sowie einigen Detergenzien [Peng & Nester 2001].

Einleitung

Während der einleitenden Interaktion zur Symbiose mit der Wirtspflanze müssen Rhizobien erhöhte Konzentrationen an freigesetzten bakteriziden Phytoalexinen tolerieren. In *R. etli* wurden von Gonzales-Passayo & Martinez-Romero (2000) die Gene *rmrA* und *rmrB* identifiziert, die für Vertreter der MF-Transporterfamilie kodieren. RmrA- und RmrB-Mutanten von *R. etli* waren signifikant sensitiver gegenüber den Phytoalexinen Phaseollin, Phaseollidin, Naringenin und Salicylsäure. Des Weiteren bildeten RmrA-Mutanten im Durchschnitt 40 % weniger Knöllchen als der Wildtyp [Gonzales-Passayo & Martinez-Romero 2000].

1.5 Abiotischer Stress und die Auswirkungen auf die Rhizobien-Leguminosen-Interaktion

Die Rhizobien-Leguminosen-Interaktion ist ein wichtiger Bestandteil der weltweiten Agrarwirtschaft. So belief sich 2007 die Welternte der Sojabohne auf 216.144.262 Tonnen. Die gesamte Anbaufläche der Sojabohne betrug 94.899.216 ha [FAO; Food and Agriculture Organization of the United Nations; http://faostat.fao.org/; 12/2008]. Aufgrund steigender Weltbevölkerung bei gleich bleibenden Agrarflächen sind Ertragssteigerungen in der Agrarwirtschaft notwendig. Zusätzlich sind über 40 % der Böden weltweit von dem Problem der Übersalzung betroffen [Zahran 1999; Vriezen *et al.* 2007]. Die Optimierung der Knöllchenbildung in der Rhizobien-Leguminosen-Interaktion auf nicht-optimalen Böden ist ein wichtiger Ansatzpunkt in der Ertragssteigerung [Zahran 1999]. Ein weiterer Ansatz ist, das Saatgut mit den möglichst optimalen Bakterien vor der Aussaat zu inokulieren [Lindemann & Glover 1996; Deaker *et al.* 2004]. Je nach Bodentyp werden salzresistente oder temperaturoptimierte Rhizobienstämme genutzt, welche vorher aus Bodenisolaten isoliert und charakterisiert wurden [Chen *et al.* 2000; Yan *et al.* 2000; Jenkins 2003].

Verschiedenste Stresssituationen können im Bereich der Rhizosphäre auftreten und eine Interaktion zwischen Rhizobien und Leguminosen stören. So ist Stress in Form von Austrocknung, Temperatur- und Salzveränderungen von Bedeutung [Marshall 1963; Abdel-Wahab & Zahran 1979; Salema *et al.* 1982; Michiels *et al.* 1994; Trotman & Weaver 1995; Jenkins 2003; Vriezen *et al.* 2007]. Die problematischsten Umweltbedingungen existieren für Rhizobien in Böden mit niedriger Regenrate und extremen Temperaturschwankungen, in Böden mit saurem Milieu sowie in Böden mit niedriger Wasserhaltekapazität [Bottomley 1991]. Stressfaktoren können des Weiteren einen potenzierenden Effekt haben, wenn sie auf beide Partner der Symbiose einen Einfluss ausüben. So kann ein hoher Bodensalzgehalt direkt auf das Bakterium wirken und die Bildung der Symbiose beeinflussen [Zahran 1999]. Aber ebenso kann sich der Salzstress negativ auf die pflanzliche

Einleitung

Photosynthese auswirken und zu einer verminderten Abgabe von Kohlenstoffverbindungen in Richtung Bakteroide führen. Durch die Wirkung auf beide Partner der Symbiose kommt es zu einer verringerten Knöllchenbildung bzw. ineffektiven Stickstofffixierung [Zahran 1999]. Suboptimale Wachstumsbedingungen führen des Weiteren zu einer geringeren Aufnahme der Rhizobien durch ihre Wirtspflanzen. So beschreiben Duzan *et al.* (2004) eine verringerte bzw. veränderte Wurzelhaarkrümmung an der Sojabohne in Abhängigkeit von einer niedrigen Temperatur, einem sauren pH und einer hohen Salzkonzentration. Der Effekt am Wurzelhaar konnte durch die Zugabe von *B. japonicum* Nod-Faktor im Falle der niedrigen Temperatur und des sauren pHs, überwunden werden, aber nicht im Falle der erhöhten Salzkonzentration [Duzan *et al.* 2004].

Die Populationen der *Rhizobium*- und *Bradyrhizobium*-Arten unterscheiden sich in ihrer Toleranz gegenüber den verschiedenen Umweltfaktoren [Zahran 1999]. So besitzen *R. tropici* und die *Bradyrhizobium*-Stämme eine höhere Toleranz gegenüber einem sauren Milieu. Dagegen wirken saure Böden behindernd auf die Knöllchenbildung und Stickstofffixierung von *R. leguminosarum* bv. *trifolii* und *S. meliloti* [Graham *et al.* 1994].

Zwei Regelmechanismen wurden als bedeutende und unmittelbare Antwort des Bakteriums auf Stress in den letzten Jahren intensiver untersucht und charakterisiert. Zum einen die intrazelluläre Anhäufung von Trehalose als Schutz für Membranen und Proteine bei osmotischem Stress und zum anderen das bakterielle Hitzeschocksystem als unmittelbare Antwort auf die Erhöhung der Umgebungstemperatur.

1.5.1 Der Einfluss von Trehalose auf Bakterien bei abiotischem Stress

Die Synthese und Akkumulation des Disaccharids Trehalose stellt eine bekannte zelluläre Antwort auf Stress dar [Elbein *et al.* 2003]. Dabei funktioniert Trehalose als Osmolyt. Osmolyte sind kleine organische Moleküle, die eine hohe Wasserlöslichkeit besitzen. Des Weiteren sind sie beim physiologischen pH-Wert ungeladen und können osmotisch wirken, ohne den Zellmetabolismus zu stören. So ermöglichen Osmolyte den bakteriellen Zellen, z.B. bei der Anwesenheit von Salz und dadurch steigendem osmotischen Druck, einen Gegendruck zu schaffen und den Zellturgor aufrecht zu erhalten. Die bekanntesten Osmolyte in Mikroorganismen und Pflanzen sind Polyole, Aminosäuren, Tetrahydropyrimidinderivate und nichtreduzierende Zucker wie z.B. Trehalose. Neben der Funktion antiosmotisch zu wirken, stabilisieren Osmolyte Proteine und Membranen auch gegen

Einleitung

Temperaturveränderungen, freie Radikale, Austrocknung und denaturierende Reagenzien [Malin & Lapidot 1996; Benaroudj et al. 2001; Elbein et al. 2003; McIntyre et al. 2007]. In *E. coli* werden die Trehalose-Gene *otsAB* sowohl durch osmotischen Stress als auch bei Eintritt in die stationäre Phase aktiviert [Giaver et al. 1988; Hengge-Aronis et al. 1991; Strom & Kaasen 1993]. Des Weiteren trägt das *ots*-Operon zur Thermotoleranz in *E. coli* bei [Hengge-Aronis et al. 1991].

In Rhizobien ist das Disaccharid Trehalose ebenfalls in die Osmoregulation involviert [Lindström et al. 1985; Elsheik & Wood 1990a]. So akkumuliert *R. leguminosarum* bei steigender extrazellulärer Salzkonzentration Trehalose [Breedveld et al. 1991].

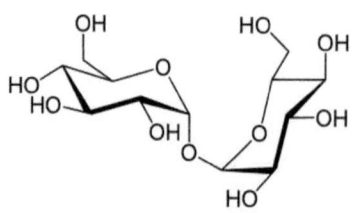

Abb. 5: Die Struktur der Trehalose.

Eine Induzierung der Trehalosebildung ist in *B. japonicum* durch mikroaerobe Kultivierungsbedingungen erreichbar [Hoelzle & Streeter 1990; Streeter 2003; Streeter & Gomez 2006]. Bei Mikroarrayanalysen werden die Gene *otsAB* und *treS*, welche für die Enzyme zur Trehalosesynthese in *B. japonicum* kodieren, bei Austrocknung und beim Wachstum in Minimalmedium verstärkt exprimiert [Cytryn et al. 2007; Lindemann 2008]. Dies weist darauf hin, dass die Akkumulation von Trehalose auch in *B. japonicum* in die allgemeine Antwort auf Stress eingebunden ist.

1.5.2 Die bakterielle Antwort auf Temperaturerhöhung

Als universelle Antwort auf eine unnatürliche Temperaturerhöhung wird in allen Zellen die Expression der Hitzeschockproteine gesteigert. Dies sind zumeist Chaperone und Proteasen, die anhand ihrer Molekülmassen in verschiedene Familien eingeteilt werden [Javid et al. 2007]. Bekannte Familien sind die „kleinen Hitzeschockproteine", Hsp40, Hsp60 sowie die Hsp70/Hsp90-Familie, welche sich hinsichtlich Funktion und Struktur unterscheiden [Javid et al. 2007]. Mittels der Hitzeschockproteine kommt es zur Reparatur bzw. zum Abbau der zerstörten Makromoleküle [Feder 1999].

Primär ist die Konzentration der Hitzeschockproteine über die Transkription der korrespondierenden Gene reguliert, welche positiv vom alternativen σ^{32}-Faktor (kodiert durch *rpoH*) oder negativ durch Repressorproteine kontrolliert werden [Yura 1996; Narberhaus 1999;

Einleitung

Schumann 2003; Yura *et al.* 2007]. Ein Subset der Hitze-induzierten Chaperone und Proteasen wird zur Aktivierung und Stabilität des σ^{32}-Faktors genutzt, wie z.B. DnaK und die FtsH-Protease in *E. coli* [Feder 1999; Yura 1996]. Die Bindung von σ^{32} an das DnaK-System verhindert die Bindung an das RNA-Polmerase-Core-Enzym und fördert so den Abbau des Sigmafaktors durch die FtsH-Protease [Straus *et al.* 1990; Herman *et al.* 1995; Tomoyasu *et al.* 1995].

Neben den Protein-vermittelten transkriptionellen Mechanismen ist die „Benutzung" von RNA-Thermometern eine weitere Strategie von Bakterien, um auf Temperaturerhöhung zu reagieren. RNA-Thermometer arbeiten auf post-transkriptioneller Ebene indem sie unter physiologischen Bedingungen ein hochstrukturiertes 5'-Ende an den RNAs so kontrollierter Gene ausbilden [Morita *et al.* 1999]. Diese Struktur verdeckt die Shine-Dalgarno-Sequenz, sodass eine Translation verhindert wird. Temperaturerhöhungen führen zum Auflösen der RNA-Sekundärstruktur und zur Freilegung der Ribosomenbindestelle, wodurch es zur Translationsinitiation kommt [Morita *et al.* 1999]. In *E. coli* wird *rpoH* auf diese Weise reguliert [Morita *et al.* 1999].

Eine negative Regulation der Hitzeschockgene erfolgt über das CIRCE (*controlling inverted repeat of chaperone expression*)-System [Zuber & Schumann 1994; Narberhaus 1999]. Bekannt wurde das CIRCE-Element durch Untersuchungen an den DnaK- und GroE-Operons von *B. subtilis*, welche durch HrcA (*heat regulation at CIRCE*) reprimiert werden [Zuber & Schumann 1994; Schumann 2003]. So wird ein Subset der Hitzeschockgene durch den Repressor HrcA kontrolliert, welcher bei physiologischen Temperaturen an eine spezifische Operatorsequenz (CIRCE) bindet. CIRCE besteht aus einem 9 bp „*inverted repeat*" mit einem 9 bp „Spacer" und befindet sich in der Promotorregion der so regulierten Gene [Yuan & Wong 1995; Zuber & Schumann 1994]. Mittlerweile sind CIRCE-Elemente in über 120 Organismen bekannt [Wiegert *et al.* 2004].

Einleitung

1.5.3 Die Hitzeschockregulation in *Bradyrhizobium japonicum*

In *B. japonicum* sind drei regulatorische Mechanismen zur Kontrolle der Hitzeschockgene bekannt. Diese sind σ^{32}-abhängige Promotoren, ROSE und CIRCE.

- **σ^{32}-abhängige Promotoren**

B. japonicum besitzt drei *rpoH*-Gene, welche für σ^{32}-Faktoren kodieren und mit *rpoH$_{1-3}$* bezeichnet werden [Narberhaus *et al.* 1997]. Die drei RpoH-Proteine weisen eine Ähnlichkeit von 65-80 % auf. Das Transkriptionslevel von *rpoH$_2$* ist während eines Hitzeschocks im Gegensatz zu *rpoH$_1$* nicht erhöht [Narberhaus *et al.* 1997]. Offensichtlich unterliegen die beiden *rpoH*-Gene einer unterschiedlichen Regulation, da sich ihr „Einsatzbereich" je nach Temperaturverhältnis in der Zelle unterscheidet. Beide Gene werden konstitutiv exprimiert und regulieren die Expression von *dnaKJ* und *groESL$_1$* in Abhängigkeit von der Temperatur [Minder *et al.* 1997; Narberhaus *et al.* 1998b]. *rpoH$_1$* wird im Gegensatz zu *rpoH$_2$* post-transkriptionell durch das ROSE-Element reguliert und wird somit unter physiologischen Bedingungen nicht synthetisiert [Nocker *et al.* 2001b].

Das *rpoH$_3$*-Gen ist in einem Operon mit zwei weiteren Genen angeordnet. Der Promotor ist der σ^{32}-Konsensussequenz sehr ähnlich, was bedeuten könnte, dass bei einem Hitzeschock RpoH$_3$ als zusätzlicher σ^{32}-Faktor fungiert. Dies ist jedoch experimentell nicht bestätigt.

Mutationen in *rpoH$_1$* bzw. *rpoH$_3$* sind für *B. japonicum* weder letal, noch resultieren diese in einer geringeren Hitzeschockantwort [Narberhaus *et al.* 1997]. RpoH$_2$ scheint dagegen essenziell für *B. japonicum* zu sein, da es Narberhaus *et al.* (1997) nicht möglich war das korrespondierende Gen zu mutieren.

- **Das *cis-acting* ROSE-Element**

Die kleinen Hitzeschockgene (*hsp's*) besitzen eine σ^{70}-ähnliche Promotorsequenz und werden während des Wachstums von *B. japonicum* konstitutiv exprimiert [Narberhaus *et al.* 1998a]. Da sie aber auf Proteinebene erst nach einem Hitzeschock detektierbar sind, müssen sie einer post-transkriptionellen Regulation unterliegen [Münchbach *et al.* 1999b].

Einleitung

upstream der kleinen Hitzeschockgene von *B. japonicum* befindet sich eine konservierte Sequenz von ca. 100 Nukleotiden [Narberhaus *et al.* 1998a]. Mittels Computeranalysen wurde ein RNA-Abschnitt mit drei oder vier Haarnadelstrukturen ermittelt, der essenziell zur Detektion von Temperaturveränderungen in der Zelle ist [Nocker *et al.* 2001b]. Ähnlich dem Thermosensor von *E. coli* (Kapitel 1.5.1.2) ist unter physiologischen Temperaturen aufgrund der komplexen RNA-Struktur der Zugang für die Ribosomen zur Shine-Dalgarno-Sequenz nicht möglich. Erst bei Temperaturerhöhung lösen sich die Sekundärstrukturen der RNA auf, was die Translation der kleinen Hitzeschockgene ermöglicht. Die Sequenz wurde als ROSE- (*repression of heat shock gene expression*) Element bezeichnet [Narberhaus *et al.* 1998a]. Es sind keine Proteinfaktoren bekannt, die in diesen Prozess involviert sind [Nocker *et al.* 2001a; Chowdhury *et al.* 2003]. Auch andere Rhizobienstämme und *A. tumefaciens* weisen ROSE-Elemente auf, welche sich ausschließlich *upstream* der kleinen Hitzeschockgene befinden [Nocker *et al.* 2001a; Balsiger *et al.* 2004].

- **Die Hitzeschockregulation durch das CIRCE-System**

Die Operons *groESL$_2$*, *groESL$_4$* und *groESL$_5$* weisen im Promotorbereich das CIRCE-(*controlling inverted repeat of chaperone expression*) Element auf [Fischer *et al.* 1993; Babst *et al.* 1996]. Die Regulatoren HrcA und GrpE besitzen einen σ^{70}-ähnlichen Promotor und werden konstitutiv exprimiert [Minder *et al.* 2000]. Unter physiologischen Bedingungen sind HrcA und GrpE ans CIRCE-Element gebunden und reprimieren so die Transkription der Chaperongene [Minder *et al.* 2000]. Bei eintretendem Hitzeschock werden die Repressoren von der DNA gelöst und eine Bildung der Chaperone erfolgt.

1.6 Zielsetzung dieser Arbeit

Die bisher bekannten Genistein-induzierbaren Gene von *B. japonicum* liegen ausschließlich in der symbiontischen Region [Kaneko *et al.* 2002]. Weitestgehend wurde eine Abhängigkeit der transkriptionellen Regulation durch NodD$_1$ nachgewiesen [Banfalvi *et al.* 1988]. Im Gegensatz zu anderen Rhizobien besitzt *B. japonicum* zusätzlich das 2-Komponentenregulationssystem NodVW, welches ebenfalls eine wichtige Rolle bei der Knöllchenbildung einnimmt. So konnte gezeigt werden, dass NodW für die Ausbildung der Symbiose mit *V. radiata*, *V. unguiculata* und *M. atropurpureum* essenziell ist [Göttfert *et al.* 1990]. Inwieweit Genistein, abhängig oder unabhängig

Einleitung

von NodD$_1$ und NodW, weitere Gene des *B. japonicum*-Genoms beeinflusst war bisher nicht untersucht. In der vorliegenden Arbeit wurde das Genistein-Stimulon bestimmt. Des Weiteren wurde dessen Abhängigkeit von den transkriptionellen Regulatoren NodD$_1$ und NodW untersucht.

Neben den Wurzelextrakten der Symbiosepartnern wirken im natürlichen Umfeld von *B. japonicum*, dem Boden, auch verschiedenste Umwelteinflüsse auf das Bakterium ein. So muss *B. japonicum* in der Lage sein, auf Stresssituationen wie z.b. Temperaturveränderungen, Versalzung des Bodens oder verschiedenen Boden-pH-Werten zu reagieren. Da das Überleben der Zelle stark von der Fähigkeit sich den herrschenden Umweltbedingungen anzupassen abhängt, hat sich ein komplexes Netzwerk aus schützenden Mechanismen entwickelt. Ein bekannter Anpassungsmechanismus von Bakterien stellt die Regulation der Genexpression als Reaktion auf Umweltsignale dar. In der vorliegenden Arbeit wird die genomweite transkriptionelle Antwort von *B. japonicum* auf die Stressfaktoren pH, Salz und Temperatur untersucht. Das Ziel der Arbeit ist es sowohl spezifische als auch globale Stressmechanismen von *B. japonicum* zu identifizieren.

Sowohl für die Untersuchungen zum Genistein-Stimulon als auch zur transkriptionellen Analyse auf Stress wurde die Mikroarraytechnologie genutzt. Hierfür wurde der Affymetrix-Mikroarray mit der Bezeichnung BJAPETHa520090 verwendet, der auf Grundlage des sequenzierten *B. japonicum*-Genoms erstellt wurde [Kaneko *et al.* 2002; Hauser *et al.* 2007].

2 Material & Methoden

2.1 Anzucht der Bakterien

In dieser Arbeit wurde *B. japonicum* 110*spc*4 als Wildtyp verwendet. Der Stamm ist ein Derivat von *B. japonicum* USDA3I1b110 (U.S. Department of Agriculture, Beltsville, USA). *E. coli* DH10B wurde zur Vervielfältigung von Plasmidkonstruktionen genutzt. Der Stamm *E. coli* S17-1 wurde zum Transfer von Plasmiden in *B. japonicum* genutzt. In Tabelle 2 sind die in dieser Arbeit verwendeten Bakterienstämme aufgelistet.

Tab. 2: Bakterienstämme

Stamm	Relevante Charakteristika	Referenz
***Bradyrhizobium japonicum*-Stämme**		
110*spc*4	Wildtyp; Sp^R	Regensburger & Hennecke 1983
Δ1267	Deletion von *nolAnodD2nodD1*, P_{aphII} → *nolY*; Sp^R, Km^R	Göttfert *et al.* 1992
Δ901	*nodW*:: Ω, *nwsA*::*aphII*, P_{aphII} → *nwsB*; Sp^R, Km^R, Sm^R	Grob *et al.* 1994
613	*nodW*::Ω; Sp^R, Sm^R	Göttfert *et al.* 1990
BJD810	*lacZ*-Fusion mit dem annotierten Startpunkt von *blr4322*; Sp^R, Tet^R	diese Arbeit
BJD811	*lacZ*-Fusion mit dem zweiten möglichen Startpunkt von *blr4322*; Sp^R, Tet^R	diese Arbeit
BJD812	*lacZ*-Fusion mit dem dritten möglichen Startpunkt von *blr4322*; Sp^R, Tet^R	diese Arbeit
5009	*rpoH1*::*aphII*; Sp^R, Km^R	Narberhaus *et al.* 1996
5032	Δ*rpoH3*; Sp^R, Tet^R	Narberhaus *et al.* 1997
09-32	*rpoH1*::*aphII*, Δ*rpoH3*; Sp^R, Tet^R, Km^R	Narberhaus *et al.* 1997
BJD826	*blr5264*::*aphII*; Sp^R, Km^R	diese Arbeit
***Escherichia coli*-Stämme**		
DH10B	F⁻ *mcr*A Δ(*mrr-hsdRMS-mrcBC*) φ80d*lacZ* ΔM15 Δ*lacX*74 *deoR recA1 araD139* Δ(*ara, leu*)7697 *galU galK* λ⁻ *rpsL nupG*; Sm^R	Invitrogen, Karlsruhe, Deutschland
S17-1	Mobilisierung von Plasmiden; *recA hsd pro thi* (RP4-2 *km*::Tn7 *tc*::Mu, integriert ins Chromosom); Sm^R, Sp^R	Simon *et al.* 1983
DH1	Überproduktion der Taq-Polymerase aus *Thermus aquaticus* YT1	Engelke *et al.* 1990
BL21-DE3 pBjD231	pGex-*blr6623*-GST-Fusion; Amp^R	diese Arbeit

Sp^R: Spectinomycinresistenz; Km^R: Kanamycinresistenz; Sm^R: Streptomycinresistenz; Tet^R: Tetrazyklinresistenz; Amp^R: Ampicillinresistenz

Zur Kultivierung der *B. japonicum*-Stämme wurden die Medien AG bzw. PSY eingesetzt. Die Inkubation der verwendeten *B. japonicum*-Stämme erfolgte für 5-8 Tage bei 30 °C im Brutschrank.

Material & Methoden

Flüssigkulturen wurden bei 28 °C und 180 rpm für 3-8 Tage im Inkubationsschüttler kultiviert. Die Anzucht der *E. coli*-Stämme erfolgte in LB-Medium. DH10B wurde über Nacht bei 37 °C im Brutschrank bzw. für Flüssigkulturen im Inkubationsschüttler bei 180 rpm angezogen. Der *E. coli*-Stamm S17-1 wurde bei 28 °C über Nacht kultiviert. Frisch transformierte Zellen wurden für 1 h bei 37 °C in SOC-Medium inkubiert. In Tabelle 3 sind die Medien zur Anzucht der Bakterien zusammengefasst.

Tab. 3: Medien für die Anzucht der Bakterien

Medium	Bakterien	Charakteristik & Referenz
AG	*B. japonicum*	Sadowsky *et al.* 1987
PSY	*B. japonicum*	Regensburger & Hennecke 1983
LB	*E. coli*	Sambrook *et al.* 2001
SOC	*E. coli*	Sambrook *et al.* 2001

Die Medien wurden mit destilliertem Wasser hergestellt und bei 120 °C dampfsterilisiert. Für die entsprechenden Festmedien wurden die angegebenen Rezepturen vor der Sterilisation mit 1,5 % Agar versehen. Den Medien wurden je nach Anwendung Zusätze beigemischt, die in Tabelle 4 aufgeführt sind.

Tab. 4: Medienzusätze für die Anzucht von Bakterien

Antibiotikum	Lösungsmittel	Endkonzentration in den Kulturen	
		B. japonicum	*E. coli*
Ampicillin	dest. Wasser	-	100 µg/ml
Chloramphenicol	96 % EtOH	20 µg/ml	50 µg/ml
Kanamycin	dest. Wasser	100 µg/ml	25 µg/ml
Spectinomycin	dest. Wasser	100 µg/ml	-
Streptomycin	dest. Wasser	100 µg/ml	-
Tetracyclin	50 % EtOH	100 µg/ml	20 µg/ml
Weitere Zusätze			
Genistein	Methanol	1 µM	-
IPTG	dest. H$_2$O	-	100-500 µM
X-Gal	DMF	0,004 %	0,002 %

Die Lagerung der Mikroorganismen erfolgte bei -70 °C. Hierzu wurden von einer frisch angewachsenen Flüssigkultur die Zellen gewonnen (5.000 rpm, 5 min, RT) und in 500 µl frischem Medium mit entsprechenden Antibiotika resuspendiert. Der Ansatz wurde mit 500 µl 99 %igem Glycerin versetzt und für 30 min bei RT inkubiert.

2.2 Oligonukleotide, Vektoren und Plasmide

Die in dieser Arbeit verwendeten Oligonukleotide für Sequenzierung, Klonierung, PCR und EMSA sind in Tabelle 5 aufgeführt, die verwendeten und konstruierten Plasmide in Tabelle 6 gelistet.

Tab. 5: Verwendete Oligonukleotide.

Oligoname	Sequenz (5'→3')
Bandshiftanalysen mit PCR-Produkten von Günther (2007)	
prom4321_for	TTGGGCTAACGGTATTAT
prom4322_rev	CTCTCCTTCTCGTGAACA
prom4321_forc5	(CY5)TTGGGCTAACGGTATTAT
p4321_long2_rev	GACACAGGTAGCAAAAC
p4321long_rev	TCGGTCAAGTACTGAAC
p4321short_rev	GATGCCGTTCAGAACATT
Bandshiftanalysen mit Oligos	
FrrA-A_29_rev	GTCAAGTACTGAACGGTTCAGTTTCGATA
FrrA_B_29_rev	CAACGAAACTAAACAGTTCAGTATCGTTG
FrrB_komplett_rev	CTTCCGAGACCCTGAACCAA
FrrB_29_rev	TATATTGACCGAACGGTTCGGTCAATGAT
FrrA_A_45_for	Cy5-AAGGCTCATATCGAAACTGAACCGTTCAGTACTTGA CCGAGCAAG
FrrB_29_for	Cy5-ATCATTGACCGAACCGTTCGGTCAATATA
FrrA-A_29_for	Cy5-TATCGAAACTGAACCGTTCAGTACTTGAC
FrrB_komplett_for	Cy5-TAAAGGCCTCCTCAAAAAAAGC
Klonierung *blr5264*	
XhoI_Hom1_for	ATCTCGAGTTCAGCATCTGCATGAAC
Hom1_kan_rev	CCCCAGCTGGCAATTCCGCCTGCCTCGACCCGTGCA
kan_Hom2_for	CTTGACGAGTTCTTCTGATCTVTCACTCCTCCCCGCT
Hom2_NotI_rev	ATGCGGCCGCCCCAAAGCGCTCAAGGGA
Hom1_kan_for	TGCACGGGTCGAGGCAGGCGGAATTGCCAGCTGGGG
kan_Hom2_rev	AGCGGGGAGAGGTGAAGATCAGAAGAACTCGTCAAG
Hom2_BamHI_rev	TAAGGATCCCCCAAAGCGCT
Hom2_Cfr9I_for	TACCCGGGTCTTCACCTCTC
Hom1_XhoI_rev	TACTCGAGCCTGCCTCGACC
Hom2_BamHI_rev2	TAAGGATCCCCCAAAGCGCTCAAGGGATT
Hom2_Cfr9I_for2	TACCCGGGTCTTCACCTCTCCCCGCTTGCG

Material & Methoden

Tab. 6: Verwendete Vektoren und Plasmide

Vektor/Plasmid	Relevante Charakteristika	Referenz
pBlueKan10	pBluescript II SK (+)-Derivat, *aphII* in der SmaI-Schnittstelle; Ap^R, Km^R	Krause; Institut für Genetik, TU Dresden
pSUPPOL2SCA	pSUP202-Derivat mit MCS von pBluescript II inseriert in *Pst*I-Schnittstelle; Deletion des *Sca*I-Fragmentes; Tet^R	Krause *et al.* 2002
pSUPlacZ480uidA	pSUPPOL2SCA-Derivat; *uidA*; *lacZ*480; Tet^R	Göttfert; Institut für Genetik, TU Dresden
pGEX-6	Expressionsvektor für GST-Fusionsproteine in *E. coli*; Amp^R	GE Healthcare Europe; München
pBjD810	Vektor pSUPlacZ480uidA mit *lacZ*-Fusion des annotierten Startpunktes von *blr4322*; Tet^R	diese Arbeit; Großpraktikum
pBjD811	Vektor pSUPlacZ480uidA mit *lacZ*-Fusion des zweiten möglichen Startpunktes von *blr4322*; Tet^R	diese Arbeit; Großpraktikum
pBjD812	Vektor pSUPlacZ480uidA mit *lacZ*-Fusion des dritten möglichen Startpunktes von *blr4322*; Tet^R	diese Arbeit; Großpraktikum
pBjD231	*blr6623-gst*-Fusion in pGEX; Amp^R	diese Arbeit; Großpraktikum

Ap^R: Ampicillinresistenz; Km^R: Kanamycinresistenz; Tet^R: Tetranzyklinresistenz

2.3 DNA - Protokolle

2.3.1 Isolierung von DNA

2.3.1.1 DNA-Isolierung aus *Bradyrhizobium japonicum*

Es wurden die Zellen einer 3 Tage gewachsenen *B. japonicum*-Kultur in 1 ml TE-Puffer resuspendiert und erneut pelletiert. Das so gewonnene Pellet wurde in 300 µl TE-Puffer aufgenommen und mit 100 µl 5 %iges SDS und 100 µl Pronase E-Lösung versetzt. Die Suspension wurde bei 37 °C über Nacht inkubiert. Um die Viskosität der Lösung herabzusetzen, wurde die genomische DNA mit Hilfe einer sterilen Spritze (2 ml Spritze, Kanülendurchmesser 0,6 mm) geschert. Es folgte eine zweimalige Phenol-Tris-Extraktion gefolgt von einer Methylenchlorid-Extraktion. Zur DNA-Gewinnung wurde eine Ethanol-Fällung durchgeführt und das Pellet in 50 µl bidest. Wasser aufgenommen. Die DNA wurde für weitere Arbeiten bei -20 °C gelagert.

TE-Puffer:　　　1 mM　　　EDTA
　　　　　　　　10 mM　　　Tris-Base
　　　　　　　　in bidest. Wasser; pH 8,0 (HCl)

Pronase E-Lösung: Material & Methoden
2,5 mg/ml Pronase E in TE-Puffer

2.3.1.2 Isolierung von Plasmid-DNA aus *Escherichia coli*

Die Plasmid-DNA aus einer Übernachtkultur von *E. coli* wurde in Anlehnung an die in Sambrook *et al.* (2001) beschriebene Methode der alkalischen Lyse gewonnen. Zur Entfernung der RNA wurde das DNA-Pellet in TE-Puffer (siehe Kap. 2.3.1.1) mit 10 µg/ml RNaseA aufgenommen und 30 min bei 37 °C inkubiert. Die Plasmid-DNA wurde bei -20 °C für weitere Arbeiten gelagert.

2.3.2 Polymerase-Kettenreaktion (PCR)

Der Reaktionsansatz für eine PCR sowie ein typisches PCR-Programm sind in den Tabellen 7 und 8 aufgeführt. Die Annealingtemperatur wurde hierbei 3-5 °C niedriger als die geringste Primerschmelztemperatur gewählt. Als Richtwert für die Elongationsdauer wurde angenommen, dass die Taq-Polymerase in der Lage ist 1000 bp/min zu amplifizieren. Die Taq-Polymerase wurde nach einem Protokoll von Engelke *et al.* (1990) isoliert. 1 µl des Zelllysates wurde zum PCR-Ansatz hinzugegeben. Zur Analyse der PCR-Produkte wurden 5-10 µl des PCR-Ansatzes auf einem Agarosegel aufgetrennt.

Tab. 7: Komponenten der PCR

Komponente	Menge/Konzentration
DNA	20-100 ng
10 x Puffer	5 µl
50 mM $MgCl_2$	2,5 µl
25 pmol/µl Primer	1 µl
dNTP-Mix; je dNTP 10 mM	1 µl
Taq – Polymerase	1 µl
bidest. Wasser	auf 50 µl Endvolumen

Tab. 8: Programm einer PCR-Reaktion

Schritt	Temperatur	Dauer	Zyklen
Initialdenaturierung	94 °C	5 min	1
Denaturierung	94 °C	20-30 s	
Annealing	55-72 °C	30 s	30-35
Elongation	72 °C	30-90 s	
Finale Elongation	72 °C	10 min	1
Abkühlung und Lagerung	8 °C	∞	

Material & Methoden

2.3.3 Klonierung und Transformation von DNA-Fragmenten

Die Restriktions-, Modifikations- und Ligationsenzyme wurden nach Angaben der Hersteller eingesetzt (MBI Fermentas, Vilnius, Litauen). Die bei einem Restriktionsverdau entstandenen Fragmente wurden in 1-2 %igen Agarosegelen überprüft. Zur Dephosphorylierung von 5´-Enden wurde die *shrimp alkaline phosphatase* (SAP; MBI Fermentas) eingesetzt. Ligationen fanden in Ansätzen zu 15 µl mit der T4-DNA-Ligase (MBI Fermentas) statt. Es wurde entweder für 2 h bei RT oder bei 16 °C über Nacht ligiert. Die Ligationsansätze wurden nach Sambrook *et al.* (2001) in *E. coli* transformiert.

2.3.4 Plasmidtransfer in *Bradyrhizobium japonicum* mittels biparentaler Konjugation

Plasmide bzw. Plasmidausschnitte wurden mit der Methode der biparentalen Konjugation in das Genom von *B. japonicum* eingebracht [Anthamatten *et al.* 1992]. Hierzu wurde der *E. coli*-Donorstamm S17-1 genutzt, auf dessen Chromosom die notwendigen Transferfunktionen (Tra) zur Mobilisierung von Plasmiden kodiert sind. DNA, welche in das Genom von *B. japonicum* integriert werden sollte, wurde in pSUPPOL-Derivate kloniert. Diese Plasmide besitzen keine Möglichkeit, sich in *B. japonicum* zu replizieren. Aufgrund dessen werden die in pSUPPOL-klonierten DNA-Abschnitte per homologe Rekombination ins Genom von *B. japonicum* integriert.

2.3.5 β-Galaktosidaseaktivitätsmessung

Eine 10 ml-Vorkultur der *Bradyrhizobium*-Stämme BJD810-BJD812 sowie des Wildtyps wurden 3 Tage bei 28 °C inkubiert, bevor je zwei 20 ml Hauptkulturen 1:100 damit beimpft wurden. Je eine der Hauptkulturen wurden mit 10 µM Genistein versetzt. Die Hauptkulturen wurden für 48 h bei 28 °C inkubiert. Von 5 ml der Hauptkultur wurden die Zellen gewonnen (4 °C, 4.800 x g, 10 min) und das Pellet in 5 ml frisch hergestellten 1 x RC-Puffer resuspendiert, bevor die OD$_{600}$ bestimmt wurde. 2 ml der Zellsuspension wurden pelletiert und in 200 µl 1 x RC-Puffer resuspendiert. Die Lösung wurde mit 20 µl Chloroform und 20 µl 0,1 % SDS versetzt und für 15 s gemischt. Es folgte ein Inkubationsschritt für 5 min bei RT. Ab jetzt wurde darauf geachtet, dass die Lösung möglichst nicht mehr vermischt wurde. Die weiteren Arbeiten wurden auf Eis ausgeführt. 40 µl der oberen

Phase der Lösung wurden mit 160 µl Substratlösung gemischt und der Ansatz für eine Stunde bei 30 °C inkubiert. Die Reaktion wurde mit TCA (25 % Endkonzentration) gestoppt. 10 µl des Ansatzes wurden mit 190 µl 1 x GC-Puffer versetzt und in eine Fluoreszenz-geeignete Mikrotiterplatte pipettiert. Die Fluoreszenzmessung des Reaktionsproduktes 4-Methylumbelliferon (MU) erfolgte im Fluorometer bei einer Anregungswellenlänge von 360 nm und einer Emissionswellenlänge von 460 nm. Die β-Galaktosidaseaktivität $E_{spezif.}$ wurde nach folgender Gleichung berechnet.

$$E_{spezif.} = \text{pmol 4-Methylumbelliferon} * \text{Verdünnungsfaktor} / OD_{600} * \text{Zeit [min]}$$

10 x RC-Puffer	Tris	3,03 g
	NaCl	7,31 g
	MgCl$_2$ x 6 H$_2$O	0,41 g
	dest. Wasser	in 100 ml auflösen
	pH 7,5	
Substratlösung:	10 x RC-Puffer	1 ml
	Mercaptoethanol	8,4 µl
	4-MU-Gal	50 µl
	dest. Wasser	auf 9 ml auffüllen
10 x GC-Puffer	Glycin	9,98 g
	Na$_2$CO$_3$	8,80 g
	dest. Wasser	in 100 ml auflösen

2.4 RNA - Protokolle

2.4.1 Allgemeine Vorbereitungen

Aufgrund der hohen Stabilität von RNasen und ihrer Effektivität in der Hydrolyse von RNA wurden diverse Maßnahmen zur Verhinderung des ungewollten Abbaus getroffen. So wurde ein ausschließlich für RNA-Arbeiten eingerichteter Platz genutzt. Die Arbeiten wurden des Weiteren immer mit Handschuhen ausgeführt. Glasware wurden bei 210 °C über Nacht hitzesterilisiert. Die

Material & Methoden

Lösungen bzw. das destillierte Wasser zur Herstellung von Lösungen wurden mit 0,1 % DEPC über Nacht gerührt und anschließend autoklaviert. DEPC zerstört die RNasen und zerfällt nach dem Autoklavieren in Ethanol und CO_2. Zur Elution von RNA wurde spezielles RNase-freies Wasser von Invitrogen (Invitrogen; Karlsruhe) genutzt.

2.4.2 RNA - Isolierung aus *Bradyrhizobium japonicum*

2.4.2.1 Die Zellgewinnung

20 ml AG mit einem stammspezifischen Antibiotikum wurden mit einer Einzelkolonie von *B. japonicum* beimpft und bei 28 °C für 3 Tage kultiviert. 6 ml dieser Kultur wurden genutzt, um 600 ml AG mit Spectinomycin zu inokulieren. Nach 48 h wurden die Zellen gewonnen und in 40 ml mit Spectinomycin versetztem AG-Medium aufgenommen, sodass eine optische Dichte von 0,4-0,6 (λ=600) eingestellt wurde. In Tabelle 9 sind die experimentell verwendeten Bedingungen dargestellt.

Tab. 9: Wachstumsbedingungen der Kulturen

Experiment	Kulturbedingungen vor der RNA-Isolierung			
	Zeit	Temperatur	pH	Zusatz
Kontrolle	4/8 h	28 °C	6,9	-
Genistein	8 h	28 °C	6,9	1 µM Genistein
Hitzeschock	15 min	43 °C	6,9	-
Temperaturstress	48 h	35,2 °C	6,9	-
Salzstress	4 h	28 °C	6,9	80 mM NaCl
pH 4,0	4 h	28 °C	4	-
pH 8,0	4 h	28 °C	8	-

Bei der Herstellung von AG-Medium wird der HEPES-MES-Puffer (pH 6,9) genutzt um den pH des Mediums einzustellen. Für die Kultivierung von *B. japonicum* in saurem bzw. alkalischem Medium wurde der pH des HEPES-MES-Puffers vor der Zugabe zum AG-Medium auf pH 4 bzw. pH 8 eingestellt.

Material & Methoden

2.4.2.2 RNA – Isolierung

Wenn die Isolierungszeit erreicht war, wurden die Kulturen in 4 ml eiskalte Stopp-Lösung (10 % Phenol in Ethanol) überführt [Bernstein *et al.* 2002] und zentrifugiert (4.800 x g, 1 min 30 s, 4 °C). Anschließend wurde der Überstand entfernt und das Pellet in Flüssigstickstoff eingefroren und bis zur weiteren Verarbeitung bei -70 °C aufbewahrt.

Ein 15 ml Reaktionsröhrchen wurde mit 160 µl 10 % SDS, 2 ml Puffer A und 3,5 ml saurem Phenol befüllt und für 5 min bei 65 °C vorgewärmt. Das tiefgefrorene Zellpellet wurde in 1,5 ml kaltem Puffer A resuspendiert und die entstandene Zellsuspension zur vorgewärmten sauren Phenollösung gegeben. Nach intensivem Mischen (vortexen, 45 s) wurde für weitere 2 min bei 65 °C inkubiert. Anschließend erfolgte ein weiteres Vortexen für 45 s und eine erneute Inkubation bei 65 °C. Nach 5 min wurde die Phenolphase per Zentrifugation (9.000 rpm, 5 min, 4 °C) von der wässrigen Phase getrennt und die wässrige Phase mit 3 ml Phenol/Chloroform/ Isoamylalkohol (25:24:1) versetzt. Auch dieser Ansatz wurde vor der Zentrifugation (9.000 rpm, 5 min, 4 °C) gevortext. Erneut wurde die wässrige Phase abgenommen und mit 3 ml Chloroform versetzt. Ein weiterer Zentrifugationsschritt (9.000 rpm, 5 min, 4 °C) folgte zur Phasentrennung nach dem Vortexen für 45 s.

Zur RNA-Fällung wurde die wässrige Lösung mit 1/10tel 3 M NaAc und 2 Volumen eiskaltem absoluten Ethanol vermischt. Nach einer über Nacht-Inkubation bei -70 °C wurde die RNA mittels Zentrifugation (14.000 rpm, 45 min, 4 °C) pelletiert. Der Überstand wurde verworfen und das Pellet mit 80 %igem Ethanol versetzt. Nach einer anschließenden Zentrifugation (14.000 rpm, 20 min, 4 °C) wurde das Ethanol mit der Pipette vollständig entfernt. Das RNA-Pellet wurde an der Luft getrocknet, bevor es in 100 µl RNase-freiem Wasser resuspendiert wurde. Die Konzentration wurde spektroskopisch bei 260 nm bestimmt (1 OD_{260} Einheit entspricht 40 µg/ml RNA).

Puffer A:	3 M NaOAc (pH 5,5)	330 µl
	0,5 M EDTA (pH 8,0)	100 µl
	RNase-freies Wasser	auffüllen auf 50 ml

Material & Methoden

saures Phenol:
- Phenol   250 ml
- Puffer A   250 ml
- 30 min rühren
- wässrige Phase abnehmen
- phenolhaltige Phase erneut mit 250 ml Puffer A für 30 min rühren
- zweimal wiederholen
- saures Phenol aliquotieren und bei 4 °C lagern

2.4.2.3 DNase I-Behandlung & Aufreinigung der RNA

Um die isolierte RNA von noch vorhandener DNA zu trennen, wurde eine DNase I-Behandlung durchgeführt. Der Reaktionsansatz, welcher Tabelle 10 zu entnehmen ist, wurde für 30 min bei 37 °C inkubiert und anschließend sofort auf Eis überführt. SUPERaseIn wurde von Ambion (Ambion; Austin; USA), die RQ1 DNase von Promega (Promega; Mannheim) bezogen.

Tab. 10: Reaktionsansatz einer DNase I-Behandlung

Komponente	Menge
RNA-Lösung	bis 100 µg
10 x Reaktionspuffer	20 µl
SUPERaseIn	100 u
RQ1 DNase	20 u
RNase-freies Wasser	auffüllen auf 200 µl

Die anschließende Aufreinigung erfolgte unter Benutzung des RNA-Isolierungs-Kits von Qiagen (Qiagen; Hilden). Zu den 200 µl DNase I-Verdau wurden 700 µl RLT-Puffer, welcher lt. Protokoll mit β-Mercaptoethanol vermischt war, und 500 µl absolutes Ethanol hinzugegeben. Die weiteren Arbeitsschritte wurden anhand des Qiagen-Protokolls durchgeführt. Die RNA wurde in 32 µl RNase-freiem Wasser aufgenommen. Anschließend wurde eine Konzentrationsbestimmung und eine Agarosegelelektrophorese durchgeführt. Zur Überprüfung der RNA auf DNA-Kontamination wurde eine Kontroll-PCR durchgeführt.

2.4.3 cDNA-Synthese

Um die cDNA-Synthese (Tab. 11) durchzuführen wurden 10 µg der isolierten DNA-freien RNA genutzt. Die Reaktion wurde im PCR-Cycler durchgeführt. Die Random-Hexamere wurden von Invitrogen (Invitrogen; Karlsruhe), die Spike-Kontrollen von Affymetrix (Santa Clara; USA), die dNTPs von MBI Fermentas (St. Leon-Rot), SUPERaseIn von Ambion (Austin; USA) und die M-MLV Reverse Transkriptase von Promega (Promega; Mannheim) bezogen.

Tab. 11: Reaktionsansatz der cDNA-Synthese

Komponente	Menge
RNA	10 µg
Random-Hexamere	750 ng
Spike-Kontrollen	1 µl
RNase-freies Wasser	auffüllen auf 30 µl
10 min 70 °C; 10 min 25 °C; 4 °C	
5x1st M-MLV Strand-Puffer	12 µl
10 mM dNTPs	3 µl
SUPERaseIn	30 u
M-MLV Reverse Transkriptase	1500 u
RNase-freies Wasser	auffüllen auf 60 µl
10 min 25 °C; 1 h 37 °C; 1 h 42 °C; 10 min 70 °C; ∞ 4 °C	

Um die RNA zu entfernen, wurde der Ansatz der cDNA-Synthese mit 20 µl 1 M NaOH gemischt und für 30 min bei 65 °C inkubiert. Gestoppt wurde die Reaktion mit 20 µl 1 M HCl.

2.4.4 Aufreinigung, Fragmentierung und Markierung der cDNA

Eine Aufreinigung des cDNA-Ansatzes erfolgte mit dem MinElute PCR-Purification-Kit (Qiagen; Hilden). Es wurde nach dem Protokoll von Qiagen gearbeitet und die resultierende cDNA in 12 µl des beigefügten EB-Puffers aufgenommen. Die Konzentration wurde spektroskopisch bei 260 nm bestimmt (1 OD$_{260}$ Einheit entspricht 33 µg/ml ssDNA).

3 µg der aufgereinigten cDNA wurde fragmentiert. In Tabelle 12 ist der Reaktionsansatz zur Fragmentierung aufgeführt. Nach Zugabe des frisch vorbereiteten Mastermixes (Tab. 13) wurde sofort für 2 min und 50 s bei 37 °C inkubiert. Es folgte eine Hitzeinaktivierung für 10 min bei

Material & Methoden

99 °C. Nach kurzer Zentrifugation wurde der Ansatz entweder direkt zum Markieren eingesetzt oder bei -20 °C aufbewahrt. Die DNaseI sowie der 10 x One-Phor-All Puffer wurden von Amersham (Amersham Bioscience Corp.; Piscataway; USA) bezogen.

Tab. 12: Reaktionsansatz der cDNA-Fragmentierung

Komponente	Menge
cDNA	3 µg
10 x One Phor-All Puffer	2 µl
Mastermix (Tab. 13)	2 µl
bidest. Wasser	auffüllen auf 20 µl

Tab. 13: Mastermix zur cDNA-Fragmentierung

Komponente	Menge
bidest. Wasser	88 µl
10 x One Phor-All Puffer	10 µl
DNase I	2 µl

In Tabelle 14 ist der Reaktionsansatz zur Endmarkierung der cDNA für eine Affymetrix-Mikroarrayanalyse aufgeführt. Der Reaktionsansatz wird für 75 min bei 37 °C inkubiert und anschließend mit 2 µl 0,5 M EDTA abgestoppt. Die markierte cDNA kann bis zur Hybridisierung mit dem Mikroarray bei -20°C gelagert werden. Das GeneChip DNA Label-Reagenz wurde von Affymetrix (Santa Clara; USA) und die Terminale Deoxynukleotid-Transferase von Promega (Promega; Mannheim) bezogen.

Tab. 14: Reaktionsansatz zur Markierung der cDNA für eine anschließende Mikroarray-Hybridisierung

Komponente	Menge
fragmentierte cDNA (Tab. 11)	20 µl
5 x Reaktionspuffer	10 µl
GeneChip DNA Label-Reagenz, 7,5 mM	2 µl
Terminale Deoxynukleotid-Transferase	2 µl
bidest. Wasser	16 µl

Material & Methoden

2.5 Mikroarrayarbeiten

2.5.1 Das Mikroarraydesign

Der BJAPETHa520090 ist ein Ganz-Genom-Chip von Affymetrix (Santa Clara; USA) und enthält alle Protein-kodierenden ORFs, die RNA-kodierenden Gene und die intergenischen Regionen von *B. japonicum* 110*spc*4. Des Weiteren sind Kontrollen wie Antibiotikaresistenzgene, Pflanzengene und *E. coli*-Gene auf dem Chip aufgetragen. Detailliertere Angaben zum Mikroarray sind Hauser *et al.* (2007) zu entnehmen.

2.5.2 Hybridisierung des Mikroarrays

Für die Prähybridisierung wurde der Array für 15-30 min mit 140 µl 1 x Hybridisierungspuffer vorgewärmt, bevor dieser durch den Hybridisierungsmix (Tab. 15) ersetzt wurde. Es wurden 1,8-2,5 µg markierte cDNA für eine Hybridisierung über Nacht bei 48 °C eingesetzt. Die B2-Kontrolloligos und das Kontroll-Kit wurden von Affymetrix (SantaClara; USA) bezogen, BSA und Heringssperma-DNA von Invitrogen (Invitrogen; Karlsruhe).

Tab. 15: Hybridisierungsmix

Komponenten	Menge
2 x Hybridisierungspuffer	70 µl
3 nM B2 Kontroll-Oligos	2,3 µl
10 mg/ml Herings-Sperma-DNA	1,4 µl
50 mg/ml BSA	1,4 µl
100 % DMSO	9,8 µl
1,8-2,5 µg gelabelte cDNA	x µl
20 x Eukaryotic Hybridization Control Kit	7,0 µl
bidest. Wasser	auffüllen auf 140 µl

2 x Hybridisierungspuffer:		
	12 x MES Lösung	8,3 ml
	5 M NaCl	17,7 ml
	0,5 M EDTA	4,0 ml
	10 % Tween 20	0,1 ml
	bidest. Wasser	19,9 ml

Material & Methoden

12 x MES Lösung: MES-Hydrate 64,61 g
MES-Sodiumsalz 193,3 g
bidest. Wasser 800 ml
- mischen und auf 1 l mit bidest. Wasser auffüllen
- pH zwischen 6,5 und 6,7
- Lösung filtrieren und kühl aufbewahren

2.5.3 Waschen und Scannen des Mikroarrays

Die Zusammensetzung der benötigten Waschpuffer und des 2 x Färbepuffers sind in Tabelle 16 aufgelistet. Tabelle 17 gibt einen Überblick über die Zusammensetzung der Stocklösungen für die Detektion. Diese können über einen längeren Zeitraum bei 4 °C aufbewahrt werden. 200 x SSPE wurde von Ambion (Austin; USA) bezogen und besteht aus 3 M NaCl, 0,2 M NaH_2PO_4 und 0,02 M EDTA. Die Wasch- und Färbelösungen sollten möglichst am Tag der Benutzung hergestellt bzw. erneut filtriert und kühl gelagert werden.

Tab. 16: Die Zusammensetzung der Waschpuffer A und B und des 2 x Färbepuffers

Komponente	Waschpuffer A	Waschpuffer B	2 x Färbepuffer
200 x SSPE	300 ml	-	-
10 % Tween 20	1 ml	1 ml	2,5 ml
12 x MES-Lösung (Kap. 2.5.2)	-	83,3 ml	41,7 ml
5 M NaCl	-	5,2 ml	92,5 ml
bidest. Wasser	699 ml	910,5 ml	113,3 ml

Tab. 17: Stocklösungen der Detektionszusätze

Zusatz	Lösungsmittel	Konzentration der Lösung
Goat IgG	150 mM NaCl	10 mg/ml
Streptavidin	PBS	1 mg/ml
Biotin-Anti-Streptavidin	bidest. Wasser	0,5 mg/ml

Tabelle 18 gibt eine Übersicht über die Zusammensetzungen der Detektionslösungen. Streptavidin-Phycoerythrin (SAPE) sollte dunkel und kühl, nicht eingefrostet, aufbewahrt werden. Es kann als Salz ausfallen und auf dem Chip fleckig erscheinen, sodass eine Datenauswertung gestört wird. Aufgrund dessen wurde die Detektionslösung 3 für 5 min bei 13.000 rpm zentrifugiert und der

Material & Methoden

Überstand in ein dunkles Reaktionsgefäß überführt.

Tab. 18: Zusammensetzung der Detektionslösungen

Komponente	Mix 1	Mix 2	Mix3
2 x Färbepuffer	300 µl	300 µl	300 µl
50 mg/ml BSA	24 µl	24 µl	24 µl
Streptavidin	6 µl	-	-
Goat-Ig	-	6 µl	-
Biotin-Anti-Streptavidin	-	6 µl	-
SAPE	-	-	6 µl
bidest. Wasser	270 µl	264 µl	270 µl

Nach 16 h Hybridisierung wurde der Hybridisierungsmix entfernt und der Array mit 160 µl Waschpuffer A befüllt. Alle weiteren Arbeitsschritte wurden automatisiert an der Fluidics Station 450 von Affymetrix (Santa Clara; USA) durchgeführt. Für das Scannen wurde der Gene Chip Scanner 3000 benutzt.

2.5.4 Datenauswertung der Mikroarrays

Aufgrund einer Umstrukturierung am kooperierenden Functional Genomics Center in Zürich (FGCZ) wurden die Daten bezüglich Genistein anders ausgewertet als die auf Stress.

2.5.4.1 Datenauswertung der Mikroarrays in Bezug auf die transkriptionelle Antwort auf Genistein

Eine erste Datenanalyse wurde mit der Affymetrix GeneChip Operating Software Version 1.2 (GCOS) durchgeführt. Hierfür wurden die Parameter und statistischen Algorithmen benutzt, welche im Affymetrix Statistic Dokument beschrieben sind (http//:www.affymetrix.com). Die Signalintensität wurde über den TGT- (*target intensity value*) Wert eingestellt und einheitlich mit 500 festgelegt. Des Weiteren wurden die von GCOS festgelegten statistischen Parameter auf alle Vergleiche angewendet ($\alpha_1 = 0,05$, $\alpha_2 = 0,065$, $\tau = 0,015$, $\gamma 1H = 0.002$, $\gamma 1L = 0.002$, $\gamma 2H = 0.002667$, $\gamma 2L = 0.002667$). Die Skalierungsfaktoren für die Arraydatensätze lagen höchstens um den Faktor 3-3,5 auseinander und waren daher miteinander vergleichbar. Alle Vergleiche wurden

Material & Methoden

anhand von drei verschiedenen Arrayhybridisierungen durchgeführt, denen jedesmal eine separate RNA-Isolierung als Grundlage diente.

Nach den Vergleichen der Arrays mit Hilfe von GCOS fand eine weitere Datenanalyse per Microsoft Excel statt. Daten, welche einen *signal log ratio* ≥ 0,5 und einen *change-P* Wert ≤ 0.02 aufwiesen, wurden als verstärkt exprimiert definiert. Daten, deren *signal log ratio* ≤ -0,5 war bei einem *change-P* Wert ≥ 0.98, wurden als verringert exprimiert definiert. Die absoluten Veränderlichkeiten (*Fold Change*) in der Genexpression wurden über den *signal log ratio* (SLR) nach der Formel $FC=2^{SLR}$ ausgerechnet.

Ein Teil der Daten wurde in NCBI Gene Expression Omnibus (platform accession no. GPL3401, sample accession no. GSE8580) veröffentlicht.

2.5.4.2 Datenauswertung der Mikroarrays in Bezug auf die transkriptionelle Stressantwort

Nach den ersten Vergleichen der Arrays mittels GCOS (Kap. 2.5.4.1) fand eine weitere Datenanalyse per GeneSpring Version GX 7.3.1 (Agilent Technologies; USA) nach Protokoll statt.

2.6 Proteinprotokolle

2.6.1 Glutathion – Affinitätschromatographie

Die Expression des Blr6623-GST-Fusionsproteins erfolgte in *E. coli* BL21, die Aufreinigung mittels Glutathion-Affinitätschromatographie. Das Fusionsprotein konnte aufgrund einer Thrombin-Schnittstelle durch einen Thrombinverdau von der Glutathion-S-Transferase getrennt werden.

2.6.1.1 Kultivierung und Aufschluss von *Escherichia coli* BL21

Die *E. coli*-Hauptkultur wurde 1:100 mit einer Vorkultur angeimpft und in LB-Medium bei 28 °C kultiviert. Bei einer OD_{600} von 0,5-0,7 wurde für 4 h mit IPTG induziert.

Die folgenden Arbeiten wurden auf Eis durchgeführt. Die Zellen wurden bei 7.500 x g und 4 °C

Material & Methoden

zentrifugiert, in Bindepuffer mit einem Volumen von etwa 1 ml je 50 ml Hauptkultur resuspendiert und wiederholt zentrifugiert. Anschließend wurden die Zellen erneut in Bindepuffer aufgenommen und mittels Ultraschall aufgeschlossen (2-5 min, Leistung 70 %, Puls 1/5 s). Zelltrümmer wurden durch Zentrifugation bei 20.000 x g und 4 °C pelletiert und verworfen. Mit einem Sterilfilter wurde der Rohextrakt geklärt.

Bindepuffer:
NaCl 140 mM
KCl 2,7 mM
Na_2HPO_4 10 mM
KH_2PO_4 1,8 mM
in bidest. Wasser; pH 7,3

2.6.1.2 Reinigung des Fusionsproteins aus Bakterienrohextrakt

Die Reinigung des filtrierten Rohextraktes erfolgte mit einer Glutathion-Sepharose-Säule. Dazu wurde die Säule mit fünf Volumen Bindepuffer (Kap. 2.6.1.1) bei einer Flussrate von 1-2 ml/min equilibriert. Die Probe wurde mit einer Spritze oder per *gravity flow* auf die Säule mit einer Flussrate von 0,2-1 ml/min aufgetragen. Es folgte ein Waschschritt mit fünf Volumen Bindepuffer bei 1-2 ml/min, bevor mit 5-10 ml Elutionspuffer das Fusionsprotein extrahiert wurde. Dabei wurden Fraktionen von 0,5-1 ml aufgefangen und deren Proteinkonzentrationen bestimmt (Kap. 2.6.1.3). Die Entfernung der Glutathion-S-Transferase vom Fusionsprotein erfolgte durch enzymatische Spaltung des Fusionskonstruktes mit Thrombin. Die Reaktion wurde mit dem an die Säule gebundenen Fusionsprotein durchgeführt. Dazu wurden 60-80 u Thrombin in 1 ml Bindepuffer mit einer Spritze in die Säule injiziert. Die Inkubation erfolgte bei RT für 16 Stunden, die Elution mit 5 ml PBS.

Elutionspuffer:
Tris 50 mM
red. Glutathion 10 mM
in bidest. Wasser; pH 8,0 (HCl)

Material & Methoden

2.6.1.3 Bestimmung der Proteinkonzentration mit Roti® - Nanoquant

Für die Konzentrationsbestimmung der erhaltenen Proteinlösungen wurden 15 µl Probe mit dest. Wasser auf 200 µl aufgefüllt und mit 800 µl der Arbeitslösung Roti®-Nanoquant vermischt. Dieser Ansatz wurde anschließend photometrisch bei einer Extinktion von 590 nm und 450 nm gegen bidest. Wasser als Referenz gemessen. Die Berechnung der Proteinkonzentration der Probe wurde anhand der Formel einer mit BSA erstellten Regressionsgerade (Verdünnungsreihe 0-20 µg) vollzogen. Die so bestimmten Proteinkonzentrationen wurden mit der eingesetzten Menge (15 µl) der Probe verrechnet. Als Blindwert diente die Bestimmung des Puffers ohne Protein.

2.6.2 SDS-Polyacrylamid-Gelelektrophorese

Für die elektrophoretische Proteinauftrennung unter denaturierenden Bedingungen kam die diskontinuierliche Elektrophorese nach Laemmli (1970) zum Einsatz, wo die Proteine zunächst in einem niederprozentigen Sammelgel (5 %) fokussiert und anschließend in einem höherprozentigen Trenngel (12 %) nach ihrem Molekulargewicht aufgetrennt werden.

Die Proben, welche 5-25 µg Protein enthielten, wurden mit 4fach konzentriertem SDS-Probenpuffer und mit einer geringen Menge an Mercaptoethanol (1 µl auf 20 µl Probe) versetzt. Als Standard diente der „Page RulerTM Unstained Protein Ladder" von MBI Fermentas (St. Leon-Rot). Die Elektrophorese erfolgte in einem einfach konzentrierten SDS-Laufpuffer, im Sammelgel bei 80 V und im Trenngel bei 120 V.

Trenngelpuffer:	Tris-Base	1,5 M
	in bidest. Wasser; pH 8,8	
Sammelgelpuffer:	Tris-Base	0,5 M
	in bidest. Wasser; pH 6,8	
4x SDS-Probenpuffer:	Tris-Base	250 mM
	Glycerin	40 %
	Bromphenolblau(-Natriumsalz)	0,02 %
	in bidest. Wasser; pH 6,8	

Material & Methoden

SDS-Lösung:	SDS	10 %
	in bidest. Wasser	

APS-Lösung:	APS	10 %
	in bidest. Wasser	

1x SDS-Laufpuffer:	Tris-Base	25 mM
	Glycin	192 mM
	SDS	0,1 %
	in bidest. Wasser; pH 6,8	

Sammelgel:	40 % Acrylamidlösung (29:1)	625 µl
	bidest. Wasser	3,2 ml
	Sammelgelpuffer	1,25 ml
	10 % SDS	50 µl
	10 % APS	25 µl
	TEMED	5 µl

Trenngel:	40 % Acrylamidlösung (29:1)	3 ml
	bidest. Wasser	4,29 ml
	Trenngelpuffer	2,5 ml
	10 % SDS	100 µl
	10 % APS	100 µl
	TEMED	10 µl

Um die Proteinbanden auf den Gelen sichtbar zu machen, wurde die Coomassiefärbung angewendet. Hierzu wurden die Gele für 2-12 h in einer Färbelösung geschwenkt. Anschließend wurde die Gelmatrix in einer Entfärberlösung gebleicht.

Färbelösung:	Methanol	40 %
	Essigsäure	7 %
	Coomassie-Brilliant-Blau	0,025 %
	in bidest. Wasser	

Material & Methoden

<u>Entfärbelösung:</u> Ethanol 15 %
Essigsäure 15 %
in bidest. Wasser

2.6.3 Bandshiftanalysen

Die Methode der Bandshift-Analyse, auch als Electrophoretic Mobility Shift Assay (EMSA) bezeichnet, ist geeignet, um DNA-Protein-Interaktionen zu untersuchen. Die eingesetzten PCR-Produkte (Kap. 2.3.2) wurden mittels Cy5-Primer markiert. Neben PCR-Produkten wurden auch Cy5-markierte Oligonukleotide eingesetzt. Die Proteinproben wurden aus *E. coli* BL21-Kulturen gewonnen und über Affinitätschromatographie gereinigt (Kap. 2.6.1). Zu den Reaktionsansätzen wurden 20 % Ficoll (Type 400) und Lachsspermien-DNA in einer Endkonzentration von 50 µg/ml zugegeben [Sambrook *et al.* 2001]. Die Proben wurden auf ein Gesamtvolumen von 45 µl mit EMSA-Bindungspuffer aufgefüllt und für 30 min auf Eis inkubiert. Anschließend wurden die Ansätze mit 7,5 µl 30 % Glycerol als Laufpuffer versetzt und auf ein 7 %iges natives Polyacrylamidgel aufgetragen. Der Gellauf erfolgte im Dunkeln in 1 x TBE für 2 h 15 min bei 20 mA und 4 °C. Nach dem Elektrophoreselauf wurde das Gel mit einem Fluoreszenzscanner des Typs Storm 860 analysiert.

<u>7 % Polyacrylamidgel:</u> Acrylamid/Bisacrylamid 40% (29:1) 10,5 ml
bidest. Wasser 45 ml
5x TBE-Puffer 3 ml
Glycerol 605 µl
10 % APS 30 µl

<u>EMSA-Bindepuffer:</u> HEPES 12 mM
$MgCl_2$ 3 mM
DTT 0,5 mM
EDTA 6 mM
KCl 6 mM
in bidest. Wasser, pH 7,9

Material & Methoden

2.7 Computerprogramme

Benötigte *B. japonicum*-Daten wurden den Datenbanken Rhizobase und KEGG entnommen. Plasmidkarten wurden mit ApE (*A plasmid editor*), Version 1.10.4, erstellt. NCBI-Blast wurde genutzt um homologe Gene in anderen Bakterienstämmen zu suchen. Sequenzvergleiche wurden mit MultAlign erstellt. Proteinanalysen wurden mit den Datenbanken Pfam, KEGG oder PROSITE (Expasy) durchgeführt. Die diesen Datenbanken und Programmen zugrunde liegenden Internetseiten sind in Tabelle 19 aufgeführt.

Tab. 19: Benutze Datenbanken und bioinformatorische Tools

Datenbank/Programm	Internetseite
Blast 2 Sequences	http://www.ncbi.nlm.nih.gov/blast/bl2seq/wblast2.cgi
Pfam	http://pfam.sanger.ac.uk/
Rhizobase (*B. japonicum*)	http://bacteria.kazusa.or.jp/rhizobase/Bradyrhizobium
NCBI	http://www.ncbi.nlm.nih.gov
Prosite (Expasy)	http://www.expasy.org/prosite/
KEGG (*B. japonicum*)	http://www.genome.jp/dbget-bin/www_bfind?B.japonicum
MultAlign	http://bioinfo.genotoul.fr/multalin/multalin.html

3 Ergebnisse

3.1 Das Genistein-Stimulon von *Bradyrhizobium japonicum*

Ausgangspunkt der vorliegenden Untersuchung zum Genistein-Stimulon ist die Tatsache, dass Genistein-abhängige Gene bisher ausschließlich in der symbiontischen Region von *B. japonicum* bekannt waren. Diese weisen in der Promotorregion ein *nod*- oder *tts*-Box-Motiv auf und kodieren für Genprodukte, welche zur Nod-Faktorsynthese bzw. zum T3SS-Aufbau benötigt werden [Krause *et al.* 2002; Loh & Stacey 2003]. Die transkriptionelle Aktivierung der *nod*-Box-assoziierten Gene erfolgt durch den LysR-Typ-Regulator NodD$_1$ und das 2-Komponentenregulationssystem NodVW, welche in der Lage sind, auf Genistein zu reagieren [Banfalvi *et al.* 1988; Göttfert *et al.* 1990; Göttfert *et al.* 1992; Loh *et al.* 1997]. Dieser Arbeit zugrunde liegend war das Interesse, ein umfassendes Bild zum Genistein-Stimulon und dessen Regulation in *B. japonicum* mittels Mikroarrayanalyse zu erstellen. Hierzu wurde der *whole-genome-array* BJAPETHa520090 von Affymetrix genutzt, welcher alle beschriebenen Protein-kodierenden ORFs, RNA-kodierende Gene und die intergenischen Regionen von *B. japonicum* enthält [Kaneko *et al.* 2002; Hauser *et al.* 2007].

Das Transkriptom des Wildtyps wurde nach einer achtstündigen Inkubationszeit mit 1 µM Genistein bestimmt. Als Negativkontrolle diente eine achtstündige Wildtypkultur, welche mit Methanol, dem Lösungsmittel von Genistein, versetzt war. Um den Einfluss von NodD$_1$ und NodW auf das Genistein-Stimulon zu analysieren, wurde die RNA der Regulatormutanten Δ1267 (Δ*nodD1nodD2nolA*), 613 (Ω*nodW*) und Δ901 (Ω*nodW*; (Δ*nwsA; aphII→nwsB*), welche acht Stunden bei 1 µM Genistein kultiviert wurden, gewonnen und mit dem Mikroarray hybridisiert. Die Genistein-abhängigen Transkriptome der Regulatormutanten wurden mit den Mikroarrayergebnissen des nicht-induzierten Wildtyps verglichen. Die dieser Arbeit zugrunde liegenden Daten sind die Zusammenfassung der als Dreifachbestimmung durchgeführten Mikroarrayanalysen. Dabei wurde die Ausschlussgrenze für differenziell exprimierte Gene mit 2fach veränderlich festgesetzt. Die vollständigen Datensätze können auf der NCBI-Homepage unter dem Gene Expression Omnibus (GEO-Accession GSE8580) eingesehen werden.

Bei einem Vergleich der Daten von Genistein-induzierten Kulturen mit den Daten von nicht-induzierten Kulturen des Wildtyps lassen sich 101 Gene identifizieren, welche durch Genistein verstärkt exprimiert werden (Abb. 6). In *B. japoncium* weist kein Gen ein verringertes Expressionsmuster in Abhängigkeit von Genistein auf.

Ergebnisse

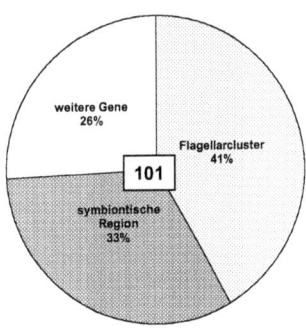

Abb. 6: **Genistein-induzierbare Gene in *B. japonicum*.** 101 Gene werden in *B. japonicum* durch Genistein induziert. Die größte Gruppe stellt das Flagellarsystem, kodiert durch *blr6843-blr6886*, dar. Im Bereich der symbiontischen Region, können neben bekannten Genen weitere Genistein-induzierbare Gene identifiziert werden. 26 Gene, welche weder der symbiontischen Region noch dem Flagellarcluster zugeordnet werden können, weisen in Abhängigkeit von Genistein ein erhöhtes Expressionsniveau auf.

Der Einfluss von Genistein auf das Flagellarcluster, die symbiontische Region sowie auf weitere Gene der Regulatormutanten ist in Abbildung 7 dargestellt. Hierbei wird deutlich, dass das Expressionsmuster von *B. japonicum* Δ1267 dem des Wildtyps sehr ähnlich ist. So ist die Mutante mit der Deletion von *nodD1*, *nodD2* und *nolA* in der Lage, die Gene der symbiontischen Region und des Flagellarclusters ähnlich dem Wildtyp zu exprimieren. In *B. japonicum* Δ901 werden, ähnlich dem Wildtyp und Δ1267, die Gene der symbiontischen Region nach Genisteinzugabe induziert. Jedoch wird in dieser NodW-Mutante, in der *nwsB* überexprimiert ist, das Flagellarcluster in Abhängigkeit von Genistein nicht verstärkt exprimiert. *B. japonicum* 613 (Ω*nodW*) weist nach Zugabe von Genistein weder eine verstärkte Expression der symbiontischen Region noch des Flagellarclusters auf. Lediglich acht Gene sind nach Genisteinzugabe induziert. Sieben der Gene kodieren für Effluxsysteme. Auf Besonderheiten wird in den folgenden Kapiteln eingegangen.

Ergebnisse

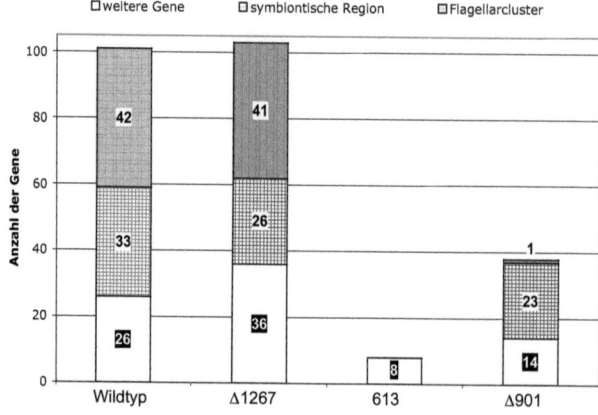

Abb. 7: Genistein-induzierbare Gengruppen des Wildtyps und der Regulatormutanten. Die Zahlen in den Balken entsprechen der Anzahl an Genistein-induzierbaren Genen in den dargestellten Kategorien. Deutlich wird das ähnliche Expressionsmuster von Δ1267 und Wild-yp, während in der NodW-Mutante 613 ledig-lich acht Genistein-induzierbare Gene identifizierbar sind. Die Mutante Δ901 mit einem über-exprimierten *nwsB* zeigt ein Wildtyp-ähnlicheres Expressionsmuster ohne Induzierung des Flagellarclusters.

3.1.1 Das Flagellarcluster

Das Flagellarcluster im Bereich der Gene *blr6843* bis *blr6886* kodiert für die dünnen Flagellen und ist die am stärksten vertretene Gruppe der Genistein-induzierbaren Gene in *B. japonicum* (Abb. 6; Kap. 3.1). Bis auf die Induktionswerte der Gene für das Flagellin, welche geringer als 2fach veränderlich exprimiert sind (*fliCI* (*bll6865*) 1,6fach; *fliCII* (*bll6866*) 1,9fach), weisen die weiteren Gene des Clusters einheitliche Induktionswerte auf (2-3 fache Induktion). Eine Zunahme der dünnen Flagellen am Bakterium nach Genistein-Zugabe wurde durch uns nicht untersucht.

Innerhalb des Flagellarclusters gibt es kein *nod*-Box-Motiv, sodass eine direkte Regulation durch die bekannten Genistein-abhängigen Regulatoren $NodD_1$ bzw. NodW nicht ersichtlich ist. Auch eine Regulation durch das nach Genisteinzugabe gebildete TtsI scheint unwahrscheinlich, da innerhalb des Flagellarclusters kein *tts*-Box-Motiv bekannt ist. Drei Gene, welche für transkriptionelle Regulatoren kodieren, konnten identifiziert werden. *blr6843* und *blr6886* kodieren für Regulatoren der MarR-Familie, *blr6846* für einen 2-Komponentenregulator.

Ein erhöhtes Expressionsniveau des Flagellarclusters nach Genistein-Kontakt ist in den NodW-Mutanten 613 und Δ901 im Gegensatz zu Δ1267 nicht festzustellen. So kann anhand der vorliegenden Daten gezeigt werden, dass die Gene der dünnen Flagellen durch NodW in Abhängigkeit von

Ergebnisse

Genistein induziert werden.

3.1.2 Die symbiontische Region

In der symbiontischen Region werden 33 Gene durch Genistein induziert (Abb. 7; Kap. 3.1). Die Regulatormutante *B. japonicum* 613 weist kein verstärktes Expressionsniveau der symbiontischen Region nach Genisteinzugabe auf. Die Abbildung 8 gibt eine Übersicht über die Genistein-induzierbaren Gengruppen der symbiontischen Region im Wildtyp und den Regulatormutanten Δ1267 und Δ901.

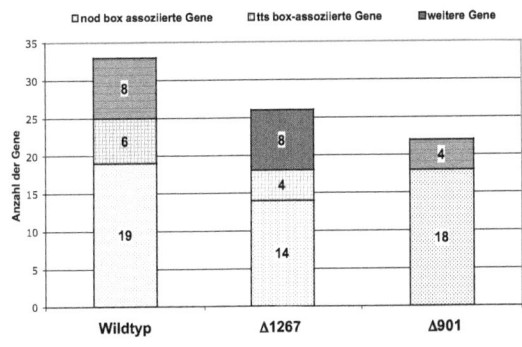

Abb. 8: Genistein-induzierbare Gene der symbiontischen Region im Wildtyp und den Regulatormutanten Δ1267 und Δ901. Die Gengruppen sind anhand möglicher Promotorstrukturen zusammengefasst. Sowohl im Wildtyp als auch in *B. japonicum* Δ901 sind die *nod*-Box-assoziierten Gene nach Genisteinzugabe induziert. In Δ1267 wird das *nodYABC*-Operon nach Genisteinzugabe induziert, aber *bsr1863* und das *ttsI*-Operon, das über eine *nod*-Box gesteuert wird, zeigen in dieser Mutante kein verändertes Expressionsniveau. Anhand der Mikroarrayanalyse können sechs der 34 bekannten *tts*-Box-assoziierten Gene als Genistein-induzierbar nachgewiesen werden. In *B. japonicum* Δ901 wird keines dieser Gene nach Genisteinzugabe verstärkt exprimiert. Weitere Erläuterungen sind dem Text zu entnehmen.

Die Induktion der *nod*-Box-assoziierten Gene durch Genistein war für *nodY*, *nolY* und *ttsI* aus der Literatur bekannt [Wang & Stacey 1991; Dockendorff *et al.* 1994; Krause *et al.* 2002]. Zusätzlich kann das durch Sequenzanalysen gefundene *nod*-Box-assoziierte Gen *bsr1863* als Genistein-induzierbar bestätigt werden (Abb. 9). Sowohl im Wildtyp als auch in Δ901 sind diese vier Gene in Abhängigkeit von Genistein induziert. Gene, welche in einem Operon mit *nodY*, *nolY* und *ttsI* angeordnet sind, werden ebenfalls durch Genistein im Wildtyp und in Δ901 verstärkt exprimiert. Ein überexprimiertes *nwsB* ist somit in der Lage, das fehlende NodW bei der Aktivierung der Transkription der *nod*-Box-assoziierte Gene zu ersetzen.

Ergebnisse

In *B. japonicum* Δ1267 ist bis auf das *nodYABC*-Operon kein weiteres *nod*-Box-assoziiertes Gen oder Operon nach Genisteinzugabe verstärkt exprimiert. Das *nolYZ*-Operon zeigt sowohl im Genistein-induzierten als auch im nicht induzierten Zustand ein erhöhtes Expressionsniveau. Dies ist wahrscheinlich auf die *out-reading* Promotoraktivität der Kanamycinresistenzkassette *aphII*, die in die *nodD$_1$nodD$_2$nolA*-Region integriert wurde, zurückzuführen.

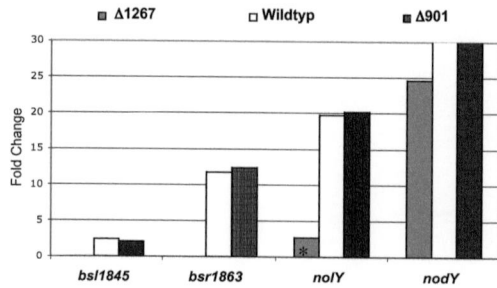

Abb. 9: Die *nod*-Box-assoziierten Gene in *B. japonicum* und deren Induktion durch Genistein. Dargestellt ist das erste *downstream* einer *nod*-Box angeordnete Gen. Genistein induziert sowohl im Wildtyp als auch in Δ901 die bekannten *nod*-Box-assoziierten Gene. Das *nodYABC*-Operon wird in *B. japonicum* Δ1267 nach Genistein-Zugabe verstärkt exprimiert. Keine verstärkte Expression wird für *bsl1845*, *bsr1863* und *nolY* (*) angenommen. Nähere Erläuterungen sind dem Text zu entnehmen.

ttsI (*bll1843*), welches *downstream* einer *nod*-Box liegt, kodiert für einen 2-Komponentenregulator. TtsI ist zur Aktivierung von *tts*-Box-assoziierten Genen essenziell [Krause *et al.* 2002]. Zehner *et al.* (2008) beschreiben 34 *tts*-Box-assoziierte Gene im Genom von *B. japonicum*. Mittels Mikroarrayanalyse konnten im Wildtyp lediglich *gunA2* (*blr1656*), *blr1676*, *bsl1808*, *nolB* (*blr1812*), *pgl* (*blr1993*) und *blr2140*, die in der Promotorregion eine *tts*-Box haben als Genistein-induzierbar bestätigt werden. Ungleich den *nod*-Box-assoziierten Genen sind in Δ901 *tts*-Box-assoziierte Gene nach Genisteinzugabe nicht induziert. In der Mutante Δ1267 wird im Gegensatz zum Wildtyp und Δ901 nach Genisteinzugabe *ttsI* nicht verstärkt exprimiert. Trotzdem werden die *tts*-Box-assoziierten Gene *blr1676*, *bsl1808*, *pgl* und *blr2140*, welche einer transkriptionellen Regulation durch TtsI unterliegen, in dieser Mutante durch Genistein induziert.

Im Wildtyp werden in der symbiontischen nach Genistein-Zugabe neben den bekannten *nod*-Box- und *tts*-Box-assoziierten Genen acht weitere Gene verstärkt exprimiert, die kein gemeinsames Promotormotiv zeigen (Tab. 20). Während in Δ1267 bis auf *nodD$_1$* alle weiteren Gene der symbiontischen Region in Abhängigkeit von Genistein verstärkt exprimiert vorliegen, zeigt Δ901 erneut Ausnahmen (Tab. 20). Zusätzlich wird in den Regulatormutanten Δ1267 und Δ901 *nodM* nach Genistein-Kontakt induziert. Dieses Gen zeigt im Wildtyp kein verstärktes Expressionsmuster.

Ergebnisse

Tab. 20: Genistein-induzierbare Gene der symbiontischen Region, die keinen bekannten Promotor haben.

Gen	Fold Change			(putative) Proteinfunktion / Ähnlichkeit
	Wt	Δ1267	Δ901	
bll1630 (nolK)	2,0	4,0	5,7	GDP-Fucosesynthetase
bll1631 (noeL)	2,3	4,8	9,0	GDP-Mannose-4,6-Dehydratase
blr1632 (nodM)		3	4,8	Glucosaminsynthase
bsr1677	2,8		3,3	hypothetisches Protein; besitzt Homologie zu Mg-Transportern
blr1679	2,9		3,1	ABC-Transporter; Permease
blr1680	2,2		2,3	ABC-Transporter; Permease
bsl1713	2,3	3,9	3,1	2-Komponenten-Regulator
bll2023 (nodD$_1$)	2,1		3,5	transkriptioneller Regulator des LysR-Typs
blr2062 (noeI)	93,3	183,0	255,5	Ähnlichkeit zu NoeI aus *Rhizobium* sp. NGR234*

* Jabbouri et al. 1998

3.1.3 Weitere Genistein-induzierbare Gene in *Bradyrhizobium japonicum*

Im Wildtyp werden 26 Gene in Abhängigkeit von Genistein verstärkt exprimiert, die weder in der symbiontischen Region noch im Genistein-induzierbaren Flagellarcluster angeordnet sind (Tab. 21).

Tab. 21: Weitere Genistein-induzierbare Gene im Wildtyp und in den Mutantenstämmen

Gen	Fold Change			(putative) Proteinfunktion / Ähnlichkeit
	wt	613	Δ901	Δ1267	
bll2335	4,0		48,8	14,1	hypothetisches Protein
blr2422	2,4	2,4	3,8	2,5	Effluxsystem, RND-Familie
blr2423	2,3	2,3	2,3	2,4	Effluxsystem, RND-Familie
bll4251	2,3		21,0	2,7	Permease, MFS
bll4252	2,8		8,3	3,4	Amidohydrolase
bll4253	3,9			5,3	transkriptioneller Regulator der AraC-Familie
bll4254	5,7			8,1	transkriptioneller Regulator der AraC-Familie
bll4319	4,2	4,1	3,2	4,1	RND Multidrug Resistenzprotein
bll4320	4,4	4,8	3,5	4,4	RND Efflux Membran-Fusionsprotein
bll4321	4,2	4,4	3,0	4,0	RND outer-membrane Kanal-Lipoprotein
blr4450	3,2			3,6	hypothetisches Protein
blr4684	3,3	3,3		3,5	hypothetisches Protein
blr4709	2,3			2,4	hypothetisches Protein
bll4771	7,3		47,7	18,5	hypothetisches Protein
blr4772	3,2		6,0	5,2	hypothetisches Protein
blr4775	7,0		24,8	9,6	2-Komponenten-Regulator
blr5623	2,3			2,9	N-Acetylglucosamin-Tansferase
bll6424	2,3				hypothetisches Protein
bll6425	2,7				Oxidoreduktase
bll6427	3,3				hypothetisches Protein
bll6428	2,4				hypothetisches Protein
bll6621	3,2	3,6	2,5	3,5	Multidrug Resistenz, MFS
bll6622	2,8	3,0	2,3	3,0	Multidrug Resistenz, MFS
blr6669	2,8			2,9	hypothetisches Protein
bll6747	2,7			3,2	hypothetisches Protein
blr7209	2,2		3,2	2,2	Glutamin-Amidotransferase

Ergebnisse

In der Regulatormutante Δ1267 werden nach Genistein-Kontakt zusätzliche Gene induziert (Tab. 22). Auffällig sind hierbei die Operons *blr2921-blr2926* und *blr4566-blr4568*. Während *blr4566-blr4568* für hypothetische Proteine kodieren, bilden die Genprodukte von *blr2921-blr2926* wahrscheinlich einen Aminosäure-Transporter. Benachbart ist das ebenfalls induzierte *bll2920*, welches für einen LysR-Typ-Regulator kodiert, angeordnet.

Tab. 22: Genistein-induzierbare Gene in *B. japonicum* Δ1267, welche im Wildtyp nicht differenziell exprimiert vorliegen.

Gen	FC	(putative) Proteinfunktion
blr0259	2,9	2-Komponenten-Regulator
bll2920	2,7	transkriptioneller Regulator der LysR-Familie
blr2921	18,5	hypothetisches Protein
blr2922	7,4	ABC Transporter; AS-Bindeprotein
blr2923	8,1	AS-ABC-Transporter; Permease
blr2924	8,1	AS-ABC-Transporter; Permease
blr2925	6,6	AS-ABC-Tansporter; ATP-Bindeprotein
blr2926	7,6	AS-ABC-Tansporter; ATP-Bindeprotein
blr4566	5,4	hypothetisches Protein
blr4567	3,9	hypothetisches Protein
blr4568	3,9	hypothetisches Protein
bll4983	2,1	hypothetisches Protein
bll7946 (*phoD*)	2,5	Phosphonat-bindender periplasmatischer Proteinprecursor
blr7948	2,2	Acetyltransferase

3.1.3.1 Die 2-Komponenten-Regulatoren Bsl1713 und Blr4775

bsl1713 und *blr4775* sind *downstream* der Gene für die 2-Komponentenregulationssysteme NodVW und NwsAB im Genom von *B. japonicum* positioniert und kodieren für kurze Proteine, welche hauptsächlich aus den Receiverdomänen der 2-Komponentenregulatoren bestehen (Abb. 10A+B). Eine DNA-bindende Domäne ist in diesen Proteinen nicht vorhanden. Auf AS-Ebene weisen Bsl1713 und Blr4775 eine ca. 35 %ige Ähnlichkeit zu NodW bzw. NwsB auf. Aufgrund der vorliegenden Mikroarraydaten des Wildtyps werden *bsl1713* und *blr4775* in Abhängigkeit von Genistein verstärkt exprimiert. In Δ1267, aber nicht in *B. japonicum* 613, werden diese zwei Gene ebenfalls durch Genistein induziert. Die Mutante Δ901 weist nach Genisteinzugabe sowohl eine verstärkte Expression von *bsl1713* als auch von *blr4775* auf. Dabei ist unklar, ob eine „echte" Induktion von *blr4775* vorliegt. Die Integration der Kanamycinresistenzkassette *aphII* in *nwsA* von Δ901 führt zu einer Überexpression von *nwsB* und eventuell *blr4775*, welches *downstream* von

Ergebnisse

nwsB in *B. japonicum* vorliegt. Da beide Gene in der Mutante Δ1267 nach Genisteinzugabe induziert vorliegen, aber nicht in der Mutante 613 liegt die Vermutung nahe, dass *bsl1713* und *blr4775* direkt oder indirekt durch NodW in Abhängigkeit von Genistein transkriptionell aktiviert werden. Aufgrund dieser Vermutung wurde nach einer möglichen gemeinsamen Bindesequenz für einen Genistein-abhängigen transkriptionellen Regulator *upstream* von *bsl1713* und *blr4775* gesucht (Abb. 10C). In *B. japonicum* besitzen weitere 2-Komponentenregulationssysteme zusätzliche „kleine" Regulatoren. So ist benachbart zu *fixLJ* das Gen des 2-Komponentenregulators Bll2758 kodiert und benachbart zu *blr0257/blr0258* das Gen für Blr0259. Der Vergleich der intergenischen Regionen dieser Systeme mit den intergenischen Regionen von *bsl1713/ bll1714* und *blr4774/blr4775* wies keine Übereinstimmungen auf (Daten nicht gezeigt). Daraus lässt sich schlussfolgern, dass das Motiv, welches in Abbildung 10C aufgeführt ist, ein Bindemotiv für einen Genistein-abhängigen transkriptionellen Regulator enthält.

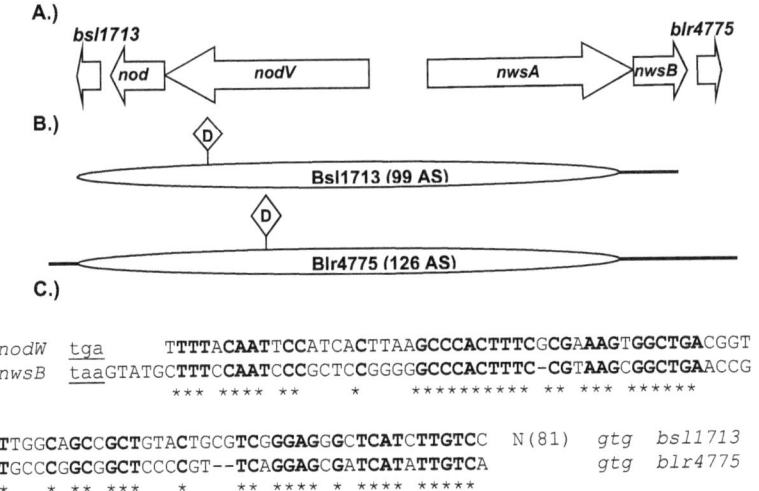

Abb. 10: Die 2-Komponentenregulatoren Bsl1713 und Blr4775. A.) Die genomische Anordnung von *bsl1713* und *blr4775 downstream* von *nodVW* bzw. *nwsAB*. B.) Bsl1713 setzt sich aus 99 und Blr4775 aus 126 AS zusammen. Beide Proteine besitzen die für die 2-Komponentenregulatoren typische Receiverdomäne mit dem Aspartatrest (D) zur Phosphatübertragung. Bei Bsl1713 befindet sich dieser an Position 25, bei Blr4775 an Position 53. Eine DNA-Bindedomäne ist bei beiden Proteinen nicht vorhanden. C.) Der Vergleich der intergenischen Regionen *upstream* von *bsl1713* und *blr4775* zeigt eine Konsensussequenz (fett hervorgehoben;*), die eine mögliche Bindestelle für einen Genistein-abhängigen transkriptionellen Regulator darstellt. Eine Übereinstimmung mit der *nod*-Box liegt nicht vor. Die Stopcodons (tga; taa) der Gene *nodW* und *nwsB* sind unterstrichen, die Startcodons (gtg) von *bsl1713* und *blr4775* sind kursiv geschrieben.

Ergebnisse

3.1.3.2 Der LysR-Typ-Regulator Blr6429

Die Gene des Operons *bll6425-bll6428* sind bis auf *bll6426* durch Genistein induzierbar und kodieren hauptsächlich für hypothetische Proteine (Abb. 11A). Die Ausnahme ist *bll6425*, welches für eine Oxidoreduktase kodiert und *bll6421*. Die putative Promotorregion von *bll6428* zeigt eine 51 %ige Übereinstimmung in 114 Nukleotiden zur Promotorregion von *nodY* (Abb. 11B). *Upstream* in gegenläufige Richtung befindet sich das Gen *blr6429*, welches für einen LysR-Typ-Regulator mit einer 35 %igen Ähnlichkeit zu NodD$_1$ kodiert. Das Arrangement von LysR-Typ-Regulatoren und ihren Zielgenen ist häufig sehr ähnlich [Schell *et al.* 1993], so dass die Wahrscheinlichkeit besteht, dass Bll6429 in die transkriptionelle Aktivierung von *bll4628* und den *downstream* liegenden Genen involviert ist. In den untersuchten Regulatormutanten kann kein erhöhtes Expressionsniveau des Operons und des Regulatorgens in Abhängigkeit von Genistein festgestellt werden. Dies gibt einen Hinweis darauf, dass die hier dargestellten Gene durch NodD$_1$ aktiviert werden. Eventuell durch Bindung von NodD$_1$ an die *nod*-Box-ähnliche Sequenz. In den NodW-Mutanten 613 und Δ901 werden diese Gene nicht durch Genistein induziert. Eine weitere Möglichkeit der transkriptionellen Aktivierung dieser Gene besteht in der Möglichkeit einer Regulationskaskade, bestehend aus NodW, NodD$_1$ und Blr6429. Blr6429 könnte als Schlussglied der Regulationskaskade die Transkription der Gene *bll6425-bll6428* aktivieren. So eine Regulationskaskade würde auch erklären, warum in der NodW-Mutante keine Expression des Operons erfolgte, obwohl ein funktionelles *nodD$_1$*-Gen vorhanden ist.

Ergebnisse

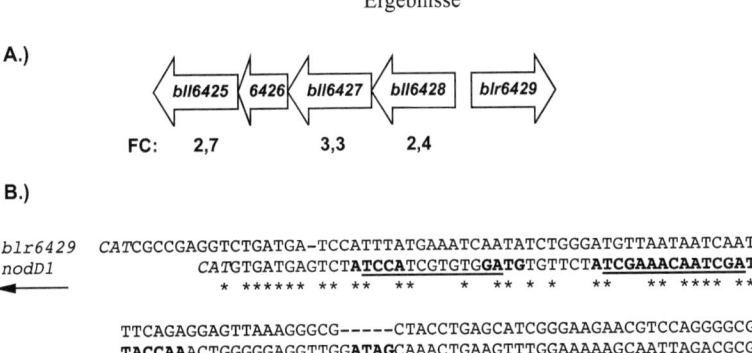

```
blr6429   CATCGCCGAGGTCTGATGA-TCCATTTATGAAATCAATATCTGGGATGTTAATAATCAATTT
nodD1     CATGTGATGAGTCTATCCATCGTGTGGATGTGTTCTATCGAAACAATCGATTT
          *  ******  **  **   **      *   **  *     **      **  ****  ****

          TTCAGAGGAGTTAAAGGGCG-----CTACCTGAGCATCGGGAAGAACGTCCAGGGGCGCA
          TACCAAACTGGGGGAGGTTGGATAGCAAACTGAAGTTTGGAAAAAGCAATTAGACGCGCC
          *  *   *      ***   *       *   * ****    *  ** **  *  *    **   ****

          CCGCTCGTGCGCCGTG bll6428
          ACGATG           nodY
          **
```

Abb. 11: Das Genistein-induzierbare Operon *bll6428-bll6425* aus *B. japonicum*. Das Operon scheint nur im Wildtyp durch Genistein induziert zu werden. Drei der vier Gene kodieren für hypothetische Proteine. Benachbart ist das Gen für den LysR-Typ-Regulator Blr6429 angeordnet. A.) Darstellung der genomischen Struktur des Operons mit dem benachbarten LysR-Typ-Regulatorgen *blr6429*. Unterhalb der Gene ist der *Fold Change* (FC) angegeben. B.) Vergleich der intergenischen Regionen von *blr6429/bll6428* und *nodD1/nodY*. Der Transkriptionsstart von *nodY* [Wang & Stacey 1991] ist als abgewinkelter Pfeil gekennzeichnet. Stark konservierte Basen der *nod*-Box von *nodY* sind fett hervorgehoben. Gene, welche durch LysR-Typ-Regulatoren aktiviert werden, weisen oft das spezifische Sequenzmotiv $T-N_{11}-A$ in der Promotorregion auf [Goethals *et al.* 1992]. Dieses Motiv ist in beiden Promotorregionen zu finden und für die *nodD1/nodY*-Region unterstrichen dargestellt. Translationelle Startcodons sind am Ende der Sequenzen kursiv hervorgehoben. Die dazugehörigen Gene sind durch Pfeile in ihrer Orientierung eingezeichnet.

3.2 NodW-unabhängig regulierte Genistein-induzierbare Gene

Die Mikroarrayanalyse der NodW-Regulatormutante 613 weist acht Gene auf, die in Abhängigkeit von Genistein induziert werden und somit keiner Regulation durch NodW unterliegen (Tab. 23). Diese Gene werden auch in den Stämmen Δ1267 und Δ901 durch Genistein induziert. Sieben der acht Gene sind in Operons für drei Effluxsysteme angeordnet. Das achte Gen (*blr4684*) kodiert für ein hypothetisches Protein mit einer Patatin-ähnlichen Domäne. Auffällig ist in allen Fällen die benachbarte Anordnung von TetR-Typ-Regulatorgenen.

Ergebnisse

Tab. 23: Gene, welche unabhängig von NodD₁ und NodW durch Genistein induzierbar sind.

Gen	Proteinfunktion / Ähnlichkeit
blr2422	Effluxsystem, RND-Familie
blr2423	
bll4319	
bll4320	Effluxsystem, RND-Familie
bll4321	
blr4684	hypothetisches Protein; Patatin-ähnliche Domäne
bll6622 (emrA)	Multidrug-Resistenz, MFS-Familie
bll6623 (emrB)	

3.2.1 TetR-Regulatoren und Effluxsysteme

In der hier vorliegenden Arbeit konnte per Mikroarrayanalyse gezeigt werden, dass in *B. japoncium* drei Effluxsysteme existieren, deren Gene nach Genistein-Kontakt induziert werden. Benachbart zu diesen Genen sind TetR-Regulatorgene angeordnet (Abb. 12). Regulatoren dieses Typs fungieren als Repressoren und können durch Effektormoleküle von der DNA gelöst werden [Ramos *et al.* 2005].

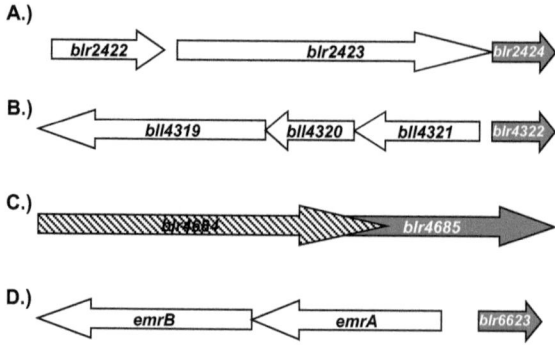

Abb. 12: Schematische Darstellung der NodD₁- und NodW-unabhängigen Genistein-induzierten Gene. Sieben Gene kodieren für Transportersysteme (weiß dargestellt; A; B; D). Das Gen *blr4684* kodiert für ein hypothetisches Protein (strafflert dargestellt; C). Die in Grau dargestellten Gene kodieren für transkriptionelle Regulatoren der TetR-Familie. Die offenen Leserahmen wurden entsprechend der Annotation maßstabsgerecht gezeichnet [Rhizobase].

Ergebnisse

3.2.1.1 Bioinformatorische Analyse

Die Transportsysteme Bll2422/Bll2423 und Bll4319/Bll4320/Bll4321 sind Mitglieder der RND-Effluxsysteme [Putman *et al.* 2000]. Blr2423 und Bll4319 enthalten zwölf transmembrane Domänen. Beide Proteine weisen Homologien zu AcrB von *E. coli* auf. Blr2424 und Bll4320 besitzen je eine transmembrane Domäne am N-Terminus mit der sie an der inneren Membran verankert sind. Das OMP Bll4321 zeigt Ähnlichkeit zu TolC von *E. coli*. EmrAB sind Mitglieder der MF-Superfamilie. EmrA von *B. japoncium* besitzt zwei transmembrane Helices ähnlich einem MFP. MFPs sind am N-Terminus durch einen Lipid-Rest in der inneren Membran verankert, durchspannen das Periplasma und interagieren mittels eines konservierten C-terminalen Bereiches mit der äußeren Membran [Dinh *et al.* 1994]. EmrB besitzt 14 transmembrane Domänen.

Die TetR-Regulatoren Blr4322 und Blr6623 weisen eine 31 %ige Homologie auf AS-Ebene auf. Blr2424 ist mit 27 % am ähnlichsten zu Blr4685, dem TetR-Regulator des achten NodW-unabhängigen Genistein-induzierten Gens. Die identifizierten TetR-Regulatoren besitzen die typische TetR-DNA-Bindestelle mit dem klassischen Helix-Turn-Helix-(HTH) Motiv am N-Terminus (Abb. 13) [Aramaki *et al.* 1995]. Der etwa 60 AS-umfassende konservierte Bereich beginnt zumeist ca. 15 AS nach dem Proteinstart. Auffällig war, dass die HTH-Motive von Blr4322 und Blr4685 laut Annotation bei der 35. bzw. 89. AS anfangen (Abb. 13). Eine Sequenzanalyse der annotierten Gene ergab für Blr4322 und Blr4685 weitere mögliche Translationsstarts.

Ergebnisse

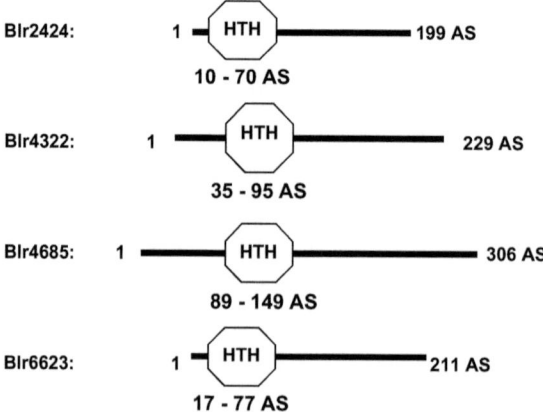

Abb. 13: Aufbau der TetR-Regulatoren, welche benachbart zu Genistein-induzierbaren Genen angeordnet sind. Zu erkennen ist das im Vergleich zu den anderen zwei TetR-Regulatoren verlängerte N-terminale Ende von Blr4322 und Blr4685. Bioinformatorische Analysen ergaben, dass die Translationsstarts von *blr4322* und *blr4685* möglicherweise falsch annotiert sind. Abk: HTH: Helix-Turn-Helix-Motiv

In Blr4322, Blr4685 und Blr6623 ist eine konservierte AS-Sequenz im C-Terminus der Proteine erkennbar (Abb. 14). Das C-terminale Ende eines TetR-Regulators dient der Inducer-Bindung oder Oligomerisierung [Aramaki *et al.* 1995; Orth *et al.* 2000]. Die konservierte AS-Sequenz könnte ein Motiv zur Erkennung von Genistein oder anderen Flavonoiden aus der Pflanze sein. In Blr2424 war dieses Motiv nicht zu finden.

```
Blr4322_N95      QRDLPVPKLSAGLSEALRDFARQYLHTFIHRKDVAFVRIIANESGR
Blr6623_N77      GQVVFNFDPARDAETTLNEFGRAYIHLLCRPGGGSAIRTVMAIAER
Blr4685_N149     LAPLSAAAETQLSSASDIPVEQRLVEIGREMLSFTCGPDAVAFSRMMTSQAIN

Blr4322_N95      FPVLARLFYESGPEAIIRRLAQFLEEARAARVLEFDDPMEAANQFLSLVRGEL
Blr6623_N77      MPDVGRRYYARVLDKTINRLSDYLKAHAAAGDLTIDDCDLAASQFMELCKASL
Blr4685_N149     FPDVAKLGMEEGWLKAVATTARFFDHLVAQGALDLDDTTIAAEVFLDVVVGHT
                           *  **    **    *

Blr4322_N95      PLLIVLGLSDL-TEEAIEQEIEAGLKFFLKACQPRA
Blr6623_N77      FLPFVFQAAPAPSEERMTEVVESATRMFLAAYRAK
Blr4685_N149     HRMATFGTAL--ELKSAEKRMRTAIKLFLAGALGPADRVQDATKGTPRRRPSR
```

Abb. 14: Eine konservierte AS-Sequenz im C-Terminus der TetR-Regulatoren Blr4322, Blr4685 und Blr6623. Für den bioinformatorischen Vergleich wurde der C-Terminus von Blr4322 ab der 96. AS, von Blr6685 ab der 78. und von Blr6623 ab der 149. AS betrachtet. Aus der Literatur ist bekannt, dass im C-Terminus der TetR-Regulatoren Domänen ausgebildet werden, welche der Effektorbindung dienen [Aramaki *et al.* 1995; Orth *et al.* 2000]. Da benachbarte Gene durch Genistein induziert werden, liegt die Vermutung nahe, dass im dargestellten Bereich eine Genistein-Bindestelle existiert (*). Ein mögliches Bindemotiv LxxDDxxxAAxxF ist gekennzeichnet durch hydrophobe und hydrophile AS.

Ergebnisse

3.2.1.2 Die Bestimmung des Translationsstartpunktes von Blr4322

Bei Homologievergleichen der in dieser Arbeit untersuchten TetR-Typ-Regulatoren zeigte sich, dass Blr4322 und Blr4685 deutlich länger als andere Regulatoren der TetR-Familie sind (Abb. 13; Kap. 3.2.1.1). In der Datenbank Rhizobase sind die ersten möglichen Translationsstartpunkte als Beginn der Proteine annotiert. Sequenzanalysen offenbarten, dass die korrespondierenden Gene weitere mögliche Translationsstartpunkte besitzen (Abb. 15A+B). Die tatsächlich von *B. japonicum* genutzten Translationsstartpunkte sind unbekannt.

A.) TGTT**GAGA**CGCAGCCATT*GTG*CGCGTTGACGCCTACGACACCGATTCGCGAGCCGAC**GGAGA**GTCAC
CC***TTG***ATCGAAACGATCGCCCATCCTGTTCACGAGAAGGAGCGCACCAGC**GGG**CCGCAAG*ATG*GA
CATCGTCATCCGAGCGGCGTGGCAGCTTTTTCTCGAGCAGGGCTTTTCCGCAACCAGTATGGACGCC
ATCGCGAAAGCCGCCGGCGTGTCGAAGGCCA

B.) GTATC**AG**TACGGAT*ATG*AGAAGGCGGCCGCGGGCCAGGCCTGGACGTCGGCGCTGCC*ATGA*GACCCC
GGTGCCGGAACGAGGTCGTATCGAGACCGTTGACGATAAGGCCAATTCGGCCAGATTCGCGATGACG
CCCCGGTTGCTGCGCGTTAT**AGAGG**CA*GTG*ACGACCGCGC**AGGAA**TCA***TTG***GGC*ATG*GGATTGACTG
CGACAAAGACAAGACCGGCAGCAGCACGGCG......

Abb. 15: Weitere mögliche Translationsstartpunkte für *blr4322* und *blr4685*. Abgebildet sind die Sequenzen von *blr4322* (A) und *blr4685* (B) mit den ursprünglich annotierten Translationsstartpunkten (kursiv unterstrichen). Sequenzanalysen ergaben weitere Translationsstartpunkte (kursiv; grau hinterlegt) mit Shine-Dalgarno-ähnlichen Sequenzen (doppelt unterstrichen). Das mit Sternchen markierte TGA markiert das Ende des Gens *blr4684*.

Um bei *blr4322* den korrekten Translationsstartpunkt zu bestimmen, wurden die möglichen Translationsstartpunkte mit *lacZ* fusioniert und anschließend eine β-Galaktosidaseaktivitätsmessung durchgeführt. In Abbildung 16 sind die Plasmide pBjD810-pBjD812, welche zur Integration der *lacZ*-Reportergenfusion ins Genom genutzt wurden, dargestellt. Der 5′-*upstream* Bereich der fusionierten Translationsstartpunkte wurde so gewählt, dass eine homologe Integration möglich war.

Ergebnisse

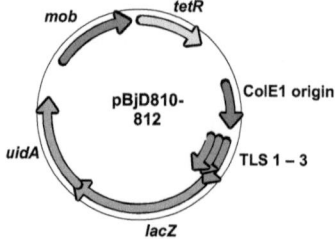

Plasmid	TLS
pBjD810	1 (annotiert)
pBjD811	2
pBjD812	3

Abb. 16: Die Plasmide pBjD810-pBjD812 zur Translationsstartbestimmung von *blr4322*. Die in der Abbildung dargestellten Plasmide entstanden durch Integration von PCR-Produkten mit den jeweiligen Translationsstartpunkten in pSUPlacZ480uidA. Der 5`-*upstream* Bereich der möglichen Translationsstartpunkte diente zur homologen Rekombination in *B. japonicum*. In der enthaltenen Tabelle sind die Plasmide pBjD810-812 mit den möglichen Translationsstartpunkten von *blr4322* angegeben. **Abk.: TLS: Translationsstart**

Die Plasmide pBjD810-812 wurden mittels Konjugation in den Wildtyp transferiert. Die enstandenen Stämme enthielten nun *lacZ*-Fusion mit dem annotierten (BJD810), dem zweiten (BJD811) und dem dritten (BJD812) Translationsstartpunkt von *blr4322*. In Abbildung 17 ist das Ergebnis der β-Galaktosidasemessungen abgebildet. So konnte festgestellt werden, dass der zweite Translationsstart mit der Basenabfolge TTG der genutzte Translationsstartpunkt ist. Die konservierte TetR-Region beginnt nun bei der AS 18, ähnlich weiteren TetR-Typ-Regulatoren. Des Weiteren konnte gezeigt werden, dass *blr4322* durch Genistein induzierbar ist (Abb. 17). Dies war den Mikroarraydaten nur bedingt zu entnehmen, da die Induktion unter 2fach veränderlich lag (FC *blr4322*: 1,97). Offensichtlich stellt die β-Galaktosidasemessung eine sensitivere Bestimmungsmethode für die Expression dar.

Ergebnisse

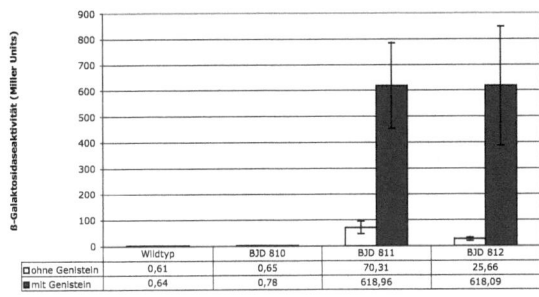

Abb. 17: Bestimmung des Translationsstartpunktes von *blr4322* in *B. japonicum* mittels β-Galaktosidase-Messung. Für die Translationsstartbestimmung wurden die *Bradyrhizobium*-Stämme BJD810; BJD811 und BJD812 genutzt. In diesen Stämmen sind der annotierte Translationsstart (BJD810) sowie weitere mögliche Translationsstartpunkte (BjD811 mit dem zweiten; BjD812 mit dem dritten) mit *lacZ* fusioniert. Als Negativkontrolle diente die ß-Galaktosidasebestimmung des Wildtyps. Anhand des Diagramms ist erkennbar, dass der zweite Translationsstartpunkt korrekt ist. *lacZ*-Messungen mit und ohne Genistein zeigen, dass *blr4322* durch Genistein induzierbar ist.

3.2.1.3 Blr4322 und Blr6623 – Flavonoid-abhängige Regulatoren

Da die untersuchten TetR-Regulatoren benachbart zu Genistein-induzierbaren Genen angeordnet sind, stand die Fragestellung, ob sie für die Regulation dieser Gene verantwortlich sind. Für eine Untersuchung, ob eine Bindung der TetR-Regulatoren an die DNA erfolgt bzw. ob Genistein in der Lage ist, eine eventuelle Bindung zu lösen, wurde das EMSA (*electrophoretic mobility shift assay*)-Verfahren genutzt.

Der TetR-Regulator Blr4322 wurde im Rahmen je einer von mir mitbetreuten Diplom- und Bachelorarbeit am Institut für Genetik der TU Dresden untersucht. T. Günther (2007) konnte mittels EMSA beweisen, dass Blr4322 an ein PCR-Produkt, welches den Operatorbereich zwischen *bll4321* und *blr4322* enthielt, bindet. Eine anschließende bioinformatorische Analyse ergab zwei für TetR-Regulatoren typische Palindrom-ähnliche Sequenzen von 15 bp in der intergenischen Region von *bll4321* und *blr4322* (Abb. 18). In weiteren EMSA-Versuchen wurde die Bindesequenz durch kürzere PCR-Produkte aus der intergenischen Region eingegrenzt. Für eine minimale Bindung von Blr4322, war ein PCR-Produkt nötig, welches mindestens eines der beiden Palindrome besaß. Das exakte Bindemotiv von FrrA wurde durch definierte Oligonukleotidpaare herausgearbeitet. Der Aufbau eines DNA-FrrA-Komplexes war mit beiden Palindrom-ähnlichen Sequenzen möglich. Nukleotidveränderungen an der palindromischen Sequenz A führten zu einer signifikanten Abnahme der Bindungsaffinität von FrrA [Bhandari 2008].

Weiterhin konnte eine Auflösung des DNA-Blr4322-Komplexes mit Genistein und ähnlichen

Ergebnisse

Substanzen gezeigt werden. Blr4322 wurde in FrrA (*flavonoid responsive regulator*) umbenannt. Eine Zusammenfassung der Arbeiten von Günther (2007) und Bhandari (2008) ist in Abbildung 18 zu sehen.

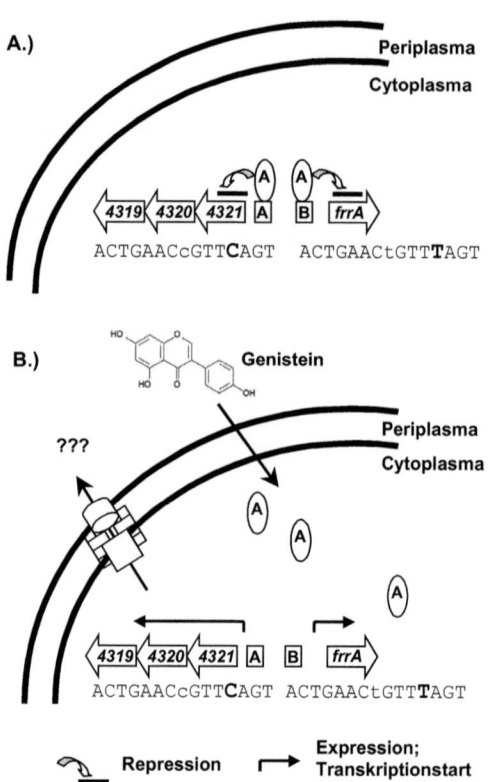

Abb. 18: Modell der Regulation des FrrA-abhängigen RND-Transportsystems Blr4319/Blr4320/Blr4321. Das Modell ist eine Zusammenfassung der Ergebnisse von Günther (2007) und Bhandari (2008).
A.) Ohne Genistein liegt FrrA gebunden an beiden Palindromähnlichen Sequenzen A und B im 5'-Bereich von *bll4321* vor und reprimiert so die Gene des Transportkomplexes und sich selbst. Dabei ist unklar, ob FrrA als Di- oder Tetramer gebunden ist. Die Bindemotive A und B sind in der Abbildung angegeben. Der Mismatch in Bindemotiv B ist mit einem fetten Buchstaben gekennzeichnet.
B.) Der Effektor Genistein führt zur Auflösung der FrrA-DNA-Bindung und somit zur Freigabe des Promotorbereiches der Gene des Transportkomplexes und FrrA. Die Transkription der Gene kann erfolgen, wobei der Transkriptionsstart von *bll4321* und *frrA* noch unbekannt ist. Nach anschließender Translation formiert sich ein RND-Transportkomplex, der beide Bakterienmembranen durchspannt. Der exportierte Stoff ist hierbei unbekannt. Aufgrund der Tatsache, dass TetR-Typ-regulierte Effluxsysteme häufig das Effektormolekül des TetR-Regulators sekretieren, liegt die Vermutung nahe, dass in diesem Fall Genistein und verwandte Stoffe aus der Zelle ausgeschleust werden.

Ergebnisse

Ein Alignment der palindromischen Sequenzen, an die FrrA bindet, mit den Promotorregionen der weiteren Genistein-induzierbaren Effluxsysteme ergab eine ähnliche 15 bp lange Palindrom-ähnliche Sequenz im Bereich der Promotorregion des Effluxsystems von *emrAB* (*bll6621/bll6622*). Benachbart hierzu befindet sich das Gen, welches für den TetR-Regulator FrrB (Blr6223) kodiert (Abb. 19). Im Vergleich der vier identifizierten TetR-Regulatoren zeigen FrrA und FrrB die größte Homologie zueinander. Bhandari (2008) konnte in ihrer Bachelorarbeit die Bindung von FrrA an die palindromische Sequenz aus dem Promotorbereich von *emrAB* nachweisen.

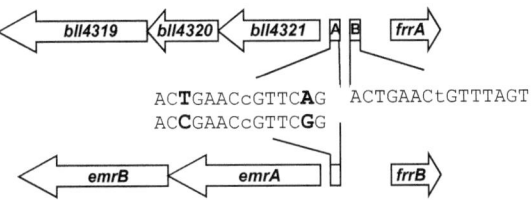

Abb. 19: Vergleich der intergenischen Region *upstream* der Regulatoren FrrA und FrrB. In beiden Regionen ist eine Palindrom-ähnliche Sequenz, welche als TetR-Bindestelle fungieren kann, zu finden. Beide Sequenzen sind bis auf zwei Basenaustausche, welche mit schwarzen Großbuchstaben gekennzeichnet sind, identisch.

Mittels EMSA sollte eine Bindung von FrrB an die palindromische Sequenz *upstream* des FrrB-kodierenden Gens nachgewiesen werden. Hierfür wurde in Anlehnung an die Bachelorarbeit von Bhandari (2008) mit einem 29 bp Oligo gearbeitet. Durch EMSA-Experimente konnte eine Bindung von FrrB an das Bindemotiv nachgewiesen werden (Abb. 20B). Des Weiteren war es möglich eine Bindung von FrrB an die Palindrom-ähnlichen Sequenzen A und B *upstream* von *frrA* zu zeigen (Abb. 20A). So konnten mit den PCR-Produkten aus der Diplomarbeit von Günther (2007) *shifts* nachgewiesen werden. Das gleiche Ergebnis war mit den Oligos aus der Bachelorarbeit von Bhandari (2008) möglich (Daten nicht gezeigt).

Sowohl die Arbeiten von Bhandari (2008) mit FrrA als auch die Experimente mit FrrB dieser Arbeit zeigen, dass FrrA und FrrB in der Lage wären, sowohl die Expression des Effluxsystems Bll4319/Bll4320/Bll4321 als auch die Expression des Effluxsystems EmrAB zu reprimieren. Keine Aussagen kann über die Situation *in vivo* getroffen werden.

Ergebnisse

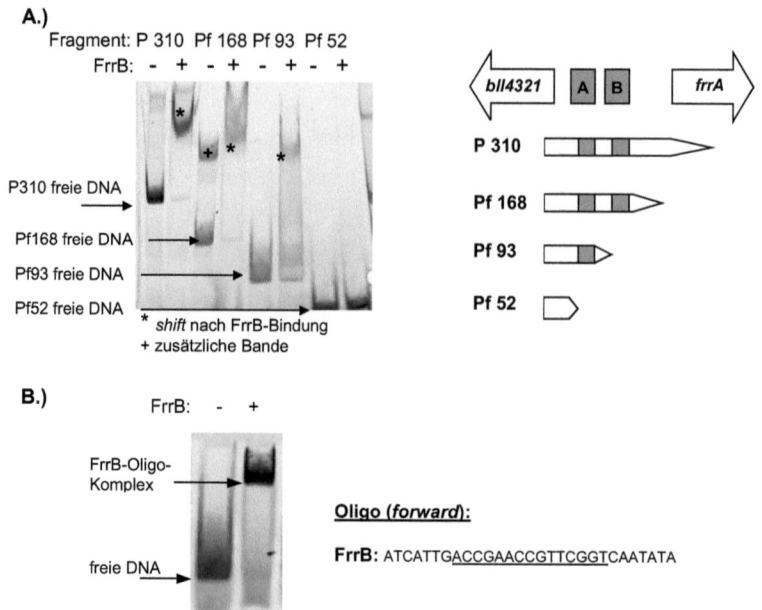

Abb. 20: Bindungsstudien mit aufgereinigten FrrB. A.) EMSA-Analysen der intergenischen Region von *bll4321* und *blr4322*. Verwendet wurden 400 ng der PCR-Produkte aus der Analyse von Günther (2007). P310, Pf168, Pf93 und Pf52 sind PCR-Produkte unterschiedlicher Länge der intergenischen Region mit beiden, einem oder keinem FrrA-Bindemotiv. Die zusätzliche Bande des PCR-Produktes Pf168 (mit + gekennzeichnet) ist ein Artefakt der PCR, das bei Günther (2007) ebenfalls zu erkennen war. Der *shift* von P310, Pf168 und Pf93 ist mit einem Stern (*) gekennzeichnet. B.) EMSA-Analysen mit dem Bindemotiv von FrrB unter Benutzung eines 29 bp Cy5-markierten Oligonukleotidpaares. Die Zusammensetzung des Oligonukleotides ist angegeben. Es wurden 100 pmol, was ca. 20 ng DNA entspricht, eingesetzt.

3.2.2 Blr4684 – ein bakterielles Patatin

Das achte Gen, welches unabhängig von NodD$_1$ und NodW durch Genistein induzierbar ist, kodiert für ein hypothetisches Protein. Im Bereich der AS 97-289 besitzt es eine Domäne mit Ähnlichkeit zu Patatin (Abb. 21). Proteine mit dieser Domäne gehören zur Gruppe der Phospholipasen des Typs A2, welche hauptsächlich aus dem Tier- und Pflanzenreich bekannt sind [Wang 2001; Balsinde *et al.* 2002].

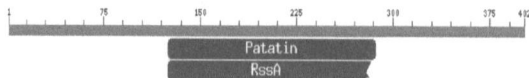

Ergebnisse

Abb. 21: Blr4684. Das hypothetische Protein Blr4684 ist 402 AS lang und besitzt zentral eine Patatin-ähnliche Sequenz des RssA-Typs. Die Abbildung wurde mit NCBI-Blast erstellt.

3.3 Transkriptionelle Stressanalysen in *Bradyrhizobium japonicum*

3.3.1 Die transkriptionelle Antwort von *Bradyrhizobium japonicum* auf pH- und Salzstress

Ausgangspunkt für eine transkriptionelle Analyse zum pH- und Salzstress waren Wachstumskurven (Abb. 22). So wurde erkennbar, dass *B. japonicum* bei einem Zusatz von 60 bzw. 80 mM NaCl deutlich langsamer wuchs als bei Salzkonzentrationen < 50 mM NaCl. 100 mM NaCl waren für den Wildtyp letal. Aus diesem Grund wurde die transkriptionelle Stressantwort von *B. japonicum* bei einer Konzentration von 80 mM NaCl bestimmt.

B. japonicum zeigte keine auffälligen Unterschiede beim Wachstum im Bereich von pH 4 - pH 8,8 (Abb. 22). Zusätzlich wurde während des Wachstums der pH im Medium bestimmt. Es zeigte sich, dass *B. japonicum* den pH des Mediums verändern kann. Am Ende der Kultivierung war der pH im Bereich von pH 6 - pH 7 (Daten nicht gezeigt).

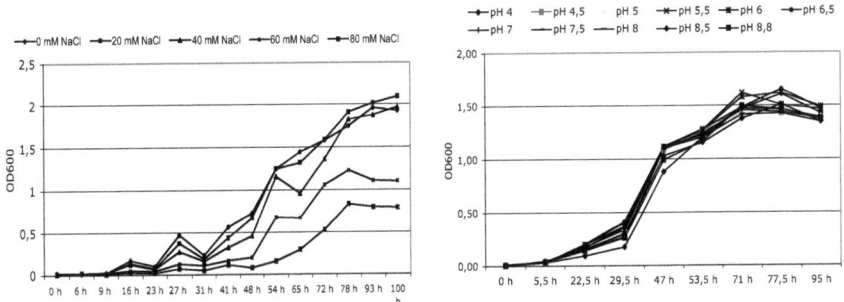

Abb. 22: Wachstumskurven von *B. japonicum* bei verschiedenen Salzkonzentrationen und pH-Werten. Die dargestellten Wachstumskurven wurden anhand von drei unabhängigen Messreihen ermittelt. Die Kultivierung der Bakterien erfolgte im AG-Medium. *B. japonicum* weist bei einer Zugabe von 80 mM NaCl zum Medium ein verzögertes Wachstumsverhalten auf (linkes Diagramm), während das Bakterium in einem Bereich von pH 4 bis pH 8,8 ohne Wachstumsverzögerung wachsen kann (rechtes Diagramm).

Um die transkriptionelle Antwort von *B. japonicum* auf pH- und Salzstress zu ermitteln, wurde der Wildtyp jeweils für 4 h bei pH 8, bei pH 4 und mit 80 mM NaCl angezogen. Die nach der Kultivierung gewonnene RNA wurde für Mikroarrayanalysen eingesetzt. Eine Auswertung erfolgte anhand einer Dreifachbestimmung. Die gesetzte Ausschlussgrenze der als differenziell exprimierten Gene wurde mit 2fach veränderlich festgelegt. Komplette Datensätze sind ab Mai 2012 auf der

Ergebnisse

NCBI GEO-Platform zu recherieren.

3.3.1.1 Der Einfluss von pH 8 auf *Bradyrhizobium japonicum*

Bei der vierstündigen Kultivierung von *B. japonicum* in AG-Medium bei pH 8 weisen 1636 Gene ein verändertes Expressionsmuster auf. Hiervon kodieren 862 Gene (53 %) für hypothetische Proteine. 61 % der Gene werden verstärkt exprimiert. In Abbildung 23 ist eine Übersicht der Hauptkategorien der korrespondierenden Proteine der differenziell exprimierten Gene dargestellt. Deutlich erkennbar ist eine Reduzierung der Expression von Chemotaxis-relevanten Genen.

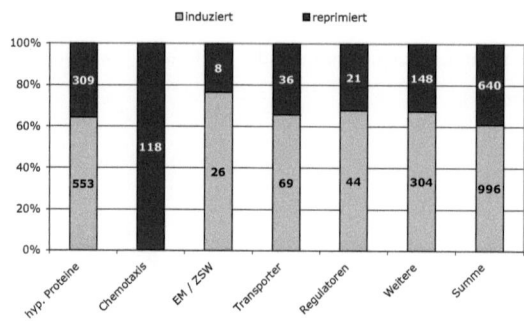

Abb. 23: Die differenziell exprimierten Gene von *B. japonicum* bei pH 8 in den Kategorien der Kazusa-Annotation [Rhizobase]. Die Zahlen in den Balken entsprechen der Anzahl an differenziell exprimierten Genen dieser Kategorie. In der Kategorie Chemotaxis sind zehn Regulatorgene (z.B. *cheA*; *blr6846*), deren chemotaktische Relevanz bekannt ist, sowie 32 Gene, welche für hypothetische Proteine kodieren, enthalten. Diese zeigen entweder Ähnlichkeiten zu bekannten Chemotaxisgenen (z.B. *blr6881* zu *fliM*) oder sind in Operons mit Chemotaxisgenen angeordnet. Abk.: hyp.: hypothetisch; EM: Energiemetabolismus; ZSW: Zellstoffwechsel

- **Chemotaxis**

122 Gene von *B. japonicum* sind laut der Datenbank Rhizobase in die Kategorie Chemotaxis eingeordnet (Abb. 25 und 26). Zusätzlich existieren Gene für Chemotaxis-relevante Regulatoren und hypothetische Gene, deren Produkte bei der Chemotaxis eine Aufgabe besitzen könnten. Beim Wachstum von *B. japonicum* bei pH 8 werden 118 Chemotaxis-relevante Gene verringert exprimiert (Abb. 24). Kein Gen mit Chemotaxisbezug

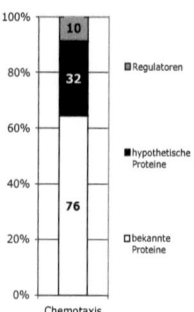

Abb. 24: Bei pH 8 reprimierte Gene mit Bezug zur Chemotaxis. Die Zahlen in den Balken entsprechen der Anzahl an Genen dieser Kategorie.

zeigt ein verstärktes Expressionsniveau.

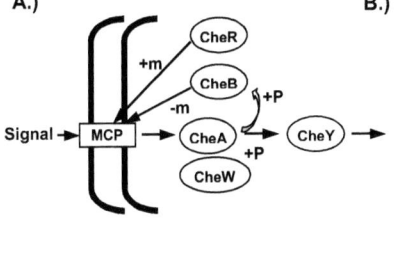

MCP	CheB	CheY
bll0326	*blr2195*	*blr2194*
bll0327	*blr2349*	*blr2342*
bll0383	**CheA**	*bll7479*
blr0576	*bll0393*	
bll1470	*blr2192*	
bll1533	*blr2343*	
blr2345	**CheW**	
blr2547	*bll0392*	
blr2931	(*blr2193*)	
bll2993	*blr2344*	
blr3129	*blr2346*	
bll4196	**CheR**	
blr7173	*bll0390*	
bll7954	*blr2196*	
(12 Gene)	*blr2348*	

Abb. 25: Verringert exprimierte Chemotaxis-relevante Gene bei pH 8. A.) Die Abbildung A zeigt das Grundprinzip der bakteriellen Chemotaxis. Die Methylgruppen-transferierenden Proteine CheB und CheR sind in der Lage die Sensitivität des Regulators CheA via MCPs zu steigern bzw. zu verringern. CheA ist in der Lage den Regulator CheY via Phosphorylierung zu aktivieren, sodass eine Reaktion auf chemotaktisch relevante Signale möglich wird. B.) Die aufgelisteten Gene werden verringert bei pH 8 exprimiert. Es wird ersichtlich, dass mehrere Gene für ein Chemotaxis-Protein kodieren können. Für die Gene in Klammern wurde keine differenzielle Expression festgestellt. **Abk.:** MCP: *methyl accepting protein*; **+p: phosphoryliert; -p: dephosphoryliert; +m: methyliert; -m: demethyliert**

Ergebnisse

FlgF	FlgE	FliC	FliD
blr5827	(blr3700)	(blr3695)	(blr3696)
(blr6884)	bll5854	bll6865	FlgD
	bll6858	bll6866	(blr3699)
FlgG	FlgL		(bll6853)
blr5828	(blr3704)		blr6997
bll6873	bll6856		
FlgH	FlgK		
blr5830	(blr3703)		
bll6869	bll5853		
	bll6857		

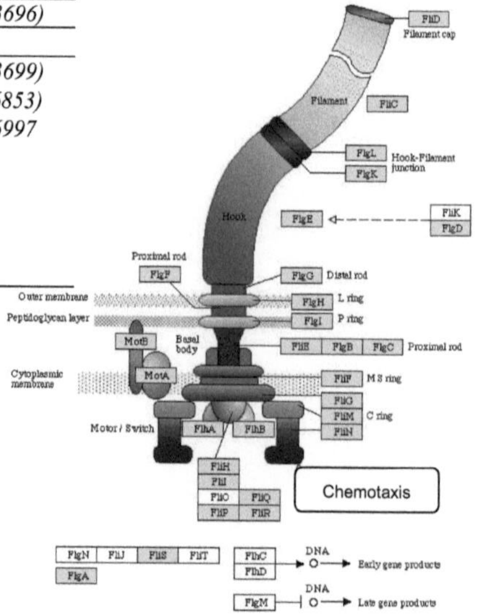

MotA	FlhA	FlhB	FlgI	FlgB	FlgC
blr3800	bll2207	bll5809	blr5838	bll5814	(blr3174)
bll6882	bll6851	(bll6877)	(bll6871)	bll6876	bll5813
MotB	FliH	FliQ	FliE	FliF	
(blr1084)	blr7001	bsl5811	bll5812	bll6864	
(bll1510)	FliI	(bsl6852)	bll6874	blr6999	
blr3801	(blr2201)	FliR		FliG	
(bll6862)	(blr6885)	bll5810		bll6878	
FliP		(bll6850)		blr7000	
bll6867	FliS			FliM	
(blr5816)	(blr3697)			bll5825	
FlgA				bll6881	
bll6872				FliN	
blr5829				bsl5256	
				blr7002	

Abb. 26: Der bakterielle Flagellaraufbau. Die Abbildung zeigt den Aufbau eines Flagellums in Bakterien. Mit Grün sind Proteine gekennzeichnet, welche in *B. japonicum* mit Bezug zur Flagellenassemblierung bekannt sind. Die, lt. Rhizobase, für diese Proteine kodierenden Gene sind in den enthaltenen Tabellen aufgeführt. Diese werden bei einem Wachstum von *B. japonicum* bei pH 8 verringert exprimiert. Für die Gene in Klammern konnte keine differenzielle Expression bei pH 8 festgestellt werden. Die Abbildung wurde KEGG entnommen [http://www.genome.jp/dbget-bin/show_ pathway?bja02040].

Ergebnisse

- **Transporter**

Beim Wachstum von *B. japonicum* bei pH 8 werden 105 Gene, die für Transporterproteine kodieren, differenziell exprimiert (Abb. 23). Die größte Gruppe bilden ABC-Transporter, welche spezifisch Substrate aktiv über die Zellmembran transportieren können. ABC-Transporter werden in Bakterien sowohl als Aufnahme- als auch als Exportsystem genutzt. In Tabelle 24 ist eine Auswahl an ABC-Transportern, und deren Gene bei pH 8 differenziell exprimiert werden aufgeführt. Erkennbar sind sowohl verringert als auch verstärkt exprimierte ABC-Transportersysteme. ABC-Transporter sind häufig in Operonstrukturen kodiert. Bei der Auswertung des pH 8-abhängigen Transkriptoms von *B. japonicum* sind die Operonstrukturen der ABC-Transporter z.t. nicht vollständig erkennbar (Tab. 24; Gene in Klammern: für diese Gene konnte keine differenzielle Expression innerhalb der gesetzten Ausschlussgrenze festgestellt werden).

Tab. 24: Auswahl an ABC-Transportern, deren korrespondierende Gene bei pH 8 differenziell exprimiert werden. Für fett dargestellte Substrate konnten sowohl verringert als auch verstärkt exprimierte Transportergene identifiziert werden. Für die Gene in Klammern konnte keine differenzielle Expression innerhalb der gesetzten Ausschlussgrenze festgestellt werden.

(putatives) Substrat	Substrat-bindendes Protein	Permease	ATP-bindendes Protein
verstärkte Expression			
verzweigte Aminosäuren	*bll0196;*	*bll0195* *bll0197*	(*bll0194*); (*bll0193*)
Peptid/ Nickel	*bll4896* *blr1424; blr1425*	(*bll4894*); *bll4895* (*blr1426*); *blr1427*	*bll4892; bll4893* (*blr1428*)
Kobalt	*bll6063*	*bll6065*	*bll6064*
Hämin; Eisenkomplex	*hmuT*	*hmuU*	*hmuV*
Phosphonat	*phoD*	(*phoT*); (*phoE*)	*phoC;* (*phnL; phnK*)
Phosphat	*pstS*	(*pstC*); *pstA*	*pstB*
Sulfonat/ Nitrat/ Taurin	*blr6199*	*blr6200*	(*blr6201*)
Zucker	*blr4553*	*blr4555; blr4556*	*blr4557*

Ergebnisse

Fortsetzung Tab. 24:

verringerte Expression			
Peptid/ Nickel	*blr1601*	*blr1602; blr1603*	*blr1604*
Glyzerol-3-Phosphat	(*bll0733*); (*blr1033*)	*bll0731; bll0732*	(*bll0730*)
Methionin	(*bll6903*)	*blr4500; blr4502*	*blr4501*
Spermidin/ Putrescin	(*blr3806*) *bll7197*	*bll7103; bll7104 bll7194;* (*bll7195*)	(*bll7105*) *bll7196*
Sulfonat/ Nitrat/ Taurin	*blr0917*	*blr0918*	(*blr0919*)

Transporter des RND-Typs werden bis auf *blr3032* verstärkt exprimiert. Die Systeme *blr2422/blr2423* und *acrAB* (*blr1515/blr1516*) sind hier als Beispiele zu nennen. Ein verstärktes Expressionsmuster weisen ebenso die Zucker- (*bll0324; blr5693*), Mangan- (*mntH, blr6117*), Selen- (*bll7952*) und Eisentransporter (*blr6523*) auf. Verringert exprimiert werden dagegen die Gene des Ammonium-Transporters Blr0607/Blr0608 sowie das benachbarte *glnK* (*blr0606*).

- **Regulatoren**

Wächst *B. japonicum* bei pH 8 werden 65 Gene, welche für Regulatoren kodieren, differenziell exprimiert (Abb. 23). 47 % der Gene kodieren für Proteine von 2-Komponentenregulationssystemen (Abb. 27).

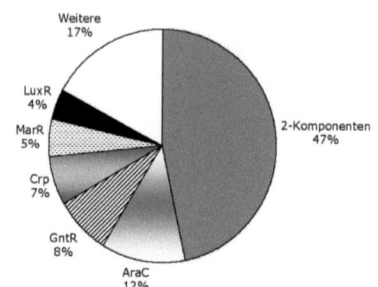

Abb. 27: Diagramm der Regulatortypen, deren Gene beim Wachstum bei pH 8 differenziell exprimiert werden.

Zwölf Regulatorgene werden bei pH 8 deutlich verstärkt exprimiert (FC ≥ 5; Tab. 25). *bll7795* kodiert für den erst kürzlich beschriebenen transkriptionellen Regulator PhyR und ist in einem Cluster mit *bsr7796* und *blr7797* angeordnet [Gourion *et al.* 2009]. Die korrespondierenden Proteine NepR (Bsr7796) und der „*extracytoplasmic function*" Sigmafaktor EcfG (Blr7797) bilden einen Komplex, welcher bei Stress aufgelöst wird. Neben *bll7795* werden bei pH 8 auch *bsr7796* und *blr7797* verstärkt exprimiert.

Ergebnisse

Tab. 25: Deutlich verstärkt exprimierte Regulatorgene (FC ≥ 5) bei pH 8.

Gen	FC	Regulatorfamilie
blr0536	7,4	Crp-Familie
blr2037 (nifA)	5,7	Nif-spezifischer Regulator
bll2176	5,1	2-Komponenten-Hybridsensor und -regulator
blr2694	7,4	VirG-ähnlicher Regulator
blr2697 (virA)	5,1	VirA; Sensor-Kinase
bll2757 (fixK2)	7	Crp-Familie
blr5264	5,0	2-Komponenten-Hybridsensor und -Regulator
bll6252	5,7	AraC-Familie
blr6267	7,6	transkriptioneller Regulator
bll6698	6,4	AraC-Familie
bll7342	5,4	2-Komponenten-Regulator
bll7795	6,9	2-Komponenten-Regulator; PhyR

- **Energiemetabolismus und Zellstoffwechsel**

Im Genom von *B. japonicum* sind sechs Gene (*otsAB* (*bll0322/bll0323*); *treS* (*blr6767; bll0902*); *treYZ* (*blr6770/blr6771*)) bekannt, welche bei der Trehalosesynthese bzw. beim Trehaloseabbau von Bedeutung sind. Diese weisen beim Wachstum bei pH 8 ein verstärktes Expressionsmuster auf. *otsA* und *otsB* kodieren für die Enzyme Trehalose-6-Phosphat-Synthase und Trehalose-Phosphatase, welche innerhalb des Stärke- und Zuckermetabolismus die Umwandlung von UDP-Glukose zur Trehalose ermöglichen. Ein im Genom benachbarter Zuckertransporter, kodiert durch *bll0324*, wird ebenfalls verstärkt exprimiert. Dieser ist eventuell an der Aufnahme von Maltose bzw. Maltodextrinen beteiligt. Maltodextrine werden durch TreY, einer Maltooligosyltrehalosesynthetase, zu Maltooligosyltrehalose und weiter zu Trehalose umgebaut. Der letztere Schritt wird durch TreZ, eine Glycosylhydrolase, katalysiert. Der Abbau erfolgt lt. Sugawara *et al.* (2010) mittels TreS, einer Trehalose-Synthase mit Ähnlichkeit zu einer Maltose-α-D-Glucosyltransferase, zu Maltose und weiter zu Glukose. Für diesen enzymatischen Schritt werden AglA und MalQ benötigt. AglA ist eine α-Glucosidase und wird durch *blr0901* kodiert. Eine weitere (putative) Trehalose-Synthase (TreS) wird durch das benachbart angeordnete Gen *bll0902* kodiert. Beide Gene sind bei pH 8 verstärkt exprimiert. MalQ, eine 4-α-Glucanotransferase, wird durch *bll6765* kodiert, ein weiteres Enzym des Stärke- und Zuckermetabolismus.

treS und *treYZ* sind in einem Cluster angeordnet, welches bis auf zwei Ausnahmen ebenfalls eine verstärkte Expression bei pH 8 aufweist (Abb. 28). Ein Teil der korrespondierenden Proteine sind, ähnlich *treS* und *treYZ* in den Stärke- und Zuckermetabolismus der Zelle eingebunden. Sieben Gene des Clusters kodieren für hypothetische Proteine. Diese weisen Ähnlichkeiten zu Transport-

Ergebnisse

proteinen sowie Regulatoren auf.

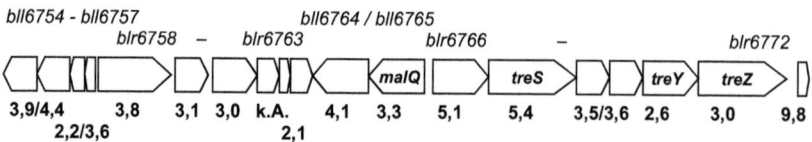

Abb. 28: Das bei pH 8 verstärkt exprimierte Cluster *bll6754* bis *blr6772*. Die Gene des Clusters kodieren für Enzyme, welche Stärke zum einen in Trehalose und zum anderen in Glukose umsetzen. Diese kann anschließend im Pentosephosphatweg zu Ribulose umgebaut. Ribulose ist ein wichtiger Bestandteil zum Nukleinsäureaufbau. Aufgeführte Zahlen unterhalb der Gene entsprechen dem Induktionswert (Fold Change) der Gene beim Wachstum bei pH 8. Für *blr6761* und *blr6762* war, ungleich den anderen Genen des Clusters, keine verstärkte Expression in der Mikroarrayanalyse erkennbar (k.A.). Die zwei Gene sind im Pentosephosphatweg involviert.

Die Gene der Operons *bll1520-bll1523* und *blr2581-blr2588* (*cbb*-Gene) kodieren für Enzyme der Glykolyse bzw. der CO_2-Fixierung. Erstere werden verstärkt exprimiert und die korrespondierenden Proteine katalysieren den Umbau von Fruktose-6-Phosphat zu Glyzerin-3-Phosphat. Das *cbb*-Operon weist bei pH 8 eine verringerte Expressionsrate auf. CbbA (Blr2584) und CbbF (Blr2581) sind an der Synthese von Fruktose-6-Phosphat aus Glyzerinaldehyd-3-Phosphat beteiligt. CbbT (Blr2583) katalysiert den Umbau von Fruktose-6-Phosphat zu Xylose-5-Phosphat und anschließend zu Ribulose-5-Phosphat. Ribulose ist z.B. ein Ausgangsstoff für den Aufbau von Nukleinsäuren.

- **Hypothetische Proteine**

Beim Wachstum von *B. japonicum* bei pH 8 werden 862 Gene differenziell exprimiert, deren Genprodukte ohne bekannte Funktion sind (Abb. 23). Eine eingehendere Analyse zeigt, dass 50 % der mehr als 5fach verstärkt exprimierten hypothetischen Gene einzeln im Genom vorliegen. 50 dieser Gene kodieren für Proteine mit maximal 200 Aminosäuren (Tab. 26). Die hypothetischen Proteine der verringert exprimierten Gene sind mehr als 200 AS lang und meist in Operons oder Cluster eingebunden.

Ergebnisse

Tab. 26: Liste der in *B. japonicum* bei pH 8 deutlich verstärkt exprimierten Gene (FC ≥ 5), welche für hypothetische Proteine mit der maximal Länge von 200 AS kodieren.

Gen	FC	AS-Länge	Gen	FC	AS-Länge	Gen	FC	AS-Länge
bsl0231	5,0	82	blr3860	17,1	140	blr6167	10,0	113
blr0401	7,3	171	blr4238	9,4	133	bll6168	5,5	126
bsr0862	9,5	69	bsr4408	10,4	96	blr6172	14,1	165
bsl1363	7,1	73	bsl4437	6,9	97	bsr6466	8,5	90
blr1429	6,5	128	bsr4559	6,7	95	bsl6617	7,0	88
bsl1473	92,3	68	bll4828	12,7	193	blr6638	5,4	112
bsl2206	6,5	66	bll4833	12,1	123	bll6649	36,8	175
bsl2407	9,8	72	bll5323	7,6	179	bsl6653	12,0	96
bll2537	23,0	123	blr5341	17,4	144	bsr6700	9,5	74
bsl2593	8,9	91	blr5502	50,0	150	blr6772	9,8	103
bsr2594	5,5	76	bsr5508	7,1	84	bll6799	6,2	147
bsl2596	8,3	78	bsl5624	5,9	95	bll7487	16,0	145
bll2600	7,5	169	bsl5717	5,4	57	bsr7564	20,6	86
bsr2601	8,3	73	blr5769	7,6	158	bsr7643	44,0	75
blr2603	5,7	124	bll5866	12,5	168	bll7644	11,5	169
bll2796	7,8	114	blr6123	22,6	153	bll7790	26,0	138
blr2992	11,7	163				bll8048	15,3	111

3.3.1.2 Der Einfluss von pH 4 auf *Bradyrhizobium japonicum*

Bei einem Vergleich von *B. japonicum*-Kulturen gewachsen für 4 h bei pH 4 mit *B. japonicum*-Kulturen gewachsen unter normalen Wachstumsbedingungen (pH 6,9) werden 119 Gene gefunden, die differenziell exprimiert werden (Abb. 29). 64 Gene weisen eine verstärkte und 55 Gene ein verringerte Expression auf. Über 50 % der Gene kodieren für Proteine mit unbekannten Funktionen. Die transkriptionelle Antwort von *B. japonicum* auf pH 4 weist oft eine differenzielle Expression vereinzelter Gene auf, ohne das weitere Gene in putativen Operons differenziell exprimiert sind. Wahrscheinlich ist, dass ein Großteil der transkriptionell veränderten Gene unter der gesetzten Ausschlussgrenze von 2fach veränderlich exprimiert liegt. Zur Bestätigung dieser Aussage müssten infrage kommende Gene und Operons mit weiteren Analysemethoden untersucht werden.

Ergebnisse

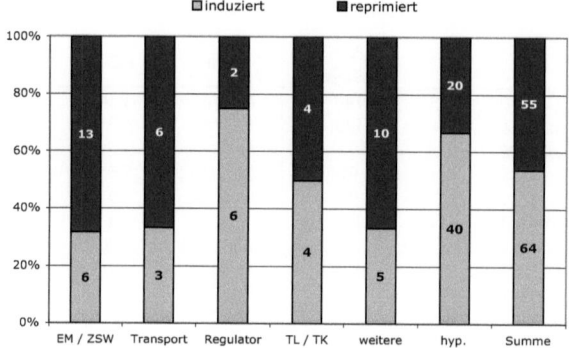

Abb. 29: Die differenziell exprimierten Gene von *B. japonicum* bei pH 4 in den Kategorien der Kazusa-Annotation [Rhizobase]. Die Zahlen in den Balken entsprechen der Anzahl an differenziell exprimierten Genen dieser Kategorie. Abk.: EM: Energiemetabolismus; ZWS: Zellstoffwechsel; TL: Translation; TK: Transkription; hyp.: hypothetisch

Die Gene, welche für Proteine mit bekannten Funktionen kodieren, sind in Tabelle 27 aufgeführt.

Tab. 27: Die transkriptionelle Antwort von *B. japonicum* auf pH 4.

Gen	Operonmitglieder [a]	FC	Proteinfunktion [b]
Energiemetabolismus und Zellstoffwechsel			
bll0322		2,0	Trehalose-6-phosphatsynthase
bll2091		2,5	Para-Aminobenzoat-Synthase; Glutamin-Amidotransferase; Komponente II
	bll2092	2,1	Para-Aminobenzoat-Synthase; Komponente I
blr2583		-2,2	Transketolase
	blr2584	-2,5	Fruktose-1,6-bis-Phosphat-Aldolase
	blr2585	-3,6	Ribulose-1,5-bis-Phosphat; Carboxylaseoxygenase; große UE
	blr2586	-2,4	Ribulose-1,5-bis-Phosphat; Carboxylaseoxygenase; kleine UE
	blr2587	-3,5	CbbX-Protein
	blr2588	-3,4	Ribulose-Phosphate-3-Epimerase
blr3179		-3,9	Alanindehydrogenase; Oxidoreduktase
bll3820		-2,7	Aldehyddehydrogenase
blr6331		3,4	2-Oxoisovaleratdehydrogenase; α-UE
	blr6332	2,7	2-Oxoisovaleratdehydrogenase; β-UE
	blr6333	2,1	Lipoamidacyltransferase; Komponente des verzweigten α-Ketosäure-Dehydrogenasekomplex E2
blr6736		-2,2	Coenzym; PQQ-Syntheseprotein B
	blr6737	-2,2	PQQ-Syntheseprotein C
bll6830		-3,1	Mannonatdehydratase
	bll6831	-3,3	L-Idonat-5-Dehydrogenase
blr6836		-2,8	Mannitoldehydrogenase

Ergebnisse

Fortsetzung Tab. 27:

Transporter

blr1277	-5,7	Malonatüberträgerprotein
blr1515	-3,9	RND; Permease
blr1516	-4,5	RND
bll2870	2,0	ABC-Transporter; ATP-bindendes Protein
bll5496	-4,4	Metabolittransporterprotein
bll6455	5,1	ABC-Transporter; Substrat-bindendes Protein
bll6680	3,3	Bacterioferritin
bll6832	-3,2	ABC-Transporter; Permease
bll7197	-2,5	ABC-Transporter; Substrat-bindendes Protein

Regulatoren

blr0877	2,8	Zwei-Komponenten-Regulator
blr3219	2,1	transkriptioneller Regulator
bll3348	-2,1	transkriptioneller Regulator; MarR-Familie
bll4368	-2,7	transkriptioneller Regulator; GntR-Familie
blr5264	2,1	Zwei-Komponenten-Hybridsensor und –Regulator
blr6886	2,0	transkriptioneller Regulator MarR-Familie
bll7795	2,3	Zwei-Komponenten-Regulator
bsr7796	3,1	Anti-Sigmafaktor NepR

Translation / Transkription

blr0581	2,1	bifunktionales Purinbiosyntheseprotein
bll4228	-4,0	Ethidiumresistenzprotein
bll4698	2,1	*single-strand* DNA-bindendes Protein
blr5311	2,5	Histon H1
blr5751	-2,5	Glycin-*cleavage*-System; Komponente T
blr5752	-2,2	Glycin-*cleavage*-System; Komponente H
blr5753	-2,7	Glycin-*cleavage*-System; Protein P2
bll7539	3,0	Histon H1

Weitere

blr0241	-2,0	1-Aminocyclopropan-1-Carboxylat-Deaminase
bll0597	-2,9	Nickel-abhängige Hydrogenase; Cytochrom B UE
bll0598	-2,4	hypothetisch
blr2036	-2,5	Oxidoreduktase FixR
bll2211	-2,5	Kupfertoleranzprotein
bll2752	2,0	Glykosyltransferase
blr2815	-2,9	Transketolase
bsr3154	2,4	*cold shock protein*
blr3793	-2,1	Lyase
bll4303	-2,8	Amidase
blr4369	-2,3	Hydratase
blr4370	-2,7	hypothetisch
bll6614	2,6	Esterase
bll6615	7,5	hypothetisch
bll6888	2,8	Porin
bll6910	-6,2	Hydrogenase; Nickeleinbauendes Protein
bll7191	-2,5	Opinoxidase; UE A
blr7814	3,4	L-Proline-4-Hydroxylase

a: in Anlehnung an Rhizobase; vereinzelt wurden hypothetische Gene in die Tabelle aufgenommen, wenn diese in putativen Operons mit Genen von Proteinen mit bekannter Funktion angeordnet waren

b: Proteinfunktionen entsprechen der Kazusa-Annotation [Rhizobase]

Ergebnisse

3.3.1.3 Der Einfluss von Salz auf *Bradyrhizobium japonicum*

Beim vierstündigen Wachstum von *B. japonicum* in einem Medium mit 80 mM NaCl werden insgesamt 205 Gene differenziell exprimiert. 63 % kodieren für hypothetische Proteine. 4/5 der Gene weisen ein erhöhtes Expressionsniveau auf. In Abbildung 30 sind die differenziell exprimierten Gene anhand der Proteinfunktion dargestellt.

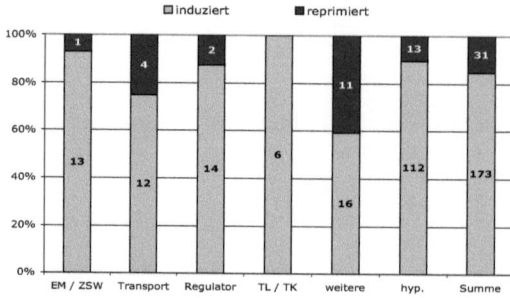

Abb. 30: Die differenziell exprimierten Gene von *B. japonicum* bei 80 mM NaCl in den Kategorien der Kazusa-Annotation [Rhizobase]. Die Zahlen in den Balken entsprechen der Anzahl an differenziell exprimierten Genen dieser Kategorie. Abk.: EM: Energiemetabolismus; ZWS: Zellstoffwechsel; TL: Translation; TK: Transkription; hyp: hypothetisch

Gene, welche für Proteine mit bekannten Funktionen kodieren, sind in Tabelle 28 aufgeführt.

Tab. 28: Die transkriptionelle Antwort von *B. japonicum* auf 80 mM NaCl.

Gen	Operonmitglieder [a]	FC	Proteinfunktion [b]
Energiemetabolismus und Zellstoffwechsel			
bll0322		8,1	Trehalose-6-Phosphatsynthase
	bll0323	3,7	Trehalose-Phosphatase
blr0335		-2,4	Kohlenstoffmonoxid_Dehydrogenase; kleine UE
blr0901		2,1	α-Glukosidase
blr2371		2,6	Serinacetyltransferase
blr2382		2,2	UDP-Glucuronsäure-Epimerase
bll2735		2,3	Flavocytochrom C-Protein; UE
bll6764		3,2	hypothetisch
	bll6765	2,4	4-α-Glucanotransferase
blr6766		3,3	hypothetisch
	blr6767	3,5	Trehalose-Synthase
	blr6768	2,6	Glykogen-Verzweigungsprotein
	blr6769	2,6	Glykogen-Entzweigungsprotein
bll7185		2,9	Glukose-1-Dehydrogenase
bll7452		2,1	6,7-Dimethyl-8-Ribityllumazin-Synthase
bll8141		2,1	Phosphoenolpyruvat-Carboxykinase

Ergebnisse

Fortsetzung Tab. 28:

Transporter			
bll0324		9,4	Zuckertransportprotein
blr0517		2,1	ATP-bindendes Protein
blr1123		-2,0	ABC-Transporter; Zucker-bindendes Protein
blr1277		-8,9	Malonattransporter
	blr1278	-3,6	Malonattransporter
blr1425		2,0	ABC-Transporter; Substrat-bindendes Protein
bll2362		2,1	Succinoglycanbiosynthese-Transportprotein
blr4932		2,3	Kation-Effluxsystem
bll5044		2,0	Mangantransportprotein
bll6063		2,3	ABC-Transporter; Substrat-bindendes Protein
bll6404		2,6	ABC-Transporter; Permease
bll6455		6,0	ABC-Transporter; Substrat-bindendes Protein
bll6779		4,4	Kaliumtransportprotein; ATPase A-Kette
	bsl6780	14,3	hypothetisch
bll7011		2,4	ABC-Transporter; Substrat-bindendes Protein
bll7197		-2,0	ABC-Transporter; Substrat-bindendes Protein
bll7642		4,4	Exportprotein; Glycinreich
	bsr7643	18,1	hypothetisch
	bll7644	6,3	hypothetisch

Regulatoren			
blr0200		2,1	transkriptioneller Regulator; MarR-Familie
bll0330		-2,7	Zwei-Komponenten-Regulator
	bll0331	-2,3	Zwei-Komponenten-Regulator
blr0536		4,6	transkriptioneller Regulator; Crp-Familie
blr0724		2,2	σ^{54}
blr2037		2,4	NifA; *nif*-spezifischer Regulator
		3,2	Zwei-Komponenten-Hybridsensor und -Regulator
bll2176		2,1	Zwei-Komponenten-Regulator
bll2598		2,0	Zwei-Komponenten-Hybridsensor und -Regulator
	bll2599	4,0	Zwei-Komponenten-Hybridsensor und -Regulator
	bll2600	3,9	hypothetisch
bll5186		2,2	Zwei-Komponenten-Regulator
blr5264		4,3	transkriptioneller Regulator MarR-Familie
bll7795		6,9	Zwei-Komponenten-Regulator
bsr7796		7,3	Anti-Sigmafaktor NepR
	blr7797	8,1	*extracytoplasmic function* Sigmafaktor EcfG

Translation / Transkription			
bsl2652		2,2	Exo-Deoxyribonuklease; kleine UE
bll4822		2,2	Carboxy-terminale Protease
bll6260		4,8	Peptid-Methioninsulfoxid-Reduktase
blr6772		5,0	hypothetisch
	bll6773	2,1	DNA-Ligase
	blr6774	2,6	hypothetisch
blr7680		8,1	Ribonuklease HII
bsr8030		2,7	hypothetisch
	blr8031	2,5	DNA-Ligase

Ergebnisse

Fortsetzung Tab. 28:
Weitere

bll0246		2,1	Indoleacetamid-Hydrolase
bll0332		-6,6	hypothetisch
	bll0333	-8,1	Alkoholdehydrogenase; Precursor
	bll0334	-2,3	hypothetisch
bll0489		-2,2	Glycin-reiches Protein
bll2208		3,0	hypothetisch
	bll2209	2,8	Kupfertoleranzprotein
	bll2210	2,7	Kupferoxidase
	bll2211	3,4	Kupfertoleranzprotein
	bsl2212	2,8	hypothetisch
blr2233		2,2	Glukono-Laktonase
blr2348		-5,8	CheR
blr2358		2,7	Glykosyltransferase
bll2376		2,3	Glykosyltransferase
	bll2377	2,0	Glykosyltransferase
bll2380		2,5	Glykosyltransferase
	bll2381	2,2	Glykosyltransferase
bll2752		10,0	Glykosyltransferase
bll2993		-2,1	MCP
blr4973		-2,1	Glykosyltransferase
blr4974		-2,1	Polysaccharidbiosynthese- Glykosyltransferase
bsl5811		-3,2	Flagellarbiosyntheseprotein
	bll5812	-2,7	flagellares *hook*-Basalkörperkomplexprotein
blr5838		-4,1	flagellares P-Ring-Protein; Precursor
bll6262		2,8	osmotisch induzierbares Protein; OsmC
bll6614		2,6	Esterase
	bll6615	7,3	hypothetisch
bll6910		-7,6	Hydrogenase; Nickel-einbauendes Protein
bll7010		2,4	Sulfonat-Monooxygenase
bll7559		4,3	Fe-Mn Superoxid-Dismutase
bll7774		2,1	Superoxid-Dismutase
bll8291		-2,4	Transposase

a: in Anlehnung an Rhizobase; vereinzelt wurden Gene, die für hypothetische Proteine kodieren, in die Tabelle aufgenommen, wenn diese in putativen Operons mit Genen von Proteinen mit bekannter Funktion angeordnet waren

b: Proteinfunktionen entsprechen der Kazusa-Annotation [Rhizobase]

115 Gene, welche bei Salzstress differenziell exprimiert werden, kodieren für hypothetische Proteine. Oft sind diese maximal 200 AS lang. Ein Großteil der Gene wird ebenfalls bei pH 8 verstärkt exprimiert (Kap. 3.3.1.1). Erstaunlich sind die oft sehr deutlichen Induktionswerte der Gene. So ist *bsl1473* das am deutlichsten hochregulierte (hypothetische) Gen sowohl beim Wachstum bei pH 8 als auch bei Salzstress.

Ergebnisse

3.3.1.4 pH-abhängige Gene in *B. japonicum*

In *B. japonicum* sind 48 Gene detektierbar, welche ausschließlich bei pH-Stress ein verändertes Expressionsmuster, im Vergleich zum normalen Wachstum, aufweisen. Dies sind potenzielle Targets für pH-Abhängigkeit. 50 % kodieren für hypothetische Proteine. Ein verstärktes Expressionsmuster beim Wachstum von *B. japonicum* unter pH-Stress-Bedingungen zeigt einzig *bll4278*. Eine verringerte Transkription weisen bei pH-Stress 18 Gene auf. Neun Gene sind in den Energiemetabolismus und Zellstoffwechsel der Zelle involviert. So werden das *cbb*-Operon (*blr2851-blr2588*) und *uxuAB* (*bll6830*; *blr6836*) sowohl bei pH 4 als auch bei pH 8 in *B. japonicum* verringert exprimiert. Ebenfalls ein verringertes Expressionsmuster zeigen bei pH-Stress *idnD* (*bll6831*) und *ooxA* (*bll7191*).

Zehn Gene werden beim Wachstum von *B. japonicum* bei pH 8 verringert und bei pH 4 verstärkt exprimiert. Lediglich *pabB*, dessen Genprodukt ein Enzym der Folatbiosynthese darstellt, zeigt als bekanntes Gen dieses Muster in der Expression. Es ist im Genom von *B. japonicum* gemeinsam mit *pabA* angeordnet, dessen Gen keine Veränderung bei pH 8, aber ebenso wie *pabB* eine Induktion bei pH 4 aufweist. Die weiteren neun Gene kodieren hauptsächlich für hypothetische Proteine ohne erkennbare Ähnlichkeiten. Interessant ist die Verwandtschaft von Blr1886 zu regulatorischen Proteinen vom Sensor-Kinasen-Typ. Für die transkriptionelle Regulation von *blr7895* ist eine Abhängigkeit vom Irr-Protein bekannt [Rudolph *et al.* 2006].

16 Gene werden bei pH 8 verstärkt und bei pH 4 verringert exprimiert (Tab. 29). 13 dieser Gene sind als RegR-abhängig beschrieben [Lindemann *et al.* 2007]. Gemeinsam mit dem Gen für die korrespondierende Sensor-Kinase RegS wird *regR* bei pH 8 auf Transkriptionsebene verstärkt gebildet. Beim Wachstum von *B. japonicum* in pH 4 zeigen weder *regS* noch *regR* ein verändertes Expressionsmuster.

Ergebnisse

Tab. 29: pH- und RegR-abhängige Gene in *B. japonicum*.

Gen	Operon-mitglied [a]	pH 8	pH 4	Proteinfunktion [b]
bll0597		7	-2,9	Cytochrom b
	bll0598 [c]	4,5	-2,4	hypothetisch
bll1285		9	-2	unbekannt
blr1515 (acrA)	*blr1516 (acrB)*	2,8	-2,4	RND-Effluxsystem
		3,9	-2,4	
blr2036 (fixR)		3,5	-2,5	Oxidoreduktase FixR
bll2087		10,2	-2,1	unbekannt
blr2501		2,9	-3,5	hypothetisch
blr2614		2,2	-2,3	hypothetisch
blr2815		3,5	-2,9	Transketolase
blr3770	*blr3771*	3,9	-2,9	hypothetisch
		2,5	-2,3	hypothetisch
bll4833		12,1	-2,1	unbekannt
bll5807		3,5	-3	hypothetisch
bll6294 [c]		4,1	-2,1	hypothetisch
bll6513		4,3	-3,8	hypothetisch

a: in Anlehnung an Rhizobase

b: Proteinfunktionen entsprechen der Kazusa-Annotation [Rhizobase]

c: *bll0598* und *bll6294* zeigen keine differenzielle Expression in einer $\Delta regR$-Mutante, aber ein ähnliches Expressionsmuster bei pH-Stress

fett: Die Gene haben ein RegR-Bindemotiv in der Promotorregion. Die Bindung wurde experimentell durch EMSA bestätigt [Hauser *et al.* 2006; Lindemann *et al.* 2007].

3.3.1.5 Salz- und pH-abhängige Gene in *B. japonicum*

Ein Vergleich der bei pH- und Salzstress-induzierten Genen ist in Abbildung 31 dargestellt. Über 50 % dieser Gene kodieren für Proteine mit unbekannten Funktionen.

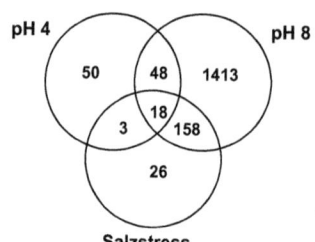

Abb. 31: Vergleich der differenziell exprimierten Gene bei pH- und Salzstress. 18 Gene zeigen ein gemeinsames Expressionsmuster sowohl bei pH 8, pH 4 und Salzstress. Zusätzlich sind 209 Gene unter wenigstens zwei der untersuchten Stressbedingungen differenziell exprimiert.

Ergebnisse

Drei Gene werden bei pH 4 und bei Salzstress differenziell exprimiert. Hierbei handelt es sich um das Operon *bll6614/bll6615* und das ABC-Transportergen *bll6455*. Der Vergleich der *B. japonicum*-Transkriptome von pH 8 und Salzstress ergab 158 Gene, welche eine differenzielle Expression bei beiden Stresszuständen aufwiesen. 65 % der Gene kodieren für hypothetische Proteine. Mehr als drei Viertel der Gene zeigen ein verstärktes Expressionsmuster. Lediglich 22 Gene sind verringert exprimiert.

Von den 18 Genen, welche sowohl bei Salz- als auch bei pH-Stress differenziell exprimiert vorliegen, werden 13 verstärkt exprimiert (Tab. 30). Erneut sind sieben der korrespondierenden Proteine kürzer als 200 AS und ohne nähere Verwandtschaft zu Proteinen anderer Rhizobien. Einzig *bsl5034* und *bsl5035* sind in einem Operon strukturiert. Die zwei Regulatorgene *bll7795* und *blr5264* liegen sowohl bei pH- als auch bei Salzstress in *B. japonicum* induziert vor. In der Kategorie „Energiemetabolismus" weist lediglich *otsA* ein verstärktes Expressionsmuster bei allen drei Stresszuständen auf.

Tab. 30: Verstärkt exprimierte Gene bei pH- und Salzstress in *B. japonicum*.

Gen	pH 8	pH 4	Salz	Proteineigenschaften / Proteinfunktionen [b]
bll0322	19,6	2,0	8,1	Trehalose-6-Phosphat-Synthase
bll1466	36,8	3,6	11,5	konserviertes hypothetisches Protein mit transmembraner Domäne; 150 AS
bsl2596 [a]	8,3	3,5	5,7	konserviertes hypothetisches Protein; 78 AS
bll2752	25,2	2,0	10,0	Glykosyltransferase
bsl5034 [a]	5,1	2,2	3,4	konserviertes hypothetisches Protein; 73 AS
bsl5035 [a]	6,7	3,2	4,6	konserviertes hypothetisches Protein; 95 AS
blr5264	5,0	2,1	4,0	2-Komponenten-Hybridsensor und -Regulator
blr5502 [a]	50,0	2,6	10,0	Exportprotein zu *Bradyrhizobium* sp. BTAi1 (62,5 %); Signalpeptid zu *Bradyrhizobium* sp. ORS278 (62,5 %)
bsl7109 [a]	3,1	2,2	2,4	konserviertes hypothetisches Protein; 80 AS
bll7487 [a]	16,0	3,1	8,6	putatives Protein; 145 AS
bll7644 [a]	11,5	2,1	6,3	konserviertes hypothetisches Protein mit transmembraner Domäne; 169 AS
bll7795	6,9	2,3	4,3	2-Komponenten-Regulator PhyR
bsr7796	7,3	3,1	5,2	Anti-Sigma-Faktor NepR; 81 AS

a: einzeln im Genom
b: Proteineigenschaften/Proteinfunktionen entsprechen der Kazusa-Annotation [Rhizobase]

Ergebnisse

3.3.2 Die transkriptionelle Antwort von *Bradyrhizobium japonicum* auf Temperaturveränderungen

Um die transkriptionelle Antwort von *B. japonicum* auf Temperaturveränderungen zu ermitteln, wurde der Wildtyp 48 h bei 35,2 °C kultiviert bzw. für 15 min bei 43 °C geschockt. Vorangehend wurden Wachstumskurven bei 35,2 °C und 36,7 °C ermittelt (Abb. 32). Da das Wachstumsverhalten von *B. japonicum* bei 36,7 °C sehr eingeschränkt war, wurde die transkriptionelle Antwort auf Temperaturstress bei 35,2 °C bestimmt. Die nach der Kultivierung gewonnene RNA wurde für die Mikroarrayanalysen eingesetzt. Eine Auswertung erfolgte anhand einer Dreifachbestimmung und die gesetzte Ausschlussgrenze der als differenziell exprimierten Gene wurde mit 2fach veränderlich festgelegt. Die kompletten Datensätze sind ab Mai 2012 auf der NCBI GEO-Platform einzusehen.

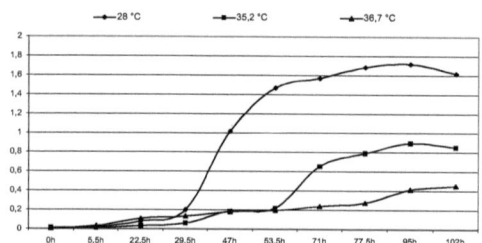

Abb. 32: Wachstumskurven von *B. japonicum* bei verschiedenen Temperaturen. Anhand von drei unabhängigen Messreihen wurden die dargestellten Wachstumskurven ermittelt. Die Kultivierung der Bakterien erfolgte im AG-Medium.

Anhand der durchgeführten Mikroarrayanalysen ergaben sich 1343 differenziell exprimierte Gene in Bezug auf Temperaturveränderungen in B. japonicum. Rund die Hälfte der Gene kodieren für hypothetische Proteine. Im Hitzeschock sind ca. zwei Drittel der Gene verringert exprimiert, währenddessen im Temperaturstress ca. zwei Drittel der Gene eine verstärkte Expression aufweisen (Abb. 33).

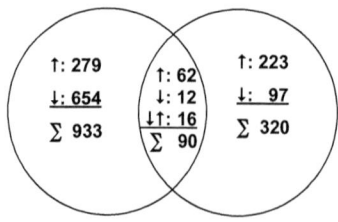

Abb. 33: Anzahl der differenziell exprimierten Gene bei Hitzeschock und Temperaturstress. 1343 Gene werden differenziell bei Temperaturveränderungen exprimiert.
Erklärungen: ↑: verstärkt exprimiert; ↓: verringert exprimiert; ↓↑: im Hitzeschock anders exprimiert als im Temperaturstress

Ergebnisse

3.3.2.1 Der Einfluss von Hitzeschock auf *Bradyrhizobium japonicum*

Wird *B. japonicum* dem Hitzeschock ausgesetzt, so zeigen 1023 Gene eine differenzielle Expression. Hiervon werden 66 % reprimiert. Aufgrund der Fülle der Informationen soll an dieser Stelle lediglich ein Einblick in die transkriptionelle Antwort von *B. japonicum* bezüglich Hitzeschock gegeben werden. Die Hitzeschock-Daten wurden mit den KEGG-Pathways abgeglichen und es konnte ein metabolische Bild erstellt werden. In Tabelle 31 sind die hauptsächlich involvierten Genkategorien aufgeführt, welche beim Hitzeschock verstärkt bzw. verringert exprimiert vorliegen. Anhand der Tabelle 31 wird deutlich, dass Stress bedingt durch Hitzeschock nicht mit weiteren bekannten Stresssituationen vergleichbar ist. So sind z.B. bei pH- und Salzstress die Transportsysteme für kleine (verzweigte) AS und für Glutamat induziert, da diese Substrate in die allgemeinen Stressantwort involviert sind, indem sie den Turgordruck stabilisieren. Diese weisen bei Hitzeschock ein verringertes Expressionsniveau auf. Da hier nur ein Überblick auf die transkriptionelle Antwort von *B. japonicum* bezüglich Hitzeschock gegeben wird, stehen weitere tiefer greifende Analysen aus.

Tab. 31: Eine Auswahl an Kategorien, deren Gene verringert bzw. verstärkt exprimiert bei Hitzeschock vorliegen. Zugeordnet wurden nur KEGG-klassifizierte Gene.

Genkategorie	Genanzahl	Beispiele
verringerte Expression bei Hitzeschock		
ABC-Transporter	26	kleine AS; Glutamat/Aspartat; Molybdat; Sulfonat/Taurin/Nitrat; Lipopolysaccharide
Purin- & Pyrimidin-Metabolismus	22	RNA- & DNA-Synthese
Ribosomenaufbau	15	
2-Komponenten-Systeme	15	Chemotaxis; PleD-Familie; FS-Metabolismus; Nitrat (GlnB/GlnA)
Butanoat-Metabolismus	15	
Valin-, Leucin- & Isoleucin-Abbau	14	
Oxidative Phosphorylierung	13	Komplex I; III; IV; V; Cytochrom c
Fettsäure-Metabolismus	12	
Pyruvat-Metabolismus	12	
Glycolyse/Gluconeogenese	10	
verstärkte Expression bei Hitzeschock		
Propionat-Metabolismus	5	alternativer Weg zur Acetyl-CoA-Gewinnug
Oxidative Phosphorylierung	4	Energiegewinnung aus NADH und ATP
Reparationsmechanismen	4	Ligasen etc.

Ergebnisse

3.3.2.2 Der Einfluss von Temperaturstress auf *Bradyrhizobium japonicum*

Wird *B. japonicum* dem Temperaturstress ausgesetzt, so zeigen 410 Gene eine differenzielle Expression. Hiervon werden 27 % reprimiert. Auch an dieser Stelle wird nur ein Überblick auf die transkriptionelle Antwort von *B. japonicum* bezüglich des Temperaturstresses gegeben. Erneut wurden die Daten mit den KEGG-Pathways abgeglichen und es konnte ein metabolische Bild erhalten werden. In Tabelle 32 sind die hauptsächlich involvierten Genkategorien aufgeführt, welche beim Temperaturstress verstärkt bzw. verringert exprimiert vorliegen.

Tab. 32: Eine Auswahl an Kategorien, deren Gene verringert bzw. verstärkt exprimiert bei Temperaturstress vorliegen. Zugeordnet wurden nur KEGG-klassifizierte Gene.

Genkategorie	Genanzahl	Beispiele
verringerte Expression bei Temperaturstress		
Porphyrinmetabolismus	9	Aufbau Häm-basierender Enzyme
Pyrimidin-Metabolismus	3	RNA- & DNA-Synthese
2-Komponenten-Systeme	3	Chemotaxis
verstärkte Expression bei Temperaturstress		
ABC-Transporter	13	AS; Sulfonat/Taurin/Nitrat; Ribose
χ-Hexachlorocyclohexan-Abbau	6	
Oxidative Phosphorylierung	4	Cytochrom c
Propionat-Metabolismus	4	alternativer Weg zur Acetyl-CoA- und Propanoyl-CoA-Gewinnung

3.3.2.3 Temperatur-abhängige Gene in *Bradyrhizobium japonicum*

90 Gene werden sowohl bei Hitzeschock als auch bei Temperaturstress differenziell exprimiert (Abb. 33). 54 Gene kodieren für hypothetische Proteine. In Tabelle 33 sind die Gene, welche für bekannte Proteine kodieren aufgeführt.

Ergebnisse

Tab. 33: In *B. japonicum* differenziell exprimierte Gene bei Hitzeschock und Temperaturstress.

Gen	HS	TS	Proteinfunktion [a]
Regulatoren			
bll0904	2,8	2,6	Zwei-Komponentenregulator; RegR
blr2343	-2,2	-3,8	Zwei-Komponentensensor; CheA
bll2512	7,2	6,0	transkriptioneller Regulator; MarR-Familie
bll3551	4,5	2,4	transkriptioneller Regulator; GntR-Familie
bll4010	20,0	7,9	transkriptioneller Regulator; PadR-Familie
blr5264	3,8	5,9	Zwei-Komponenten-Hybridsensor und -Regulator
bsr7796	4,5	6,4	Anti-Sigmafaktor NepR
blr7797	4,2	5,0	σ^{EcfG}
Transport			
blr2314	-2,8	2,4	MFS; Permease
bll5496	-3,5	-4,7	Metabolit-Transportprotein
bll7197	-6,2	-3,3	ABC-Transporter; Substrat-bindendes Protein
Chaperone / Hitzeschock			
bll5217	34,0	26,5	Glykosyltransferase
bll5219	26,7	24,2	HspD
blr5220	142,5	39,7	HspE
blr5221	89,6	16,4	HspF
blr5226	21,4	24,7	GroES$_1$
blr5227	36,1	33,7	GroEL$_1$
blr5230	46,3	12,0	HspA
blr5231	60,0	17,2	RpoH$_1$; σ^{32}
blr5233	81,5	43,9	HspB
blr5234	66,7	20,0	HspC
blr5235	31,7	10,8	Serinprotease DegP
blr6571	52,0	26,1	HspH
blr7740	4,6	3,0	Hsp
weitere Proteine			
blr0110	2,8	2,5	Gentisat-1,2-Dioxygenase
blr0365	-7,8	-2,7	30S ribosomales Protein S21
bll0707	-4,7	-2,0	50S ribosomales Protein L20
blr0738	-5,0	-2,2	3-Phoshoshikimat-1-Carboxyvinyltransferase
bll1861	-9,3	-2,6	Transposase
bll2737	-2,4	4,2	Oxidoreduktase; Fe-S-UE
blr3275	-3,2	-2,8	Methyltransferase
blr4222	4,8	3,3	Phenol-2-Monooxygenase
bll4800	-2,2	-2,2	2-Dehydro-3-Deoxyphosphooctonat-Aldolase
bll6841	-3,5	2,0	Carboxymethylen-Butenolidase
bll7880	62,5	5,1	Oxidoreduktase
bll7955	7,3	2,2	Enoyl-CoA-Hydratase-Isomerase
blr8027	6,6	2,1	DNA-Polymerase; β-Familie

Abk.: HS: Hitzeschock; TS: Temperaturstress

a: Proteineigenschaften entsprechen der Kazusa-Annotation [Rhizobase]

Bekannte Hitzeschockgene wie *groES$_1$*, *groEL$_1$* und die kleinen Hitzeschockgene (*hspA-hspF*) sind wie erwartet bis auf wenige Ausnahmen sowohl bei Hitzeschock als auch bei Temperaturstress

Ergebnisse

unter den induzierten Genen zu finden (Abb. 34; Tab. 32). Bekannt ist deren gemeinsame Anordnung in einem Cluster im Genom von *B. japonicum*. Des Weiteren befinden sich in diesem Cluster die Gene für den alternativen σ^{32}-Faktor RpoH$_1$ (*blr5231*), für eine Glykosyltransferase (*bll5217*) und für die Protease DegP (*blr5235*), welche nach erhöhten Temperaturbedingungen ebenfalls induziert vorliegen.

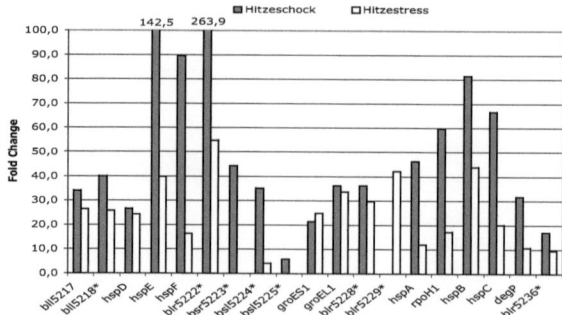

Abb. 34: Transkriptionelle Induktionswerte eines Clusters mit bekannten Hitzschockproteinen in *B. japonicum* bei Hitzeschock und Temperaturstress. Mit einem Stern gekennzeichnete Gene kodieren für unbekannte Proteine.

Aus Abbildung 34 wird ersichtlich, dass bei Temperatur-abhängigen Gene die transkriptionelle Antwort bei Hitzeschock deutlich höher ist als bei Temperaturstress. Innerhalb des Clusters werden acht Gene, welche für unbekannte Proteine kodieren, verstärkt exprimiert. Ein Proteinvergleich zeigt keine nennenswerten Ähnlichkeiten zu bekannten Datenbankeinträgen (Daten nicht gezeigt).

3.3.2.4 Der Einfluss von RpoH$_1$ und RpoH$_3$ auf die Hitzeschockantwort von *Bradyrhizobium japonicum*

rpoH$_1$ kodiert für einen σ^{32}-Faktor und wird sowohl bei Hitzeschock als auch bei Temperaturstress verstärkt exprimiert (Abb. 34). Neben *rpoH$_1$* besitzt *B. japonicum* zwei weitere Kopien des *rpoH*-Gens. Sequenzvergleiche der drei RpoH-Proteine weisen eine Ähnlichkeit von 65 - 80 % auf. RpoH$_2$ ist essenziell für *B. japonicum* und aktiviert bei physiologischen Bedingungen die σ^{32}-abhängigen Chaperongene [Narberhaus *et al.* 1997]. Der Promotor von *rpoH$_3$* ist der σ^{32}-Konsensussequenz sehr ähnlich, was bedeuten könnte, dass bei einem Hitzeschock RpoH$_3$ als zusätzlicher σ^{32}-Faktor fungiert. Dies ist jedoch experimentell nicht bestätigt. Mutationen in *rpoH$_1$* bzw. *rpoH$_3$* sind für *B. japonicum* weder letal, noch resultiert dies in einer geringeren Hitzeschockantwort [Narberhaus *et al.* 1997]. Aus den in dieser Arbeit durchgeführten Wildtyp-Analysen

Ergebnisse

bezüglich Hitzeschock und Temperaturstress konnte weder eine verstärkte Expression von *rpoH₂* noch von *rpoH₃* festgestellt werden.

In der vorliegenden Arbeit sollte der Einfluss von RpoH₁ und RpoH₃ auf Hitzeschock-relevante Gene näher charakterisiert werden. Um diese Fragestellung zu bearbeiten, wurden drei verschiedene *B. japonicum-rpoH*-Mutanten genutzt, welche entweder in *rpoH₁* und/oder *rpoH₃* mutiert waren (Tab. 2; Kap. 2.1). Zur Analyse der transkriptionellen Antwort auf Hitzeschock wurde die RNA der RpoH-Mutanten nach einer Kultivierung für 15 min bei 43 °C gewonnen und anschließend mit einem Mikroarray hybridisiert. Als Basis diente die transkriptionelle Antwort des Wildtyps auf Hitzeschock. Erneut wurde die Ausschlussgrenze für differenziell exprimierte Gene mit 2fach veränderlich festgelegt. In Tabelle 34 ist eine Zusammenfassung der Analysen dargestellt. Ausführliche Datensätze können ab Mai 2012 auf der NCBI GEO-Platform eingesehen werden.

Tab. 34: Anzahl differenziell exprimierter Gene in den RpoH-Mutanten. Als Basis diente das Hitzeschock-Transkriptom des Wildtyps.

	5009 (*rpoH₁-*)	5032 (*rpoH₃-*)	09-32 (*rpoH₁-/rpoH₃-*)
verstärkte Expression	246	36	64
verringerte Expression	255	338	263
Summe	501	374	327
unbekannte Proteine	242 (48,3 %)	179 (47,8 %)	156 (47,7 %)

Während in der RpoH₁-Mutante 5009 ein ausgewogenes Verhältnis zwischen verstärkt und verringert exprimierten Genen existiert, ist es in den anderen zwei *Bradyrhizobium*-Stämmen mit *rpoH₃*-Mutationen in Richtung Repression verschoben. Auffällig ist, dass alle drei RpoH-Mutanten in der Lage waren, das Cluster mit den bekannten Hitzeschockgenen, in Wildtyp-ähnlicher Weise zu exprimieren. Dies gibt einen Hinweis darauf, dass RpoH₂ unter extremen Bedingungen in der Lage ist, RpoH₁ und RpoH₃ zu ersetzen. Bei der Auswertung der folgenden Daten ist dies zu beachten, da möglicherweise Artefakten betrachtet werden. In Abbildung 35 ist eine Übersicht der differenziell exprimierten Gene der RpoH₁- und RpoH₃-Mutanten 5009 und 5032 zu sehen. Anhand der Darstellung ist zu erkennen, dass 139 Gene sowohl von RpoH₁ als auch von RpoH₃ abhängig sind. Hiervon werden 125 Gene (90 %) verringert exprimiert. Dies zeigt, dass RpoH₁ und/oder RpoH₃ aktiv die Transkription dieser Gene bei Hitzeschock positiv beeinflussen. Dabei ist unklar, ob die Regulation direkt oder indirekt erfolgt. Von den 13 gemeinsam induziert vorliegenden Genen der RpoH-Mutanten sind neben zwei Transportergenen (*blr1482*; *bll5890*) die Funktionen von *fabD*

Ergebnisse

($blr4082$; Malonyl-CoA) und $bll3247$ (Dioxygenase) bekannt. Die weiteren Gene kodieren für Proteine mit unbekannten Funktionen. $bll6556$ kodiert für ein unbekanntes Protein und zeigt in der RpoH$_1$-Mutante 5009 ein verstärktes und in der RpoH$_3$-Mutante 5032 ein verringertes Expressionsmuster.

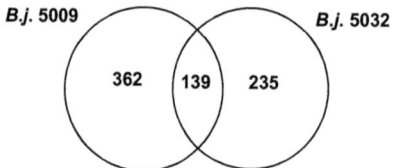

Abb. 35: Vergleich der differenziell exprimierten Gene von *B. japonicum* 5009 ($rpoH_1$-Mutante) und *B. japonicum* 5032 ($rpoH_3$ -Mutante) nach Hitzeschock. Als Basis diente das Hitzeschock-Transkriptom des Wildtyps.

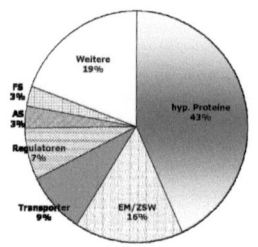

In Abbildung 36 sind die 139 gemeinsam differenziell exprimierten Gene anhand ihrer korres-pondierenden Proteinfunktionen dargestellt.

Abb. 36: Gemeinsam differenziell exprimierten Gene der RpoH-Mutanten *B. japonicum* 5009 und *B. japonicum* 5032 in den Kategorien der Kazusa-Annotation [Rhizobase].
Abk.: hyp.: hypothetisch; EM: Energiemetabolismus; ZWS: Zellstoffwechsel; AS: Aminosäuresynthese; FS: Fettsäuremetabolismus

34 Gene, welche sowohl in der RpoH$_1$- als auch in der RpoH$_3$-Mutante verringert exprimiert vorliegen, sind in den Stickstoffmetabolismus der Zelle eingebunden (Tab. 35). Hierbei sind die korrespondierenden Proteine in der Denitrifikation sowie in die Energiegewinnung eingebunden oder als Regulatoren bekannt. Es ist zu vermuten, dass weitere Gene, welche z.B. für unbekannte Proteine kodieren, in diese Prozesse involviert sind.

Weitere Gene, welche in Operonstrukturen mit den in Tabelle 35 aufgeführten Genen angeordnet sind, liegen nach Hitzeschock nicht verringert exprimiert in den RpoH-Mutanten 5009 und 5032 vor. Hierzu zählen z.B. *nosFYLX*, *cbbLSX*, *blr2588*, *fixH* und *napEA*. Von diesen weisen lediglich

Ergebnisse

nosF in 5009 und *napA* in 5032 nach Hitzeschock eine verringerte Expression auf. Inwieweit die verringerte Expression des Stickstoffmetabolismus von RpoH$_1$ bzw. RpoH$_3$ abhängig ist, bzw. die hier aufgeführten Werte eine allgemeine Antwort der Zelle auf den Hitzeschock darstellen, ist schwierig zu beurteilen und bedarf weiterführender Analysen. Interessant ist auf alle Fälle, dass einige der aufgeführten Regulatorgene (*nifR*; *nosR*; *cbbR*) beim Hitzeschock im Wildtyp eine verstärkte und in den RpoH-Mutanten 5009 und 5032 eine verringerte Expression aufweisen. Diese Daten werden durch die Doppelmutante 09-32 gestützt, in dessen Hitzeschock-Transkriptom die drei Regulatorgene ebenfalls verringert exprimiert vorliegen. Die σ^{32}-Erkennungssequenz ist in *B. japonicum* im -35-Bereich mit CTTG(A) beschrieben [Babst *et al.* 1996; Minder *et al.* 1997], ähnlich der σ^{32}-Erkennungssequenz in *E. coli*, welche CTTGAA lautet [Yura *et al.* 1993]. Bei einem Vergleich der putativen Promotorregionen von *nosR*, *cbbR* und *nifR* mit den Promotoren von *groESL$_1$* und *dnaKJ* ist das σ^{32}-Motiv nicht zu finden (Daten nicht gezeigt). Das bedeutet, dass RpoH$_1$ (bzw. RpoH$_3$) nicht direkt auf die Transkription von *nosR*, *cbbR* und *nifR* wirken.

Tab. 35: RpoH$_1$- und RpoH$_3$-abhängige Gene, welche in den Stickstoffmetabolismus der Zelle sowie deren Energiebereitstellung eingebunden sind. Als Basis diente das Hitzeschocktranskriptom des Wildtyps.

Genname	Fold Change		(putative) Proteinfunktion *
	5009 ($rpoH_1$ -)	5032 ($rpoH_3$ -)	
Regulation			
nosR [a]	-3,0	-3,2	transkriptioneller Regulator der *nos*-Gene
blr1062	-4,7	-3,8	transkriptioneller Regulator der LuxR-Familie
nifR [a]	-4,6	-7,9	regulierendes Protein; Stickstoff-abhängig
ntrB	-4,8	-6,5	2-Komponenten-Sensor-Kinase
ntrC	-2,1	-3,5	2-Komponenten-Regulator
fixK$_1$ [b]	-19,8	-8,9	transkriptioneller Regulator der Crp-Familie
cbbR [a]	-4,8	-4,8	transkriptioneller Regulator
Energiegewinnung			
	oxidative Phosphorylierung (Komplex IV)		
fixN [b]	-5,6	-6,5	Cytochrom C-Oxidase; UE I
fixO [b]	-8,7	-8,9	Cytochrom C-Oxidase; UE II
fixP [b]	-16,1	-16,5	cbb3 Oxidase; UE III
fixG [b]	-4,0	-10,6	Eisen-Schwefel-Protein
fixI [b]	-3,4	-8,3	E1-E2-Typ Kation-ATPase
fixS [b]	-7,0	-4,7	FixS
napC [b]	-27,7	-6,8	Cytochrom c-Typ Protein
bll6221	-3,6	-4,7	Rieske Eisen-Schwefel-Protein

Fortsetzung Tab. 35:

	CO$_2$-Fixierung		
cbbF	-13,0	-35,5	D-Fruktose-1,6-Bisphosphatase
cbbP	-5,2	-5,1	Phosphoribulokinase
cbbT	-4,2	-15,3	Transketolase
cbbA	-3,2	-2,1	Fruktose-1,6-Bisphosphat-Aldolase
blr3226	-3,9	-2,4	Ribitol-Kinase
gph	-3,9	-4,1	Phosphoglycolat-Phosphatase
	Glykolyse		
blr0573 [a]	-2,4	-3,0	Acetyl-CoA-Synthetase
ilvD	-2,8	-2,8	Dihydroxyacid-Dehydratase
bll4784	-5,6	-3,3	Aldehyd-Dehydrogenase
lldA	-3,2	-3,5	L-Laktat-Dehydrogenase
bll5655 [b]	-6,1	-5,0	Alkohol-Dehydrogenase
bll6076	-2,6	-4,8	Acetyl-CoA-Synthetase
bll7231	-3,9	-3,3	Acetolaktat-Synthase I
	Stickstoffmetabolismus		
nosZ	-13,1	-23,8	Distickstoffoxid-Reduktase
nosD	-3,3	-3,0	periplasmatisches Kupfer-bindendes Protein (Precursor)
bll1069	-3,8	-4,5	Glutaminsynthetase
napD [b]	-5,6	-3,7	periplasmatische Stickstoffreduktase
napB [b]	-24,8	-16,9	periplasmatische Stickstoffreduktase; kleine UE
nirK [b]	-15,9	-9,9	respiratorische Nitrit-Reduktase

a: verstärkte Expression beim Hitzeschock im Wildtyp
b: FixJ- und FixK$_2$-abhängig [Mesa *et al.* 2008]
*: Proteinfunktionen entsprechen der Kazusa-Annotation [Rhizobase]

3.4 Stress-abhängige Gene in *Bradyrhizobium japonicum*

Vergleicht man die in dieser Arbeit erstellten Stress-Transkriptome von *B. japonicum* so weisen 33 Gene bei Temperatur- und Salzstress sowie bei pH 8 ein verändertes Expressionsmuster auf. Teilweise werden diese Gene ebenso bei Hitzeschock und pH 4 differenziell exprimiert (Tab. 36). Drei Viertel der Gene kodieren für hypothetische Proteine.

Fünf Gene werden sowohl bei pH- und Salzstress sowie bei Temperaturveränderungen in *B. japonicum* differenziell exprimiert. Bis auf *bll7197*, welches für eine ABC-Transporter-UE kodiert, weisen alle ein verstärktes Expressionsmuster auf. In Abbildung 37 sind die Stress-induzierten Gene *bll1466*, *bsl5035*, *blr5264* und *bsr7796* (*nepR*) mit ihren putativen Genclustern aufgezeigt.

PhyR/NepR und der „*extracytoplasmic function*" Sigmafaktor σ^{EcfG} sind an der allgemeinen Stressabwehr von *B. japonicum* beteiligt, indem sie als transkriptioneller Aktivator auf Stress-relevante Gene wirken [Gourion *et al.* 2009]. Zu diesen gehören die ebenfalls in der vorliegenden

Ergebnisse

Arbeit als Stress-induzierbar nachgewiesenen Gene *bll1466*, *bsr5035* und *blr5264*. Gourion et al. (2009) wiesen σ^{EcfG}-abhängige Motive *upstream* der Gene nach. Bll1466 und Bsr5035 weisen Ähnlichkeiten zu Proteinen anderer Rhizobien auf. *blr5264* kodiert für einen 2-Komponenten-Hybridsensor und -Regulator. Um die regulative Funktion von Blr5264 in der Stressabwehr näher zu definieren, wurde das korrespondierende Gen durch die Kanamycinresistenzkassette *aphII* ersetzt. Die daraus resultierende *B. japonicum*-Mutante D826 wurde für weitere Stressanalysen eingesetzt.

Tab. 36: In 4 von 5 Stresszuständen differenziell exprimierte Gene.

Genname	Fold Change				Proteinfunktion [a]
	TS	HS	Salz	pH 8	pH 4	
bll0322	8,5		8,1	19,6	2	Trehalose-6-Phosphatase
bll0332	-10,1	-3	-6,6	-10,5		hypothetisch
bsr0520	4,6	3,2	4,1	8,2		hypothetisch
bsl1363	11,3	6,8	4,7	7,1		hypothetisch
bll1466 *	22,7	3,9	12	36,8	3,6	hypothetisch
blr1468	12,7	7,7	5,7	18,2		hypothetisch
bll2087	2,5		2,1	10,2	-2,1	hypothetisch
bsl2596	19,6		5,7	8,3	3,5	hypothetisch
bsl2602	9,2	11,8	4	4,9		hypothetisch
blr2603	8,7	8,3	3,1	5,7		hypothetisch
bll2752	9,5		10	25,2	2	Glykosyltransferase
bll2849	19,8	6,9	7,5	30,2		hypothetisch
blr3169	18,7	6,7	17	43.5		hypothetisch
bsl5034	3,3		3,4	5,1	2,2	hypothetisch
bsl5035 *	5,6	2	4,6	6,7	3,2	hypothetisch
blr5264 *	5,9	3,8	4	5	2,1	Zwei-Komponenten-Hybridsensor und -Regulator
blr5502	26,1		10	50	2,6	hypothetisch
bsl6119	7,1	15,7	4,1	6,8		hypothetisch
bll6649	16,8	5,8	7,5	36,8		hypothetisch
blr6766	2,9	3,4	3,3	5,1		hypothetisch
bll6910	-4		-7,6	-5,6	-6,2	Nickel-einbauende Hydrogenase
bsl7109	3,3		2,4	3,1	2,2	hypothetisch
bll7197 *	-3,3	-6,2	-2	-2,1	-2,5	ABC-Transporter; Substrat-bindendes Protein
bll7309	6,6	-4,5	2,2	3		hypothetisch
bll7644	10,8		6,3	11,5	2,1	hypothetisch
bll7648	8,3	12,3	3,3	4,6		hypothetisch
bll7795	5,3		4,3	6,9	2,3	PhyR
bsr7796 *	6,4	4,5	5,2	7,3	3,1	NepR
blr7797	5	4,2	4,4	8,1		RNA-Polymerase-σ^{EcfG}-Faktor
bsr8030	4,3	4,4	2,7	4,4		hypothetisch
bll8048	14,8	4,7	8,8	15,3		hypothetisch
bll8057	11,4	7,9	4,9	4,8		hypothetisch
blr8063	5,2	23,5	2,6	2,5		hypothetisch

*: gemeinsame Expression bei allen untersuchten Stresszuständen
a: Proteinfunktionen entsprechen der Kazusa-Annotation [Rhizobase]

Ergebnisse

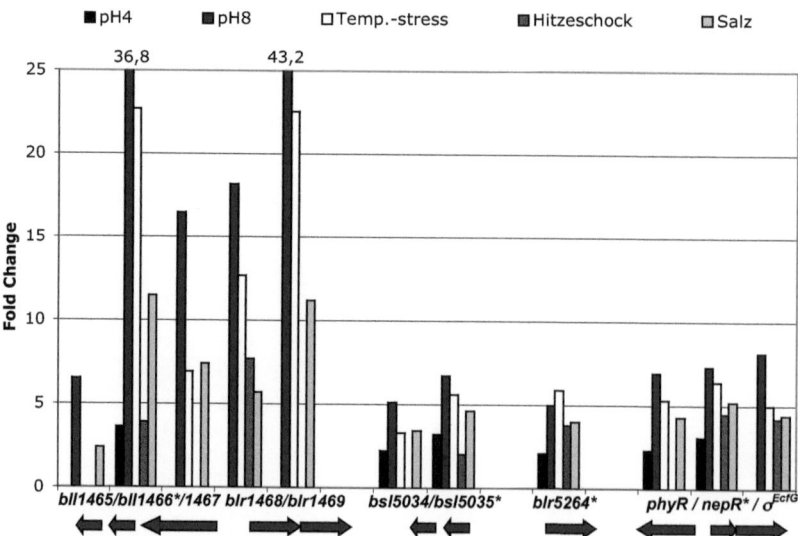

Abb. 37: Gene, die bei den meisten Stressbedingungen verstärkt exprimiert werden sowie ihre putativen Operonstrukturen. Mit einem Stern sind die Gene gekennzeichnet, welche unter allen fünf untersuchten Stressbedingungen induziert vorliegen. **Abk.: Temp.: Temperatur**

3.5 Transkriptionelle Analyse der Blr5264-Mutante *Bradyrhizobium japonicum* D826

Fünf Stress-spezifische Gene konnten durch den Vergleich der Stress-Transkriptome identifiziert werden (Kap. 3.4). Unter diesen befand sich *blr5264*. Das korrespondierende Protein ist ein 2-Komponenten-Hybridsensor und -Regulator, welcher sowohl Domänen zur Bindung von Signalmolekülen (PAS) als auch zur Regulation (REC) besitzt. Es existiert kein DNA-bindendes Motiv (Abb. 38).

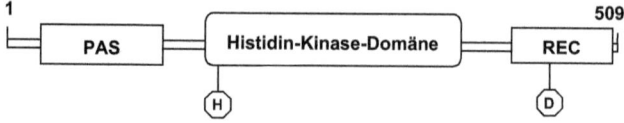

Abbildung 38: Domänenstruktur des 2-Komponenten-Hybridsensors und -Regulators Blr5264. Neben einer PAS-Domäne, die es ähnlich einem 2-Komponentensensor ermöglicht Umwelt-signale zu detektieren bzw. Liganden zu binden, besitzt Blr5264 des Weiteren eine Histidin-Kinase-Domäne zur Autophosphorylierung nach Ligandenkontakt. Die REC-Domäne ermöglicht nach der Phosphorylierung/ Aktivierung regulatorische Funktionen. Sowohl die Histidin-Kinase-Domäne als auch die REC-Domäne besitzen wahrscheinlich Aminosäuren (Histidin bzw. Aspartat) zur Autophosphorylierung des Proteins. Die Abbildung wurde mittels Prosite von Expasy erstellt. **Abk.: H: Histidin; D: Aspartat**

Ergebnisse

In der *B. japonicum*-Mutante D826 wurde *blr5264* durch die Kanamycinresistenzkassette *aphII* ersetzt. Um ein umfassendes Bild des Blr5264-Regulons zu erstellen wurde erneut die Mikroarraytechnologie genutzt. Identisch den Wildtypuntersuchungen wurde das Transkriptom von *B. japonicum* D826 bezüglich des normalen Wachstums (4 h; 28 °C), des Salzstresses (4 h; 80 mM NaCl; 28 °C) und des Hitzeschocks (15 min; 43 °C) bestimmt. Als Vergleichsgrundlage dienten die Transkriptome des Wildtyps, welche unter gleichen Wachstumsbedingungen erstellt wurden.

3.5.1 Der Vergleich von D826 mit dem Wildtyp bei normalen Wachstumsbedingungen

Der Vergleich zwischen Wildtyp und *B. japonicum* D826 bei normalen Wachstumsbedingungen weist 326 differenziell exprimierte Gene auf. 44 % dieser Gene kodieren für hypothetische Proteine und rund 3/4 der Gene werden verringert exprimiert. In Abbildung 39 ist eine Übersicht der Hauptkategorien der korrespondierenden Proteine der differenziell exprimierten Gene dargestellt.

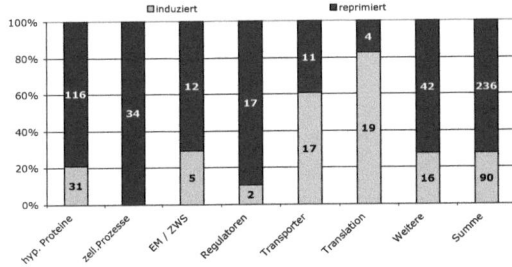

Abb. 39: Die differenziell exprimierten Gene von *B. japonicum* D826 in den Kategorien der Kazusa-Annotation [Rhizobase]. Die Zahlen in den Balken entsprechen der Anzahl an differenziell exprimierten Genen dieser funktionellen Kategorie. Zu erkennen ist, dass 100 % der Gene, welche für zelluläre Prozess-proteine kodieren verringert exprimiert vorliegen. Abk.: zell.: zellulär; EM: Energiemetabolismus; ZWS: Zell-stoffwechsel; hyp.: hypothetisch

In Abbildung 40 sind die Gene mit der stärksten Expressionserhöhung gezeigt (FC ≥ 4), die beim Vergleich D826 mit Wildtyp unter normalen Wachstumsbedingungen zu sehen sind.

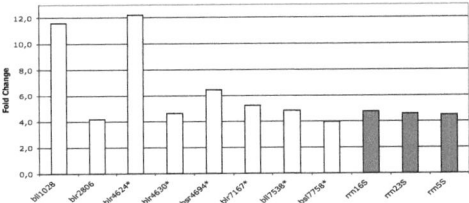

Abb. 40: Deutlich verstärkt exprimierte Gene (FC ≥ 4) in *B. japonicum* D826 im Vergleich zum Wildtyp bei normalen Wachstumsbedingungen. Gene, die mit einem Stern gekennzeichnet sind, kodieren für hypothetische Proteine. Die dunkle Darstellung der *rrn*-Gene soll die Anordnung dieser Gene in einer Operonstruktur verdeutlichen.

Ergebnisse

Sechs der am stärksten hochregulierten Gene (FC ≥ 4) kodieren für hypothetische Proteine. Bis auf *bll4630*, welches sich wahrscheinlich mit *bsl4631* in einem Operon befindet, sind diese Gene im Genom von *B. japonicum* allein angeordnet. Bll4630 zeigt keine Ähnlichkeit zu bekannten Proteinen. *blr4624* kodiert für ein hypothetisches Protein, welches eine mögliche RpoN-Bindestelle im Promotor besitzt [Pessi et al. 2007]. Die weiteren fünf Genprodukte weisen Ähnlichkeiten zu Transporterproteinen auf. Bsr4694 zu einer Permease eines Zuckertransporters von *Rhizobium etli* CFN42 (51,6 %), Blr7167 zu ATP-bindenden Proteinen von ABC-Transportern aus *Rhizobium* sp NGR234 (46,2 %) und *M. loti* R7a (42,3 %), Bll7538 zu einem Exportprotein aus *Bradyrhizobium* sp. BTAi1 (72,2 %) und Bsl7758 zu einem AS-bindenden Protein mit transmembranen Domänen aus *Azoarcus* sp. BH72 (50 %).

CarQ (Bll1028) ist als Mitglied der *„extracytoplasmic function"*-Sigmafaktor-Familie in die Transkription involviert. Des Weiteren befinden sich die Gene, welche für die 5S, 16S und 23S rRNA kodieren, unter den deutlich verstärkt exprimierten Genen. Die hieraus entstehenden RNA-Moleküle sind essenzielle Komponenten der Ribosomen. In diesem Zusammenhang ist die verstärkte Expression von *rnpB* (FC = 3,6) sowie weiterer 14 Gene, welche am Aufbau des ribosomalen Komplexes beteiligt sind, von Bedeutung (Tab. 37). Die *rnpB*-RNA ist eine Untereinheit der RNaseP, welche für die Prozessierung der tRNAs verantwortlich ist.

Tab. 37: Gene, die in *B. japonicum* D826 bei normalen Wachstumsbedingungen differenziell exprimiert werden und die am Aufbau des ribosomalen Komplexes beteiligt sind. Als Basis dient das Transkriptom des Wildtyps bei normalen Wachstumsbedingungen.

Genname	Fold Change	Funktion[a]
blr0420 (rplU)	2,9	50S ribosomales Protein L21
bsl4078 (rpsR)	2,1	30S ribosomales Protein S18
bll5378 (rpsM)	2,2	30S ribosomales Protein S13
bll5386 (rpsH)	2,0	30S ribosomales Protein S8
bll5387 (rpsN)	2,6	30S ribosomales Protein S14
bll5388 (rplE)	2,3	50S ribosomales Protein L5
bsl5391 (rpsQ)	2,4	30S ribosomales Protein S17
bll5393 (rplP)	2,2	50S ribosomales Protein L16
bll5394 (rplE)	2,2	30S ribosomales Protein S3
bll5395 (rplV)	2,7	50S ribosomales Protein L22
bsl5396 (rpsS)	2,6	30S ribosomales Protein S19
bll5399 (rplD)	2,5	50S ribosomales Protein L4
bll5404 (rpsG)	2,2	30S ribosomales Protein S7
bll5412 (rplJ)	3,5	50S ribosomales Protein L10

a: Funktionen entsprechen der Kazusa-Annotation [Rhizobase]

Ergebnisse

Beim Vergleich von *B. japonicum* D826 mit dem Wildtyp bei normalen Wachstumsbedingungen weisen 236 Gene ein verringertes Expressionsmuster auf. In Abbildung 41 sind die am deutlichsten verringert exprimierten Gene dargestellt (FC ≤ -6).

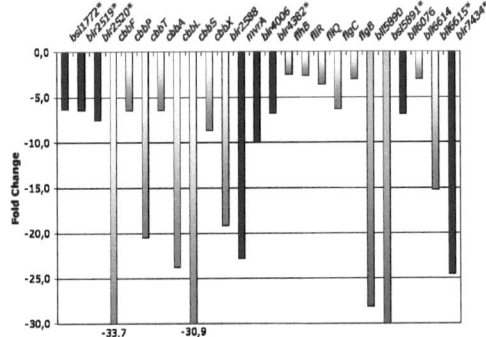

Abb. 41: **Deutlich verringert exprimierte Gene (FC ≤ -6) in *B. japonicum* D826 im Vergleich zum Wildtyp bei normalen Wachstumsbedingungen.** Gene, die mit einem Stern gekennzeichnet sind, kodieren für hypothetische Proteine. *flhB*, *fliR*, *fliQ* und *flgB* zeigen keinen FC ≤ -6. Aufgrund der Lokalisation im gleichen Operon wie *flgC* sind diese Gene in der Abbildung aufgeführt. Dies trifft ebenso auf *bll6614* zu, welches in einem Operon mit *bll6615* angeordnet ist.

Bei einem Vergleich des normalen Wachstums von *B. japonicum* D826 mit dem Wildtyp zeigt sich, dass das gesamte *cbb*-Operon (*blr2581-blr2588*), exklusive des Regulators CbbR, stark verringert exprimiert wird. Das Operon kodiert für die Enzyme des alternativen Calvin-Benson-Bassham-Weges zur CO_2-Fixierung. Sieben Gene, die ein deutlich verringertes Expressionsmuster aufweisen, kodieren für hypothetische Proteine ohne nennenswerte Ähnlichkeiten zu bekannten Proteinen. 17 Regulatorgene und 34 Gene, welche in zelluläre Prozesse eingebunden sind, werden beim Vergleich von *B. japonicum* D826 mit dem Wildtyp bei normalen Wachstumsbedingungen verringert exprimiert (Abb. 39; Tab. 38).

Ergebnisse

Tab. 38: Verringert exprimierte Gene in *B. japonicum* D826 bei normalen Wachstumsbedingungen.
Als Basis diente der Wildtyp bei normalen Wachstumsbedingungen.

Genname	Fold Change	Proteinfunktion[a]
Regulatoren		
bll0797 (fur)	-2,8	Eisen-abhängiger Regulator
blr1279	-2,6	transkriptioneller Regulator der GntR-Familie
bll2094	-2,1	transkriptioneller Regulator der GntR-Familie
blr2685	-3,0	transkriptioneller Regulator der MarR-Familie
blr2694	-4,4	VirG-ähnlicher 2-Komponenten-Regulator
blr3091	-2,2	transkriptioneller Regulator der ArsR-Familie
bll3140	-4,3	2-Komponenten Sensor-Histidin-Kinase
blr3443	-2,1	transkriptioneller Regulator der TetR-Familie
blr4006	-10,0	transkriptioneller Regulator der TetR-Familie
bll4368	-2,1	transkriptioneller Regulator der GntR-Familie
blr5517	-2,2	2-Komponenten-Regulator
blr5860	-2,7	transkriptioneller Regulator der GntR-Familie
bll5888	-3,3	2-Komponenten-Regulator
bll5889	-4,6	2-Komponenten-Hybrid-Sensor und -Regulator
blr6651	-2,2	2-Komponenten-Regulator
blr7003	-2,2	2-Komponenten-Regulator
bll7306	-2,1	2-Komponenten-Regulator
Zellteilung		
blr0166 (ftsZ)	-2,1	Zellteilungsprotein
blr0616 (ftsK)	-2,2	Zellteilungsprotein
blr1390 (ftsE)	-2,4	ATP-bindendes Zellteilungsprotein
blr4211 (minC)	-3,4	Zellteilungsinhibitor
blr4212 (minD)	-2,8	Zellteilungsinhibitor
bsr4213 (minE)	-2,8	spezieller topologischer Zellteilungsfaktor
bll5941	-2,1	Partitionsprotein
bll6597 (ftsA)	-3,3	Zellteilungsprotein
bll6598	-2,1	Zellteilungsprotein
bll6603 (ftsW)	-2,1	Zellteilungsprotein
Chemotaxis		
bll0390 (cheR1)	-2,1	Protein-Glutamat-O-Methyltransferase
blll436 (ctpG)	-2,2	Protein zum Pilusaufbau
blll437 (ctpF)	-2,1	Protein zum Pilusaufbau
blll438 (ctpE)	-2,1	Protein zum Pilusaufbau
blll1440 (ctpC)	-2,1	Protein zum Pilusaufbau
blll532	-3,0	Chemotaxisprotein
blr2194 (cheY)	-4,4	Chemotaxis 2-Komponentenregulator
blr2196 (cheR)	-2,3	Protein-Glutamat-O-Methyltransferase
bll2207 (flhA)	-3,2	Protein zur Flagellenbiosynthese
blr2931	-2,3	Methyl-akzeptierendes Chemotaxisprotein
bsl5256	-2,8	polarer Flagellenmotor-Schalter
bll5809 (flhB)	-2,5	Protein zur Flagellenbiosynthese
bll5810 (fliR)	-2,7	Protein zur Flagellenbiosynthese
bsl5811 (fliQ)	-3,6	Protein zur Flagellenbiosynthese
bll5813 (flgC)	-6,4	flagellare Basalkörpernadel
bll5814 (flgB)	-3,1	flagellare Basalkörpernadel
blr5827 (flgF)	-3,0	flagellare Basalkörpernadel
blr5830 (flgH)	-3,2	flagellarer L-Ringprecursor

Ergebnisse

Fortsetzung Tab. 38:

bll5837 (fliX)	-2,5	Flagellenaufbauprotein
blr5837 (flgI)	-2,1	flagellarer P-Ringprecursor
blr6997 (flgD)	-2,6	flagellares Hakenaufbauprotein
blr6999 (fliF)	-2,3	flagellarer M-Ring
blr7002 (fliN)	-2,3	flagellarer Motorschalter

a: Proteinfunktionen entsprechen der Kazusa-Annotation [Rhizobase]

3.5.2 Der Vergleich von *Bradyrhizobium japonicum* D826 mit dem Wildtyp bei Stress

3.5.2.1 Salzstress

Bei einem Vergleich des vierstündigen Wachstums von *B. japonicum* D826 mit dem Wildtyp bei Zugabe von 80 mM NaCl werden 894 Gene differenziell exprimiert. 87 % der Gene weisen ein verringertes Expressionsmuster auf, 46 % kodieren für hypothetische Proteine. Die Daten des Salz-Transkriptoms von *B. japonicum* D826 wurde hinsichtlich der metabolischen Wege in KEGG überprüft (Tab. 39).

Tab. 39: Eine Auswahl an Kategorien, deren Gene verringert bzw. verstärkt exprimiert bei Salzstress in *B. japonicum* D826 vorliegen. Zugeordnet wurden nur KEGG-klassifizierte Gene.

Genkategorie	Gen-anzahl	Beispiele
verringerte Expression		
ABC-Transporter	28	kleine verzweigte AS; Peptid/Nickel; Lipoproteine; Lipopolysaccharide
Purin- & Pyrimidinsynthese	17	RNA; DNA
2-Komponenten-Systeme	14	Stickstoffmetabolismus (NtrC-System; Gln-System); Chemo-taxis; Tryptophanbiosynthese (TrpA); Bll3140 (PleC)
Butanoat-Metabolismus	14	
Tryptophan-Metabolismus	10	
Benzoat-Abbau via CoA-Ligation	10	
Lysin-Biosynthese	9	
Zitratzyklus	8	*suc*-Gene (*bll0450/51*); *acn* (*bll0466*); *sdh*-Gene (*blr0512/14/15*)
verstärkte Expression		
ABC-Transporter	7	Sulfonat/Taurin/Nitrat; Ribose; kleine verzweigte AS

Ergebnisse

3.5.2.2 Hitzeschock

Der Vergleich der Transkriptionsmuster von *B. japonicum* D826 mit dem Wildtyp nach Hitzeschock weist 426 differenziell exprimierte Gene in der Regulatormutante auf. 86 % der Gene werden verringert exprimiert. 198 Gene kodieren für hypothetische Proteine. Ähnlich der Analyse des Salzstress-Transkriptoms von *B. japonicum* D826 wurden die erhaltenen Mikroarraydaten des Hitzeschocks der Blr5264-Mutante mittels KEGG abgeglichen. In Tabelle 40 sind die beeinflussten Genkategorien von *B. japonicum* D826 bei Hitzeschock aufgeführt.

Aufgrund der Fülle der Daten soll hier nur eine Übersicht über das Hitzeschock-Transkriptom von *B. japonicum* D826 gegeben werden. Auffällige Stress-spezifisch regulierte Gene werden in Kapitel 3.5.2.3 behandelt.

Tab. 40: Eine Auswahl an Kategorien, deren Gene verringert bzw. verstärkt exprimiert bei Hitzeschock in *B. japonicum* D826 vorliegen. Zugeordnet wurden nur KEGG-klassifizierte Gene.

Metabolischer Weg	Gen-anzahl	Beispiele
verringerte Expression		
Butanoat-Metabolismus	10	
ABC-Transporter	8	nur Substrat-bindende Proteine, u.a. Glyzerol-3-Phosphat
Stickstoffmetabolismus	7	*bll1069*; *nos*-Gene (*blr0315/15/16*); *nirK* (*blr7089*); *metC* (*bll4445*)
2-Komponenten-Systeme	7	Stickstoffvorhandensein & -assimilation (NtrC-System; Gln-System; PleC; Turgordruck (KdpD)
Pentosephosphatweg	5	Schlüsselenzyme
verstärkte Expression		
ABC-Transporter	7	Sulfonat/Taurin/Nitrat; Ribose; kleine verzweigte AS

3.5.2.3 Stress-abhängige Gene in *Bradyrhizobium japonicum* D826

Bei einem Vergleich der Stress-Transkriptome von *B. japonicum* D826 werden 87 Gene sowohl bei Salzstress als auch bei Hitzeschock differenziell exprimiert. Da diese Gene keiner differenziellen Expression bei normalem Wachstum unterliegen, sind sie potenziell Regulator- und Stress-abhängig. In Abbildung 42 sind die Stress-abhängigen differenziell exprimierten Gene anhand der Proteinfunktionen dargestellt. 45 % der Gene kodieren für hypothetische Proteine.

Ergebnisse

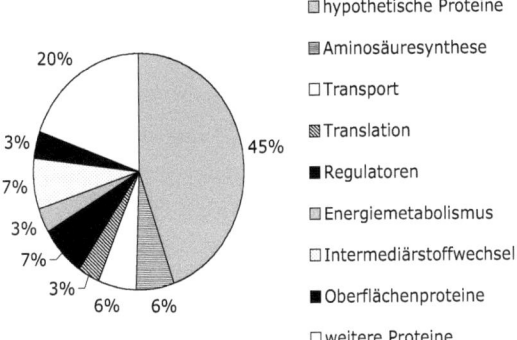

Abb. 42: Die Stress-abhängig differenziell exprimierten Gene von *B. japonicum* D826 in den Kategorien der Kazusa-Annotation [Rhizobase]. Dargestellt sind die Gene, welche sowohl bei Salzstress als auch bei Hitzeschock in *B. japonicum* D826 differenziell exprimiert vorliegen.

94 % der Stress-bedingten Blr5264-abhängigen Gene zeigen ein verringertes Expressionsmuster. *fabD* (*blr4082*) ist das einzige Gen, das bei einem Vergleich der beiden Stresszustände in *B. japonicum* D826 induziert vorliegt. *blr1601* wird bei Hitzeschock verstärkt und bei Salzstress verringert exprimiert. Das Gen kodiert für ein Substrat-bindendes Protein eines Peptid/ Nickel-ABC-Transporters. Als weiteres Gen in dem dazugehörigen Operon wird *blr1600* beim Hitzeschock in *B. japonicum* D826 verstärkt exprimiert. Des Weiteren gibt es drei Gene, welche im Hitzeschock ein verringertes und im Salzstress ein verstärktes Expressionsmuster aufweisen. *blr7839* kodiert für ein Substrat-bindendes Protein, *blr4112* für ein Kation-Efflux-Protein. Das dritte Gen kodiert für eine Enoyl-CoA-Hydratase (*blr2230*), welche in den verschiedensten Stoffwechselwegen von Bedeutung ist.

Sechs Gene kodieren für Proteine, welche im zentralen Intermediärstoffwechsel der Zelle eine Funktion aufweisen. Zum einen das Operon aus *nifR* und *ntrBC* NifR ist als *nitrogen regulation protein* beschrieben [Rhizobase]. NtrBC dient in der Stickstoffassimilation als 2-Komponentenregulationssystem, welches in der Lage ist, einen niedrigen Stickstoffgehalt zu detektieren. NtrB stellt die Sensor-Kinase, welche den transkriptionellen Regulator NtrC aktiviert. Dieser aktiviert Gene, deren Genprodukte im Stickstoffmetabolismus eine Funktion besitzen. Das zweite Operon besteht aus *bll4496* sowie *nthAB*, wobei *bll4496* kein verändertes Expressionsmuster aufweist. Die aus *nthAB* resultierenden Proteine fügen sich zu einer Nitril-Hydratase zusammen, indem NthA die α-Untereinheit und NthB die β-Untereinheit darstellt. Das mögliche Protein von *bll4496* weist keine nennenswerten Ähnlichkeiten zu verwandten Rhizobienstämmen auf.

Ergebnisse

3.5.3 Bei Stress und normalen Wachstum differenziell exprimierte Gene in *Bradyrhizobium japonicum* D826

In Abbildung 43 sind die erstellten Mikroarraydaten von *B. japonicum* D826 als Vergleich dargestellt. 24 Gene werden sowohl bei Salzstress, Hitzeschock und unter normalen Wachstumsbedingungen differenziell exprimiert. Diese sind Regulator-, aber nicht zwangsweise Stress-abhängig. 54 % der Gene kodieren für Proteine mit unbekannter Funktion. Keines der Gene weist ein verstärktes Expressionsmuster auf.

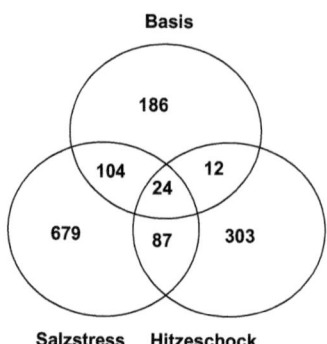

Abb. 43: Vergleich der Mikroarrayanalysen von *B. japonicum* D826. 24 Gene werden sowohl bei Stress als auch bei normalen Wachstumsbedingungen differenziell exprimiert.

blr3918 und *blr3919* kodieren für Untereinheiten eines ABC-Transporters und weisen kein einheitliches Expressionsmuster auf. Die zwei Gene werden bei normalem Wachstum und Salzstress induziert und bei Hitzeschock reprimiert. Dieses Expressionsmuster gilt ebenso für *bll5076*, welches für ein hypothetisches Protein mit Ähnlichkeiten zu Porinen aus anderen *Bradyrhizobium*-Spezies kodiert. *bll5890* kodiert für eine Monocarboxyl-Permease mit dem entgegengesetzten Expressionsmuster (verringerte Expression bei normalem Wachstum und Salzstress, verstärkte Expression bei Hitzeschock).

Alle weiteren Gene werden bei einem Vergleich mit dem Wildtyp unter gleichen Wachstumsbedingungen reprimiert. In Tabelle 41 sind diese mit den (putativen) Proteinfunktionen aufgeführt.

Ergebnisse

Tab. 41: Verringert exprimierte Gene in *B. japonicum* D826 unabhängig von Kultivierungsbedingungen.

Genname	(putative) Funktion / Eigenschaften[a]
Regulation	
bll0797 (fur)	reguliert die Eisenaufnahme in Abhängigkeit von Eisen [1,2]
bll3140	2-Komponenten-Sensor-Histidin-Kinase; PleD-Familie; reprimiert in Bakteroiden [3]
blr3443	TetR-Typ; induziert in Bakteroiden [3]
blr4006	TetR-Typ
blr0227	hypothetisch; PhaR-Typ-Repressor [4,5]
bll4873	hypothetisch; Cro/C1-Typ-HTH-Motiv; Regulatormotiv [6,7]
Zellteilung	
bll5941	Zellteilungsprotein
bll6597 (ftsA)	Zellteilungsprotein FtsA
weitere	
bll2292 (petE)	Plastocyanin; extracytoplasmatisch [8]; Kupferbindung
bll2293	hypothetisch; Kupfer-Oxidase
blr3831 (mvrA)	Ferredoxin-NADP$^+$-Reduktase
hypothetisch	
bsl0578	69 AS; keine Homologien
bll0661	Mg^{2+}-Chelatase-Domäne
blr1298	eventuell ein Exportprotein
blr1670	Guanylatzyklase-Domänen [9]; katalysieren cGMP aus GTP
blr1671	
bsl2435	94 AS
bll3075	ohne Homologien
bll5551	CBS-Domäne
bsl5715	BolA-Domäne [10]

a: putative Proteinfunktionen entsprechen der Kazusa-Annotation [Rhizobase]; Domänenstrukturen sind KEGG entnommen und laut der folgenden Literaturstellen belegt
1: Yang *et al.* 2006; 2: Rudolph *et al.* 2006; 3: Pessi *et al.* 2007; 4: Maehara *et al.* 2002; 5: Yamada *et al.* 2007; 6: Lewis *et al.* 1998; 7: Steinmetzer *et al.* 2002; 8: Rosander *et al.* 2003; 9: Koesling *et al.* 1991; 10: Santos *et al.* 1999

4 Diskussion

4.1 Das Genistein-Stimulon von *Bradyrhizobium japonicum*

Zur Identifizierung des Genistein-Stimulons wurde mit dem Mikroarray BJAPETHZ520090 von Affymetrix gearbeitet. Es wurden die transkriptionellen Antworten des Wildtyps *B. japonicum* USDA110*spc*4, der NodD$_1$-Mutante Δ1267 und der NodW-Mutanten 613 und Δ901 acht Stunden nach Genisteinzugabe ermittelt und mit dem Transkriptom des nicht Genistein-induzierten Wildtyps verglichen. Mit den erzielten Daten dieser Arbeit kann gezeigt werden, dass das Genistein-Stimulon von *B. japonicum* umfangreicher ist als bisher aus der Literatur bekannt war. Des Weiteren konnten neben NodD$_1$ und NodW weitere Regulationsmechanismen, die auf Genistein reagieren, nachgewiesen werden.

Bei einem Vergleich des Genistein-Transkriptoms mit dem nicht-induzierten Transkriptom des Wildtyps lassen sich 101 Gene finden, welche durch Genistein verstärkt exprimiert werden (Abb. 6; Kap. 3.1). Die transkriptionellen Antworten von *Azorhizobium caulinodans* ORS571 und *Sinorhizobium meliloti* auf Flavonoide waren bedeutend weniger umfangreich [Barnett *et al.* 2004; Tsukada *et al.* 2009]. So wurden nach einem sechsstündigen Wachstum bei Naringenin lediglich 18 induzierte Gene in *A. caulinodans* ORS571 identifiziert. In *S. meliloti* konnten nach einem vierstündigen Wachstum bei Luteolin die aus der Literatur bekannten Luteolin-induzierbaren Gene sowie 12 weitere Gene bestimmt werden. Des Weiteren wurden in beiden Organismen Gene identifiziert, welche in Abhängigkeit des Flavonoids eine verringerte Expression aufwiesen. Das Genistein-Stimulon von *B. japoncium* weist kein Gen mit einem verringerten Expressionsmuster auf.

4.1.1 Das Flagellarcluster

B. japonicum besitzt ein dickes Flagellum und mehrere dünne Flagellen, welche hauptsächlich an der polaren Region des Bakteriums verankert sind [Kanbe *et al.* 2007]. Die Gene für das dicke Flagellum sind in einem definierten Genbereich angeordnet. Zusätzlich existieren verstreut im Genom von *B. japonicum* vorkommende Flagellengene. All diese Gene sind nicht durch Genistein induzierbar. Das Flagellarcluster im Bereich der Gene *blr6843* bis *blr6886* kodiert für die dünnen

Diskussion

Flagellen und ist die am stärksten vertretene Gruppe der Genistein-induzierbaren Gene in *B. japonicum*. Bis auf die Induktionswerte der Gene für das Flagellin, welche unter der Ausschlussgrenze von 2fach veränderlich exprimiert lagen, sind die anderen Gene des Clusters sehr einheitlich in ihren Induktionswerten. Möglicherweise ist eine Verstärkung der Transkriptrate der Flagellingene nicht notwendig, da auch im nicht Genistein-induzierten Zustand der Zelle ein hohes Niveau an *fliCI*- und *fliCII*-Transkripten vorliegt. Erkennbar ist dies an den sehr hohen Signalstärken der Gene auf den Mikroarrays des nicht Genistein-induzierten Wildtyps (GEO-Accession GSE8580). Auch die durchschnittlichen Signalstärken der weiteren Gene des Flagellarclusters weisen auf eine permanente Transkription hin.

Duale flagellare Systeme sind für weitere Bakterien beschrieben. So besitzen z.B. die *Vibrio*-Arten *V. parahaemolyticus* und *V. alginolyticans* sowie *Rhodospirillum centeneum* polare und laterale Flagellensysteme [Shinoda & Okamoto 1977; Kawagishi et al. 1995; McClain et al. 2002]. Dabei sind die wahrscheinlich umweltbedingten Signale, welche den Aufbau der lateralen Flagellen steuern, weitestgehend noch nicht beschrieben [Merino et al. 2006]. Von den aquatischen *Vibrio*-Stämmen ist bekannt, dass sie den polaren Flagellenapparat zum Schwimmen in Flüssigkeiten benötigen. Mit steigender Viskosität als Umweltsignal werden zusätzlich die lateralen Flagellen ausgebildet und zum Schwärmen an feuchten Oberflächen genutzt [Sar et al. 1990; Atsumi et al. 1996]. In der hier vorliegenden Arbeit kann gezeigt werden, dass Genistein die Expression der Gene, welche in *B. japonicum* für die dünnen (lateralen) Flagellen kodieren, steigern kann.

Die Datenlage zum chemotaktischen Verhalten von *B. japonicum* gegenüber Genistein ist in der Literatur nicht klar beschrieben. Kape et al. (1991) zeigte, dass Genistein ein schwacher Chemotaxisstoff für *B. japonicum* darstellt, während Barbour et al. (1991) kein Chemotaxisverhalten gegenüber Genistein feststellen konnte. In Zusammenarbeit mit B. Scharf, Universität Regensburg (jetzt MCB Harvard), führten wir Untersuchungen zur Bewegungsgeschwindigkeit von *B. japonicum* und Flagellenmutanten nach Genistein-Kontakt durch. Es konnte nach Genistein-Zugabe kein verändertes Schwimmverhalten festgestellt werden, weder für den Wildtyp noch für die Flagellenmutanten. Eigene Versuche mit Flüssigagarplatten konnten ebenfalls kein chemotaktisches Verhalten für *B. japonicum* gegenüber Genistein nachweisen (Daten nicht gezeigt).

Da es nach dem Kontakt mit Genistein zu keiner bekannten gerichteten Bewegung des Bakteriums kommt, sind die dünnen Flagellen unter den gegebenen Versuchsbedingungen nicht in eine geläufige Art der Chemotaxis der Zelle involviert. Somit stellt sich die Frage: Welche Art Einfluss übt Genistein auf das laterale Flagellensystem von *B. japonicum* aus? Und was ist die Konsequenz?

Diskussion

Ähnlich den weiteren Genistein-induzierbaren Genen, wäre eine Aufgabe der lateralen Flagellen in der Unterstützung der Ausbildung der Symbiose möglich. So könnten sie zu einer besseren Haftung an dem Wurzelhaar der Pflanze nach der Pflanzen-Bakterien-Erkennung beitragen. Zum einen könnte sich dies als kompetitiver Vorteil in der Rhizosphäre bewähren, zum anderen könnte die bessere Haftung an dem Wurzelhaar zur gezielten Injektion des Nod-Faktors dienen.

Innerhalb des Flagellarclusters gibt es kein charakterisiertes Promotormotiv. Es konnten drei regulative Gene identifiziert werden. Die zwei Regulatorgene *blr6843* und *blr6886* kodieren für transkriptionelle Regulatoren der MarR-Familie. Ein 2-Komponentenregulator wird durch das Gen *blr6846* kodiert. Alle drei regulativen Gene werden durch Genistein in der Expression verstärkt. MarR-Typ-Regulatoren sind häufig Teil des zu regulierenden Genclusters und können als Repressor und/oder Aktivator fungieren [Ellison & Miller 2006]. Ihre potenziellen Aufgaben sind die Regulation von Genen nach verändernden Umweltbedingungen, die Regulation von Genen für Virulenzfaktoren und die Regulation von Genen für aromatische Biosynthesewege. Häufig interagieren sie mit phenolischen Komponenten [Ellison & Miller 2006; Wilkinson & Grove 2006]. Eine Regulation des Flagellarclusters in Abhängigkeit von Genistein und den MarR-Regulatoren scheint demzufolge wahrscheinlich. Zusätzlich zu den MarR-Typ-Regulatoren wird die Expression von *blr6846* in Abhängigkeit von Genistein verstärkt. Dieses Gen kodiert für einen 2-Komponentenregulator, wobei die Aktivierung/Phosphorylierung ungeklärt ist. Eine Möglichkeit wäre eine *cross-talk*-artige Stimulierung des Regulators Blr6846 durch NodV, eventuell auch durch den kleineren NodW-ähnlichen Regulator Bsl1713, der keine DNA-Binde-Domäne enthält (siehe auch Kap. 4.1.3). Dieser Ansatz ist spekulativ, würde aber erklären warum eine NodW-Mutante mit einem überexprimierten *nwsB* in der Lage ist, eine Reihe von Genistein-abhängigen Genen zu aktivieren aber nicht das Genistein-abhängige Flagellarsystem der dünnen Flagellen. Dieses weist eine deutliche Abhängigkeit von NodW auf.

Anhand der Regulatormutanten wird der primäre Einfluss von NodW in Zusammenhang mit Genistein auf die Induzierung der Gene für die dünnen Flagellen deutlich. In *B. japonicum* 613 sind beim Wachstum mit Genistein die Gene des Flagellarclusters nicht induziert. Auch in der NodW-Mutante Δ901 mit dem verstärkt gebildeten 2-Komponentenregulator NwsB sind die Gene des lateralen Flagellarclusters, mit Ausnahme des 2-Komponentenregulators *blr6846*, nach Genistein-zugabe nicht induziert. Im Stamm *B. japonicum* Δ1267 übernimmt das funktionelle NodW offensichtlich die transkriptionelle Aktivierung der flagellaren Gene. Dies ist an der Wildtyp-ähnlichen Induktionseffizienz des Clusters ersichtlich. Einzig das Gen des MarR-Typ-Regulators Blr6843

Diskussion

zeigt kein verändertes Expressionsmuster. Zusammenfassend kann gesagt werden, dass die Induzierung des Flagellarclusters sowohl Genistein- als auch NodW-abhängig ist.

4.1.2 Die symbiontische Region

Die symbiontische Region von *B. japonicum* ist eine 681 kb große und für die Nodulation essenzielle Region [Kaneko *et al.* 2002]. Die dieser Arbeit zugrunde liegende Mikroarrayanalyse ergab 33 Genistein-induzierbare Gene innerhalb der symbiontischen Region. *B. japonicum* 613 ist nicht in der Lage, Gene der symbiontischen Region nach Genisteinzugabe zu aktivieren. Dies bedeutet, dass alle Genistein-abhängigen Gene der symbiontischen Region des Weiteren von NodW abhängig sind.

Von *B. japonicum* sind in der Literatur vier *nod*-Box-Sequenzen *upstream* der folgenden Gene beschrieben: *bsl1845*, *bsr1863*, *nolY* und *nodY* [Göttfert *et al.* 2005]. Die Funktionalität der *nod*-Box in Abhängigkeit von Genistein war für *nodY*, *nolY* und *ttsI* aus der Literatur bekannt [Banfalvi *et al.* 1988; Dockendorff *et al.* 1994; Krause *et al.* 2002]. Diese Gene sind in ihrer gesamten Operonstruktur per Mikroarrayanalyse detektierbar. Zusätzlich kann das durch Sequenzanalysen gefundene *nod*-Box-assoziierte Gen *bsr1863* als Genistein-induzierbar bestätigt werden. Diese vier Operonstrukturen wurden auch in *B. japonicum* Δ901 durch Genistein induziert. Ein überexprimiertes *nwsB* ist somit in der Lage, das fehlende NodW im Falle der *nod*-Box-assoziierten Gene zu ersetzen.

Die Funktionalität von NodD$_1$ ist anhand der vorliegenden Mikroarraydaten der Regulatormutante Δ1267 nicht vollständig aufzuklären. Bis auf das *nodYABC*-Operon ist in Δ1267 kein weiteres *nod*-Box-assoziiertes Gen oder Operon nach Genisteinzugabe verstärkt exprimiert. Anscheinend übernimmt in Δ1267 das intakte NodVW-System lediglich die Transkriptionsinitiation des *nodYABC*-Operons. Eine Möglichkeit wäre, dass NodW nur in der Lage ist, an die partielle *nod*-Box upstream von *nodD$_1$* zu binden und somit die Transkriptionsinitiation von *nodD$_1$* zu übernehmen. Das anschließend vermehrt gebildete NodD$_1$ könnte dann die Transkription der *nod*-Box-assoziierten Gene starten. Diese Theorie erklärt jedoch nicht die verstärkte Transkription des *nodYABC*-Operons in der Δ1267-Mutante. Eine zweite Möglichkeit wäre, dass NodW an einer NodW-spezifischen Sequenz in der intergenischen Region von *nodD$_1$* und *nodY* bindet und so die Transkription beider Gene aktiviert. In diesem Fall würde das gebildete NodD$_1$ die Transkriptionsinitiation an den

Diskussion

anderen drei *nod*-Boxen übernehmen. Für die zweite Theorie spricht, dass das *nodYABC*-Operon die höchsten Transkriptionswerte der *nod*-Box-assoziierten Gene in den Mikroarrayanalysen aufweist. Es kommt bei diesem Operon wahrscheinlich zu einer sofortigen Transkription durch die Aktivierung von NodW nach Genistein-Kontakt. Die Induktionswerte von *nolY*, *bsl1845* und *bsr1863* fallen im Wildtyp geringer aus, was für eine zeitliche Verzögerung der Transkriptionsinitiation spricht (Abb. 9; Kap. 3.1.2). Dieser Ansatz ist spekulativ und bedarf weiterführender Experimente. *nodD$_1$* von *B. japonicum* wird im Gegensatz zu weiteren *Rhizobium*-Arten nicht konstitutiv exprimiert [Wang & Stacey 1991]. Ähnlich den *nod*-Box-assoziierten Genen erfolgt die Regulation über ein *nod*-Box-ähnliches Motiv in Abhängigkeit eines Flavonoids [Wang & Stacey 1991]. So könnte man vermuten, dass die Transkription von *nodYABC* stark NodW-abhängig ist und des Weiteren in *nod*-Box-abhängiger Weise durch NodD$_1$ induziert werden kann [Banfalvi *et al.* 1988]. Die weiteren drei *nod*-Box-Promotoren sind alleinig von NodD$_1$ abhängig. Möglicherweise benötigt NodW die *nod*-Box zur Aktivierung der *nod*-Box-assoziierten Gene nicht. In Abbildung 44 ist ein mögliches Modell der NodW- und Genistein-abhängigen Regulation der *nod*-Box-assoziierten Gene zu sehen.

Diskussion

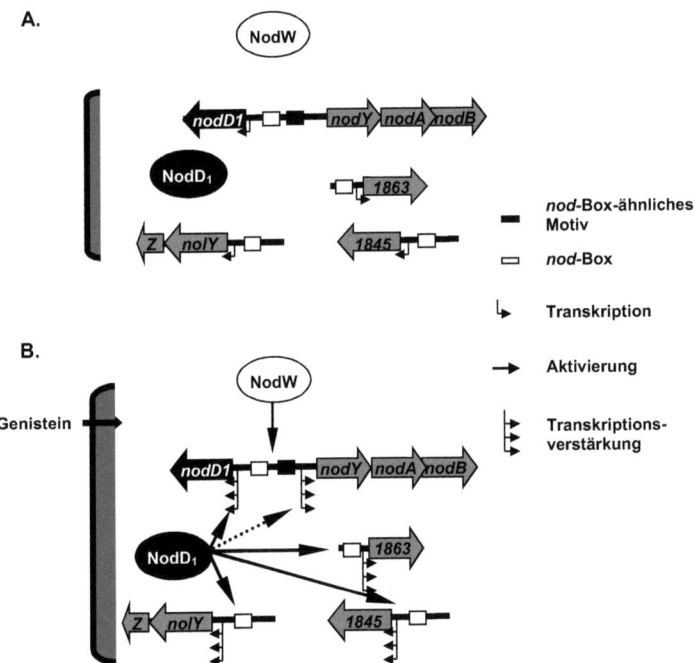

Abb. 44: Modell der Regulation der *nod*-Box-assoziierten Gene in *B. japonicum*. A.) *B. japonicum* ohne Genistein-Kontakt. Eine basale Expression von *nodD₁*, *bsl1845*, *bsr1863* und *nolYZ* ist erkennbar, aber nicht beim *nodYABC*-Operon. B.) *B. japonicum* nach Genistein-Kontakt. Es kommt zu einer verstärkten Expression von *nodD₁* [Banfalvi *et al*. 1988] und des *nodYABC*-Operons in Abhängigkeit von NodW. NodD₁ ist der Transkriptionsregulator von *bsl1845*, *bsr1863* und *nolYZ*, da in der NodW-Mutante 613 nach Genistein-Kontakt diese Gene als Transkripte vorliegen. Anhand der vorliegenden Daten von *B. japonicum* Δ1267 muss NodD₁ nicht an der Aktivierung des *nodYABC*-Operons beteiligt sein, auch wenn das den bisher beschriebenen Modellen der *nodYABC*-Aktivierung widerspricht (gestrichelter Pfeil). **Abk.: Z: *nolZ*; *1845*: *bsl1845*; *1863*: *bsr1863***

ttsI weist im Vergleich zu den weiteren *nod*-Box-assoziierten Genen einen deutlich geringeren Induktionswert auf. Es kodiert für den 2-Komponentenregulator TtsI, welcher zur Aktivierung von *tts*-Box-assoziierten Genen essenziell ist [Krause *et al*. 2002]. Das T3SS von *B. japonicum* sowie die durch das T3SS ausgeschleusten Proteine Blr1649, GunA2 und Blr1806 werden durch TtsI und Genistein induziert [Krause *et al*. 2002; Süß *et al*. 2006]. Mittels Mikroarrayanalyse konnten in *B. japonicum gunA2*, *blr1676*, *bsl1808*, *nolB*, *pgl* und *blr2140* als Genistein-induzierbar bestätigt

Diskussion

werden. *nolB* ist hierbei das erste Gen des Operons, welches für den Aufbau des T3SS-Aparates kodiert. Ungleich dem vollständig induzierten *nodYABC*-Operon scheint kein weiteres Gen des Operons durch Genistein induziert. Beim Herabsetzen der Ausschlussgrenze auf 1,5 sind diese Gene ebenfalls nicht detektierbar, sodass die Möglichkeit besteht, dass keine Induzierung durch Genistein zum gesetzten Zeitpunkt vorlag. Perret *et al.* (1999) konnten einen ähnlichen Effekt mittels Makroarrays in *Rhizobium* sp. NGR234 beobachten, wo eine stärkere Antwort der Nod-Faktor-relevanten *nod*-Box-assoziierten Gene im Gegensatz zu den zwei Regulatorgenen *ttsI* und *syrM2* auf Daidzein auftrat. Dieser Effekt konnte mittels *lacZ*-Reportergenfusionen bestätigt werden [Kobayashi *et al.* 2004]. Das Transkriptlevel von *ttsI*, gemessen anhand der β-Galaktosidaseaktivität, war nach 24 Stunden identisch mit dem Transkriptlevel des *nodABC*-Operons nach 60 min. Eine mögliche Antwort sahen Kobayashi *et al.* (2004) in schwächeren Promotoren *upstream* von *ttsI* und *syrM2*. Des Weiteren waren die Gene des T3SS erst nach 24 Stunden nach Daidzein-Zugabe detektierbar sind [Perret *et al.* 1999]. Ähnlich der Induktion der T3SS-Gene von *Rhizobium* sp. NGR234 könnte eine längere Inkubationszeit mit Genistein zur vollständigen Induzierung aller *tts*-Box-assoziierten Gene in *B. japonicum* führen. Ebenso wäre es möglich, dass ein höheres Transkriptionsniveau der Gene des T3SS und der T3SS-abhängigen Proteine zu dem gewählten Zeitpunkt von acht Stunden nicht notwendig ist, da die Genprodukte erst in einem fortgeschrittenen Stadium der Symbiose benötigt werden, während die Genprodukte der anderen *nod*-Box-assoziierten Gene zur unmittelbaren Initiation der Symbiose zwischen Bakterium und Pflanze beitragen [Viprey *et al.* 1998; Marie *et al.* 2003].

In *B. japonicum* werden nach Genistein-Zugabe neben den bekannten *nod*- und *tts*-Box-assoziierten Genen der symbiontischen Region weitere Gene verstärkt exprimiert, die kein gemeinsames Promotormotiv zeigen (Tab. 20; Kap. 3.1.2). NolK und NoeL sind bei der Fukosylierung des Nod-Faktors von *A. caulinodans* bzw. *S. fredii* von Bedeutung [Mergaert *et al.* 1997; Lamrabet *et al.* 1999]. In *Rhizobium* sp. NGR234 trägt *noeI*, welches in diesem Organismus *downstream* einer *nod*-Box lokalisiert ist, zur 2-O-Methylierung der Fukosylgruppe am Nod-Faktor bei [Jabbouri *et al.* 1998]. Der Nod-Faktor von *B. japoncium* enthält ebenfalls eine methylierte 2-O-Fucosylgruppe [Sanjuan *et al.* 1992], an deren Modifikation das durch Genistein induzierte NoeI eventuell beteiligt ist. Zusätzlich wird in den Regulatormutanten Δ1267 und Δ901 *nodM* nach Genisteinzugabe induziert. NodM katalysiert in *S. meliloti* eine Glukosaminsynthase [Baev *et al.* 1992]. Für *B. japonicum* wird ebenfalls angenommen, dass *nodM* für eine Glukosaminsynthase kodiert.

Diskussion

4.1.3 Weitere Genistein-induzierbare Gene in *Bradyrhizobium japonicum*

Im Wildtyp werden 26 Gene in Abhängigkeit von Genistein verstärkt exprimiert, die weder in der symbiontischen Region noch im Genistein-induzierbaren Flagellarcluster angeordnet sind (Tab. 21; Kap. 3.1.3). Auffällig ist hierbei der 2-Komponentenregulator Blr4775. Das korrespondierende Gen ist *downstream* der Gene für das 2-Komponentenregulationssystem NwsAB angeordnet. Der Regulator zeigt eine hohe Homologie auf AS-Ebene zu Bsl1713, einen weiteren 2-Komponentenregulator. Dessen Gen aus der symbiontischen Region ist *downstream* der Gene für das 2-Komponentenregulationssystem NodVW positioniert (Abb. 10A; Kap. 3.1.3.1). Sowohl Blr4775 als auch Bsl1713 bestehen aus den Receiverdomänen der 2-Komponentenregulatoren ohne DNA-bindende Domäne. Es ist zu vermuten, dass Bsl1713 und Blr4775 zur Phosphatübertragung in der Zelle beitragen. Möglich wäre eine Beteiligung beider Proteine an einem Phosphorelay-System [Hoch 2000; Mitrophanov & Groisman 2008]. Dabei können Konnektoren verschiedene Aufgaben, wie z.B. die Inhibierung der Sensor-Kinase, die Unterstützung der Dephosphorylierung eines Regulators oder auch die Inhibierung der DNA-Bindung des Regulators übernehmen [Mitrophanov & Groisman 2008].

Der Einfluss weiterer Regulatoren auf „klassische 2-Komponentenregulationssysteme" ist für eine Reihe von Organismen beschrieben [Mitrophanov & Groisman 2008]. In *Pseudomonas syringae* pv. *glycinae* ist der 2-Komponentenregulator CorR genauso essenziell für die Transkription der Zielgene *cmaABT* wie CorP, ein weiterer 2-Komponentenregulator [Wang *et al.* 1999]. Im System RocSRA$_1$ von *Pseudomonas aeruginosa* ist die Sensor-Kinase RocS in der Lage, beide 2-Komponentenregulatoren RocR und RocA$_1$ zu phosphorylieren. Allerdings ist RocA$_1$ der Aktivator von *cupC* währenddessen RocR als Repressor dieses Gens wirkt. Beide Regulatoren sind unabhängig voneinander in die Regulation weiterer Gene eingebunden [Kulasekara *et al.* 2005]. Für das CbbRRS-System von *Rhodopseudomonas palustris* konnte durch die Sensor-Kinase CbbSR eine Phosphorylierung der beiden 2-Komponentenregulatoren CbbRR$_1$ und CbbRR$_2$ nachgewiesen werden [Romagnoli & Tabita 2006]. Anhand der Datenlage könnten Bsl1713 und Blr4775 als 2-Komponenten-Konnektoren fungieren. Inwieweit die Proteine in den Phosphorelay eingebunden sind müsste in weiterführenden Arbeiten näher analysiert werden.

Die Induktion von *bsl1713* und *blr4775* durch Genistein ist von NodW, welches durch NwsB ersetzt werden kann, abhängig. Aufgrund dessen wurde in den 5′-Bereichen dieser Gene nach einer konservierten Bindesequenz gesucht. Ein mögliches Bindemotiv für NodW, NwsB oder für einen

Diskussion

weiteren transkriptionellen Regulator konnte daraufhin bestimmt werden (Abb. 10C; Kap. 3.1.3.1).

4.2 NodW-unabhängig regulierte Genistein-induzierbare Gene

In *B. japonicum* 613 wurden acht Genistein-induzierbare Gene identifiziert. Dies sind NodW-unabhängig regulierte Gene. Die verstärkte Expression der Gene im Wildtyp wie auch in der $NodD_1$-Mutante zeigt, dass sie auch keiner Regulation durch $NodD_1$ unterliegen. Auffällig ist die benachbarte Anordnung von TetR-Regulatorgenen. Da TetR-Regulatorgene häufig in räumlicher Nähe ihrer zu regulierenden Gene angeordnet sind [Ramos *et al*. 2005], ist es wahrscheinlich, dass diese in die Regulation der acht NodW-unabhängigen Gene involviert sind.

Eines der Gene (*blr4684*) kodiert für ein hypothetisches Protein mit einer Patatin-ähnlichen Domäne. Solche Proteine sind seit Längerem aus dem Tier- und Pflanzenreich bekannt [Sowka *et al*. 1998; Dhondt *et al*. 2000; Meijer & Munnik 2003]. Sie gehören zur Gruppe der Phospholipasen des Typs A_2 [Wang *et al*. 2001; Balsinde *et al*. 2002] und können in Pflanzen z.b. spezifische Esterbindungen an Phospholipiden spalten [Dennis 1997; Six & Dennis 2000]. Neben den Patatinen aus Tieren und Pflanzen werden Patatin-ähnliche Proteine in einer Reihe von Bakterien kodiert [Banerji & Flieger 2004]. In *P. aeruginosa* und in *Legionella* sp. repräsentieren sie Pathogenitätsfaktoren [Sato *et al*. 2003; Shohdy *et al*. 2005]. Eine Datenbankanalyse zeigte, dass neben den von unserer Arbeitsgruppe untersuchten *B. japonicum*-Stamm, weitere Rhizobien mit einem Patatin-ähnlichen Protein ausgestattet sind. So besitzen *Bradyrhizobium* sp. BTAi1 und ORS278, *Rhizobium* sp. NGR234 und *M. loti* MAFF303099 Proteine mit Patatin-ähnlichen Domänen, nicht aber *R. leguminosarum* und *S. meliloti*. Ob das Patatin-ähnliche Protein von *B. japonicum* einen Einfluss auf die Symbiose hat, muss in weiterführenden Arbeiten untersucht werden, bezeichnend aber ist die Induktion durch Genistein. Spekulativ wäre es möglich, dass Blr4684 intrazellulär als auch extrazellulär wirken könnte. Eine mögliche extrazelluläre Wirkung wäre die Veränderung der pflanzlichen Lipidzusammensetzung, sodass eine optimale Besiedlung des Wurzelknöllchens durch *B. japoncium* möglich wird. Dagegen spricht, dass es keine Hinweise darauf gibt, dass Blr4684 in Abhängigkeit von Genistein ausgeschleust wird. Intrazellulär könnte das Protein an der Veränderung der bakteriellen Lipidzusammensetzung beteiligt sein und somit *B. japonicum* auf die Symbiose vorbereiten.

Neben *blr4684* werden in der NodW-Mutante sieben weitere Gene durch Genistein induziert. Diese

Diskussion

sind in drei Operons angeordnet und kodieren für Effluxsysteme. Benachbart ist jeweils ein TetR-Regulatorgen angeordnet. Zwei der TetR-kodierenden Gene sind ebenfalls durch Genistein induziert, wenn auch unter der gesetzten Ausschlussgrenze von 2 (*blr4322*: 1,9fach; *blr6623* 1,8fach). In *S. meliloti* sind nach Luteolin-Kontakt ebenfalls Effluxgene induziert [Barnett *et al.* 2004]. SMc03167 und SMc03168 weisen auf AS-Ebene Ähnlichkeit zu zwei der identifizierten Transportproteine (EmrAB) auf. In unmittelbarer Nachbarschaft ist das Gen Smc03169 angeordnet, dessen korrespondierender TetR-Regulator zu 40 % ähnlich zu Blr6623 ist.

Regulatoren der TetR-Familie sind in allen Organismen vertreten, die unter veränderlichen Umweltbedingungen leben [Cases *et al.* 2003]. Sie fungieren als Repressoren und können durch Effektormoleküle von der DNA gelöst werden. Daher sind sie vorteilhafte Umweltdetektoren und Regulatoren von Genen, welche für eine unmittelbare Antwort auf eine veränderte Umwelt benötigt werden. Häufig kodieren die Zielgene der TetR-Typ-Regulatoren für Effluxsysteme [Tseng *et al.* 1999; Grkovic *et al.* 2002]. Die identifizierten Regulatoren Blr2424, Blr4322 und Blr6623 besitzen die charakteristische N-terminale Domäne mit dem Helix-Turn-Helix-Motiv zur Bindung an ihre Ziel-DNA [Aramaki *et al.* 1995]. Am C-Terminus können verschiedene Domänen zur Bindung von Effektormolekülen erkannt werden [Aramaki *et al.* 1995]. Des Weiteren sind im C-Terminus Domänen zur Oligomerisierung vorhanden, da TetR-Regulatoren häufig als Dimere bzw. Tetramere an die Ziel-DNA binden [Kleinschmidt *et al.* 1991; Orth *et al.* 2000]. In einer von mir mitbetreuten Diplomarbeit konnte gezeigt werden, dass der TetR-Typ-Regulator FrrA (*flavonoid responsive regulator*; Blr4322) im Promotorbereich der Efflux-Gene *bll4319/bll4320/bll4321* binden kann [Günther 2007]. Es war möglich, mittels Genistein die Ablösung von FrrA von der Operatorsequenz zu erreichen, was typischerweise aufgrund einer Konformationsänderung nach der Bindung eines Effektormoleküls auftritt [Ramos *et al.* 2005]. Weitere Effektormoleküle konnten ebenso identifiziert werden. Bioinformatische Analysen gaben erste Hinweise auf zwei palindromische Sequenzen, welche eine Länge von 15 bp aufweisen [Ramos *et al.* 2005; Günther 2007]. In der intergenischen Region von *tetAR* aus dem Tetrazyklin-Resistenz-System von *E. coli* sind ebenso zwei Operatorsequenzen im Promotorbereich bekannt. Ähnlich den in *B. japonicum* vorliegenden palindromischen Sequenzen ist die Operatorsequenz Tet_{O1} ein perfektes und Tet_{O2} ein imperfektes Palindrom [Hillen & Berens 1994]. Durch die Bindung des Regulators TetR an Tet_{O1} werden beide Gene reprimiert, während die TetR-Tet_{O2}-Bindung lediglich die Repression von *tetA* bewirkt [Kleinschmidt *et al.* 1991; Hillen & Berens 1994]. Kleinschmidt *et al.* (1991) konnten zeigen, dass die Bindung von TetR an Tet_{O2} drei- bis fünfmal stärker ist als an Tet_{O1}. Dies bewirkt,

Diskussion

dass bei einer geringen TetR-Menge zunächst *tetA* und anschließend *tetR* reprimiert wird. Bhandari (2008) beschreibt in der von mir betreuten Bachelorarbeit die Bindung von FrrA an beide palindromischen Sequenzen. Mit Basensubstitutionen nahm die Affinität zwischen FrrA und den palindromischen Operatorsequenzen ab.

Ein Alignment ergab eine ähnliche 15 bp lange palindromische Sequenz zur möglichen TetR-Regulatorbindung im Bereich der Promotorregion des Effluxsystems von *emrAB* (*bll6622/ bll6621*). Benachbart hierzu befindet sich das Gen, welches für den TetR-Regulator FrrB (Blr6223) kodiert. FrrA und FrrB zeigen die größte Homologie auf AS-Ebene im Vergleich der vier gefundenen TetR-Regulatoren. Ungleich der *tetAR*-Regulation in *E. coli* und der *bll4321/ frrA*-Regulation in *B. japonicum* existiert im Promotorbereich von *emrA/frrB* lediglich eine palindromische Sequenz. Bhandari (2008) konnte die Bindung von FrrA an die palindromische Sequenz aus dem Promotorbereich von *emrAB* nachweisen. In weiterführenden Arbeiten gelang es zu zeigen, dass FrrB an beide palindromischen Motive *upstream* von *frrA* binden kann. Somit ist ein gegenseitiges Reprimieren der Effluxsysteme möglich. Für FrrB konnte bisher noch kein Effektormolekül identifiziert werden.

Die Rhizosphäre ist angereichert mit einer hohen Dichte an Bakterien verschiedenster Arten. Zum Schutz vor pathogenen Arten haben die Pflanzen Resistenzmechanismen, wie z.B. die Sekretion von Phytoalexinen, entwickelt [Hammerschmidt 1999; Grayer & Kokubun 2001]. Des Weiteren enthalten die Wurzelexudate Lockstoffe für symbiontische Partner. Die Sojabohne, eine Wirtspflanze von *B. japonicum*, sekretiert hierfür die Flavonoide Genistein, Coumestrol und Daidzein. Aus der Literatur ist bekannt, dass für einige Bakterienarten die Flavonoide der Pflanzen als Phytoalexine wirken. So sind z.B. Coumestrol und Daidzein toxisch für *Pseudomonas glycinea* [Dakora & Phillips 1996]. Ein bekanntes Phytoalexin der Sojabohne ist Glyceollin, dass während der Besiedlung mit *B. japoncium* vermehrt im Bereich der Sojabohnenwurzel akkumuliert [Parniske *et al.* 1991]. Mit diesem Mechanismus verhindert die Pflanze das parallele Eindringen pathogener Bakterien während der Initiierung der Symbiose mit *B. japoncium* [Karr *et al.* 1992]. Die *B. japonicum*-Stämme USDA110*spc*4 und 61A110 sind resistent gegenüber Glyceollin. Da ein Abbau von Glyceollin in der Zelle nicht nachgewiesen werden konnte, besteht die Möglichkeit, dass dem Resistenzmechanismus ein aktiver Abtransport von Glyceollin aus der Zelle zugrunde liegt [Parniske *et al.* 1991]. Die Induzierung der Glyceollin-Resistenz in Abhängigkeit von Genistein ist bekannt [Kape *et al.* 1992]. So besteht die Möglichkeit, dass eines der in dieser Arbeit beschriebenen Genistein-induzierten Effluxsysteme genutzt wird, um Glyceollin aus der Zelle

Diskussion

auszuschleusen. Leider war es nicht möglich, Glyceollin käuflich zu erwerben. Die in der Literatur beschriebene Isolierung aus Sojabohne ist schwierig [Parniske *et al.* 1991] und hätte den Rahmen der Arbeit gesprengt, sodass die Wirkung von Glyceollin auf Mutanten der Transportsysteme nicht getestet werden konnte.

Das Transportsystem Bll4319/Bll4320/Bll4321 ist ein typisches RND-Effluxsystem [Putman *et al.* 2000]. Blr4319 zeigt Homologien zu AcrB von *E. coli* während Blr4320 ein MFP darstellt. Das OMP Bll4321 zeigt Homologien zu TolC von *E. coli*. EmrAB sind Mitglieder der MFS-Familie [Saier *et al.* 1999]. *emrA* kodiert in *B. japoncium* für ein MFP und EmrB besitzt mehrere transmembrane Domänen, welche die beiden Bakterienmembranen durchspannen. Durch das Zusammenspiel von EmrAB kann noch kein Abtransport von Stoffen gewährleistet werden. Daher wirken die Transporter der MF-Superfamilie in der inneren Membran Gram-negativer Bakterien oft zusammen mit OMPs anderer Effluxsysteme und ermöglichen so einen Substrat-Export durch beide Membranen. Das bekannteste Beispiel ist das EmrAB-TolC-System aus *E. coli* [Lomovskaya & Lewis 1992; Zgurskaya & Nikaido 2000]. Ähnlich diesem System könnte ein TolC-ähnliches Protein zusammen mit EmrAB ein komplettes Effluxsystem aufbauen, sodass ein Stofftransport aus der Zelle heraus gewährleistet ist. In *B. japonicum* weist Bll3035 die höchste Homologie zu TolC von *E. coli* auf. Das korrespondierende Gen unterliegt keiner Induktion durch Genistein. Ungleich der TetR-Regulation in *B. japonicum* werden die *emrAB*-Gene in *E. coli* durch den MarR-Typ-Regulator EmrR reguliert. Dieser ist *upstream* der *emrAB*-Gene im selben Operon angeordnet. Die Repression der *emrRAB*-Gene wird durch spezifische Antibiotika und weitere niedermolekulare Stoffe gelöst [Lomovskaya *et al.* 1995].

Aufgrund der vorliegenden Datenlage wurde folgendes Modell entwickelt, welches in Abbildung 45 dargestellt ist.

Diskussion

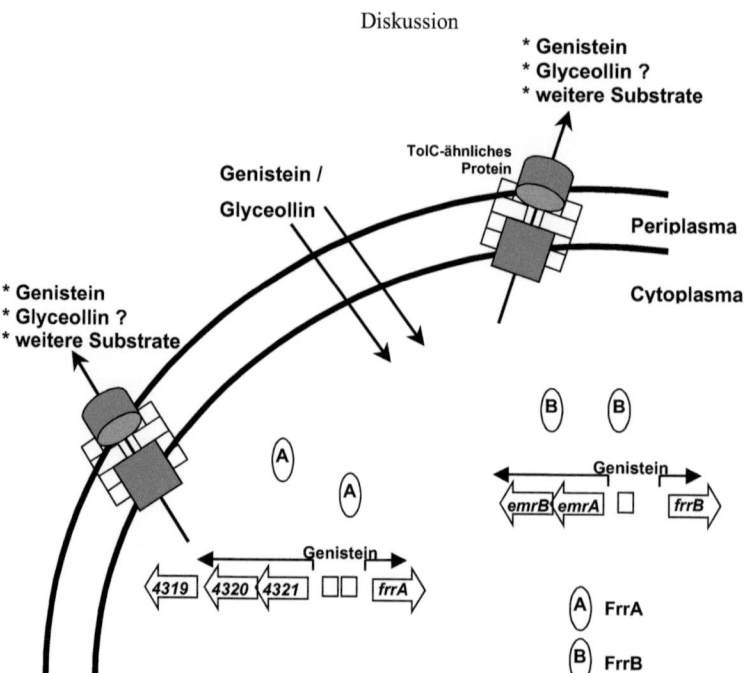

Abb. 45: Modell der putativen Genistein/Glyceollin-Effluxsysteme und deren Regulation in *B. japonicum*. Aufgrund der Struktur von Genistein und Glyceollin können die Substrate durch die Membran in die Zelle gelangen. Die Aufnahme von Genistein führt zur Transkriptionsinitiation verschiedener Gengruppen. Infolge dessen kommt es u.a. zur Ausbildung von Transportsystemen. Die Gene der Transportsysteme Bll4319-Bll4321 und EmrAB unterliegen einer TetR-Repression durch FrrA bzw. FrrB. FrrA kann nachweislich durch Genistein aus der Promotorregion von *bll4321* gelöst werden. Somit wird das Effluxsystem Bll4319/Bll4320/Bll4321 in Abhängigkeit von Genistein verstärkt exprimiert. Die Vermutung liegt nahe, dass dieses Transportsystem zum Export von Genistein aus der Zelle genutzt wird, da TetR-reprimierte Effluxsysteme häufig die Stoffe exportieren, welche den TetR-Repressor von der DNA lösen können [Ramos *et al.* 2005]. Eine Ablösung durch Genistein von der DNA wurde für den TetR-Repressor FrrB noch nicht gezeigt. Ob eine *cross-talk*-artige Repression der beiden Effluxsysteme *in-vivo* möglich ist, ist unklar. Neben Genistein könnten die Transportsysteme auch Glyceollin oder weitere niedermolekulare Stoffe exportieren. Spekulativ könnte das miteingeschleuste Phytoalexin Glyceollin zur Ablösung von FrrB und somit zur Ausbildung des EmrAB-Transporters der MFS-Familie führen. Da diesem System das OMP zum Transport über beide Membrangrenzen fehlt, könnte ein weiteres TolC-ähnliches Protein wie z.B. Bll3035 genutzt werden, um Glyceollin aus der Zelle zu entfernen.

Diskussion
4.3 Die transkriptionelle Stressantwort von *Bradyrhizobium japonicum*

Der natürliche Lebensraum für *B. japonicum* ist der Boden. Dieser ist ein komplexes und zugleich dynamisches Ökosystem, welches durch physikalische Faktoren, wie z.b. Porengröße, Temperatur und Wassergehalt des Bodens und chemische Faktoren, wie z.b. pH-Wert oder Salzkonzentration, gekennzeichnet ist. Des Weiteren spielen das Pflanzenwachstum, die Verteilung der Mikroorganismen und der Nährstoffgehalt des Bodens eine große Rolle für das Ökosystem [Hirsch 1996]. Die Rhizosphäre stellt die Zone des Bodens mit der größten mikrobiellen Aktivität dar [Nannipieri *et al.* 2003]. Jede Veränderung der Umweltbedingungen im Boden führt zu einer Veränderung innerhalb der mikrobiellen Diversität [Hirsch 1992]. Die Fähigkeit, unter limitierenden Wachstums- und Umweltbedingungen zu überleben und auf ein verbessertes Nährstoffangebot mit schnell einsetzendem Wachstum zu reagieren, ist eine Grundvoraussetzung für Bakterien, nahezu alle Lebensräume erfolgreich zu besiedeln. Rhizobien sind während ihrer Symbiosen-freien Lebensphase im Boden den verschiedensten Stresssituationen, wie z.b. Nahrungsmangel, Temperatur- und pH-Veränderungen, sowie Salzstress, z.T. auch in Form von Austrocknung, ausgesetzt. Ebenso bedeutet der Aufbau der Symbiose Stress für den Organismus [Gibson *et al.* 2008]. Wie alle Bakterien besitzen auch Rhizobien eine Reihe von Möglichkeiten, um Stresssituationen im Lebenslauf zu überstehen und trotz Nährstoffminimierung und Abwesenheit der Wirtspflanze für einige Jahre im Boden zu überdauern [Bottomley & Maggard 1992; Sadowsky *et al.* 1998].

Generell passen sich Gram-negative Mikroorganismen durch das Eintreten in die stationäre Phase an das Überleben unter limitierenden Bedingungen an [Matin *et al.* 1989]. Die allgemeine Stressantwort ist in *E. coli* am besten untersucht, wo der generelle Stressregulator σ^S eine erste universelle Antwort auf Stress auf transkriptioneller Ebene initiiert [Klauck *et al.* 2007]. Um aber längere Zeit einem spezifischen Stress widerstehen zu können, bedienen sich Mikroorganismen zusätzlicher Stressantworten, die es erlauben, komplexe regulatorische Netzwerke zu steuern und zu modulieren. Dabei werden physiologische und genetische Adaptationsprozesse durchgeführt, die es ermöglichen, auch längerfristig einen spezifischen Stress zu überleben [Hengge-Aronis 1999; Muffler *et al.* 1997; Bianchi & Baneyx 1999]. Anders als bei einigen Gram-positiven Bakterien wie *B. subtilis* kommt es dabei nicht zur Differenzierung der Zellen zu Sporen. Dennoch ist die stationäre Wachstumsphase durch physiologische und morphologische Veränderungen charakterisiert [Siegele *et al.* 1993; Loewen *et al.* 1998]. Die physiologischen Veränderungen sind vielfältig und führen zu einer allgemein verringerten Stoffwechselaktivität. Für *E. coli* konnte in der stationären Phase eine

Diskussion

erhöhte Resistenz gegenüber verschiedenen Stressfaktoren wie Hitze, osmotischen Veränderungen der Umwelt, UV-Bestrahlung oder Schwermetallen gezeigt werden [Lange & Hengge-Aronis 1991; Hengge-Aronis 1999]. Morphologisch kennzeichnend für Stationärphase-Zellen ist ein verkleinertes Zellvolumen und eine kokkoide Form. Signalmoleküle wie Guanosintriphosphat, welches unter Nährstofflimitierung gebildet wird, und Acyl-Homoserin-lactone, welche am *Quorum sensing* beteiligt sind, werden beim Eintritt in die stationäre Wachstumsphase ebenfalls benötigt [Kvint *et al.* 2000; Chatterji & Ojha 2001; Lazazzera 2000].

Auch bei den Rhizobien wurden Anpassungsmechanismen an die stationäre Phase beobachtet. So bleibt die Überlebensfähigkeit von *R. leguminosarum* nach 55-tägigem Entzug von Kohlenstoff-, Stickstoff- oder Phosphat-Quellen bei nahezu 100 %. Die Zellen nehmen eine kokkoide Form an und besitzen Resistenz gegenüber verschiedenen Stressfaktoren [Thorne & Williams 1997]. Des Weiteren hängt das Überleben von der Populationsdichte beim Eintreten in die Stationärphase ab, wobei Acyl-Homoserinlactone Zelldichte-abhängiges Überleben fördern [Thorne & Williams 1999]. *S. meliloti* reagiert auf andauernde Inkubation unter Nährstoffmangel mit eingeschränkter Motilität und erhöhter Sensitivität gegenüber chemotaktisch wirksamen Verbindungen. Diese erhöhte Sensitivität ist für das Austreten aus der stationären Phase von Bedeutung [Wei & Bauer 1998; Sourjik *et al.* 2000]. Es konnten verschiedene Gene identifiziert werden, die unter Nährstoff-limitierenden Bedingungen induziert werden oder die für die Wiederaufnahme des exponentiellen Wachstums essenziell sind [Uhde *et al.* 1997; Davey & de Bruijn 2000]. Homologievergleiche bakterieller Genomsequenzen weisen auf keinen in Rhizobien vorkommenden Stationärphase-Sigmafaktor hin. Es ist nicht auszuschließen, dass andere Sigmafaktoren oder Regulatoren die Funktion dieses Proteins übernehmen. Für *B. japonicum* wurde erst kürzlich die Möglichkeit eines spezifischen Stress-abhängigen Sigma-Faktors und Regulators beschrieben [Gourion *et al.* 2009].

4.3.1 Die transkriptionelle Antwort von *Bradyrhizobium japonicum* auf pH 4 und pH 8

Die *Rhizobium*- und *Sinorhizobium*-Stämme sind verglichen mit den *Bradyrhizobium*- und *Mesorhizobium*-Stämmen sensitiver gegenüber einem sauren pH [Rice *et al.* 1977; Barnet 1991]. Bezüglich der Toleranz der Rhizobien im alkalischen Milieu ist wenig bekannt. Allgemein zählen die Rhizobien zur Gruppe der neutrophilen Bakterien, deren Wachstumsoptimum zwischen pH 6 und pH 7 liegt [Slonczewski *et al.* 2009].

Diskussion

Bei der Auswertung der Mikroarraydaten zum pH-Stress können verschiedene Gengruppen identifiziert werden, deren korrespondierende Proteine in die pHi-Homöostase, in den Energiemetabolismus und in die Chemotaxis bzw. Flagellarassemblierung eingebunden sind.

4.3.1.1 pHi-Homöostase

Beim Erstellen der pH-abhängigen Wachstumskurven konnten wir zwei wichtige Erkenntnisse gewinnen. Zum einen, dass *B. japonicum* in einem pH-Bereich von pH 4 bis pH 8 wachsen kann (Abb. 22; Kap. 3.3.1), und zum anderen, dass *B. japonicum* in der Lage ist, den pH-Wert des Mediums zu verändern. Unabhängig, ob der Ausgangs-pH im sauren oder alkalischen Bereich lag, konnte mit Eintritt von *B. japonicum* in die stationäre Phase festgestellt werden, dass das Medium einen neutralen pH im Bereich von 6-7 erreicht hat (Daten nicht gezeigt). Ähnliche Beobachtungen wurden für weitere Bakterien beschrieben [Booth 1985; O´Hara *et al.* 1989]. Grundlage ist hierbei die Aufrechterhaltung des intrazellulären pHs (pHi), die pHi-Homöostase [Booth 1985]. Von der Stabilität des pHi hängen unter anderem der intrazelluläre Metabolismus, Transportprozesse über die Plasmamembran und die Aufrechterhaltung des Membranpotentials ab [Slonczewski *et al.* 2009]. Bekannt sind sowohl allgemeingültige als auch spezifische Adaptionsprozesse, die den pHi in engen Grenzen halten. Geringfügige Schwankungen des pHi können kurzfristig durch die intrazelluläre Pufferkapazität kompensiert werden [Slonczewski *et al.* 2009]. Langfristig wird der pHi durch den aktiven Transport von Säure/Base-Äquivalenten über die Zellmembran bzw. durch die metabolische Generierung von Säuren und Basen im Cytoplasma aufrechterhalten [Slonczewski *et al.* 2009].

Ein bekannter Adaptionsmechanismus der neutrophilen Bakterien an einen veränderten externen pH ist der Protonentransport über die Membrangrenzen [Slonczewski *et al.* 2009]. Im sauren Milieu geschieht dieser Prozess als ATPase-unabhängiger Ionentransport. Bei alkalischen Wachstumsbedingungen werden häufig Kationen/Protonen-Antiporter aktiviert. Von besonderer Bedeutung sind hierbei die Na^+/H^+- und die K^+/H^+-Antiporter. Diese Transportsysteme ermöglichen eine Ansäuerung des Cytoplasmas bei erhöhtem pHi, indem sie Ionen gegen Protonen austauschen. Der K^+/H^+-Antiporter YcgO (Bll8168) wird in *B. japonicum* bei alkalischen Stress induziert. Dies gilt ebenso für *kdpA* (*bll6779*). *kdpA* kodiert für eine Kaliumionen transportierende ATPase und ist bei osmotischem und oxidativem Stress in *E. coli* induziert [Slonczewski *et al.* 2009]. Dies deckt sich

Diskussion

mit Analysen von *S. meliloti* und *S. medicae*, wo Kalium-Aufnahmesysteme bei alkalischem Stress ebenfalls induziert vorliegen [Putnoky *et al.* 1998; Lin *et al.* 2009]. *blr2614* kodiert für ein hypothetisches Protein und weist mit über 70 % auf AS-Ebene Homologien zu Glutathionregulierten Kalium-Effluxsystemen weiterer *Bradyrhizobium*-Stämme auf. Es ist bekannt, dass Glutathion in die generelle bakterielle Stressantwort involviert ist, da es bei mehreren Bakterienarten und Stresszuständen verstärkt gebildet wird [Riccillo *et al.* 2000; Carmel-Harel & Storz 2000; Allocati *et al.* 2003; Muglia *et al.* 2007]. *R. tropici* CIAT899 benötigt z.B. Glutathion zur Aufrechterhaltung des intrazellulären Kaliumgehaltes bei niedrigen externen pHs [Ferguson & Booth 1998; Riccillo *et al.* 2000; Masip *et al.* 2006]. Ähnlich *blr2614* wird *bll5496* bei pH 4 verringert und bei pH 8 verstärkt exprimiert. Das Gen kodiert für einen Metabolittransporter des MFS-Typs mit Homologien zu Protonensymporter. Auch das RND-Effluxsystem AcrAB, welches durch die Gene *blr1515* (*acrA*) und *blr1516* (*acrB*) kodiert wird, liegt bei pH 8 verstärkt und bei pH 4 verringert exprimiert vor. *E. coli* nutzt das AcrAB-System zur Abwehr von Salzstress [Ma *et al.* 1995]. Das AcrAB-System von *B. japonicum* ist bei keinem weiteren Stresszustand differenziell exprimiert [Chang *et al.* 2007; Cytryn *et al.* 2007; Lindemann 2008; eigene Arbeit].

Die Akkumulation von kleinen organischen Molekülen mit ionisierenden Gruppen ist bei pH-Stress eine weitere Methode der Zellpufferung [Slonczewski *et al.* 2009]. So wird z.B. bei pH 8 ein Transporter für kleine verzweigte Aminosäuren induziert (Tab. 24; Kap. 3.3.1.1). Diese können als osmotische Schutzsubstanzen in der Zelle agieren und werden vermehrt nach Stress in die Zelle eingebracht bzw. synthetisiert [Csonka & Epstein 1996]. Die bekannteste Schutzsubstanz ist dabei Trehalose [Elbein *et al.* 2003]. Die Akkumulation von Trehalose wird verhindert, wenn Glyzerol-3-Phosphat an der Zellmembran angereichert vorliegt. Die Gene eines Glyzerol-3-Phosphat-Transportsystems werden bei pH 8 verringert exprimiert, so dass eine Akkumulation von Trehalose erfolgen kann (Tab. 24; Kap. 3.3.1.1). Auch werden bei pH 8 zwei Polyamintransporter verringert exprimiert. Für *E. coli* konnte gezeigt werden, dass Polyamine, wie z.B. Putrescin, bei einem erhöhten pH deprotoniert werden und als schwache Basen die Zelle verlassen. Sie dienen so der Ansäuerung des Cytoplasmas bei einem alkalischen pH [Yohannes *et al.* 2005].

Während des Zellpufferungsprozesses werden Chaperone genutzt [Slonczewski *et al.* 2009] So werden z.B. die Gene für GroES in *S. medicae* und *S. meliloti* 1021 bei niedrigen pH induziert [Reeve *et al.* 2004; Hellweg *et al.* 2009]. Dieser Chaperontyp ermöglicht eine korrekte Proteinfaltung bei Stress [Hendrick & Hartl 1993; Georgopoulos *et al.* 1994]. Wächst *B. japonicum* bei pH 4, so wird ein anderer Typ von Chaperon verstärkt exprimiert. *bsr3154* kodiert für CspA,

Diskussion

welches als *cold shock protein* aus *E. coli* bekannt ist. CspA verhindert in *E. coli* die Ausbildung von Sekundärstrukturen an der mRNA bei niedrigen Temperaturen, welches den optimalen Ablauf der Translation unterstützt [Jiang *et al.* 1997].

In einem alkalischen Medium ist das Gen der Protease FtsH (Bll7146) verstärkt exprimiert. Die Protease FtsH ist für den Abbau des alternativen σ^{32}-Faktors bekannt [Urecht *et al.* 2000]. Narberhaus *et al.* (1999) war es nicht möglich, eine FtsH-Mutante zu erzeugen. Dies bedeutet, dass FtsH eine essenzielle Rolle in *B. japonicum* einnimmt. Für *E. coli* konnte gezeigt werden, dass FtsH in verschiedenen Membran-assoziierten Prozessen, in die Genexpression und im Zellzyklus involviert ist [Tomoyasu *et al.* 1995]. Im Gram-positiven Bakterium *Oenococcus oeni* ist FtsH in die allgemeine Stressantwort eingebunden [Bourdineaud *et al.* 2003]. Das ebenfalls bei pH 8 verstärkt exprimierte *bll6508* zeigt mit 43 % auf AS-Ebene Homologie zu HflC von *R. meliloti* MAFF303099, einem FtsH-Protease-Aktivitätsmodulator. Sowohl *ftsH* als auch *bll6508* werden lt. Kazusa-Annotation zur Genkategorie der Zellteilung gezählt [Rhizobase]. Gene dieser Kategorie weisen bis auf *ftsH* und *bll6508* eine umfangreiche Repression bei alkalischen Wachstum von *B. japonicum* auf. Beispiele sind die *min*- und *fts*-Gene. Anhand der Wachstumskurven ist jedoch kein verändertes Wachstum von *B. japonicum* bei pH-Stress erkennbar (Abb. 22; Kap. 3.3.1).

Eine weitere Möglichkeit der pH-Anpassung ist der metabolische Verbrauch von Säuren und Basen [Slonczewski *et al.* 2009]. Säure-induziert sind häufig Gene von Aminosäure-Decarboxylasen während die Gene von Deaminasen häufig Basen-induziert vorliegen [Slonczewski *et al.* 2009]. Das Gen der Deaminase Blr0241 wird beim Wachstum von *B. japonicum* bei pH 8 verstärkt und bei pH 4 verringert exprimiert. Des Weiteren werden die Gene der Deaminasen Bll3846 und Bll7276 bei pH 8 verstärkt exprimiert. Deaminasen entfernen z.B. an Aminosäuren Aminogruppen. Die resultierenden Metabolite liegen anschließend als schwache Säuren im Cytoplasma vor und dienen so der Zellpufferung. Eine ähnliche Funktion übernimmt die Amidase Bll4303, deren korrespondierende Gen ebenfalls bei pH 8 verstärkt und bei pH 4 verringert exprimiert vorliegt. Gene, welche für Aminosäure-Decarboxylasen kodieren und bei pH 4 induziert werden, konnten nicht identifiziert werden. Wächst *B. japonicum* bei pH 8, zeigt das für eine Decarboxylase kodierende Gen *bll5848* eine verringerte Expression.

Über 50 % der bei pH 8 und pH 4 differenziell exprimierten Gene kodieren für Proteine mit unbekannten Funktionen. Auffällig ist hierbei die große Anzahl an Proteinen mit transmembranen Domänen. So weisen z.B. Bll0598, Blr4994 und Bll5807 Homologien zu Exportproteinen auf. Diese könnten somit ebenfalls Funktionen in der pHi-Homöostase einnehmen.

4.3.1.2 Energiemetabolismus

Die Umstellung der metabolischen Wege während der Stressadaption dient der Herstellung von potenziellen Abwehrstoffen wie z.b. Membranproteinen, essenziellen AS und energiereichen Substanzen. Des Weiteren ist es wichtig, dass energieverbrauchende Prozesse minimiert werden. Das wohl bekannteste Beispiel ist die Akkumulation von Trehalose unter Stress [Ramos *et al.* 2001; Hoelzle & Streeter 1990; McIntyre *et al.* 2007; Chang *et al.* 2007; Elsheikh 1998; Elsheikh & Wood 1990a; Cytryn *et al.* 2007]. Wächst *B. japonicum* bei pH 8, so werden die Gene der Enzyme, welche in die Trehaloseakkumulation von *B. japonicum* involviert sind, verstärkt exprimiert. Beim Wachstum von *B. japonicum* bei pH 4 wird einzig *otsA* verstärkt exprimiert. *otsB* (*bll0323*) kodiert für die Trehalose-6-P-Phosphatase und katalysiert zusammen mit der Trehalose-6-P-Synthase (*otsA*; *bll0322*) die Umsetzung von Glukose-6-Phosphat und UDP-Glukose zu Trehalose [Keseler *et al.* 2005; Streeter & Gomez 2006]. *treY* (*blr6760*) kodiert für eine Maltooligosyltrehalose-Synthase und *treZ* (*blr6771*) für eine Maltooligosyltrehalose-Trehalohydrolase. Beide Enzyme werden benötigt um Maltodextrin in Trehalose umzuwandeln [Sugawara *et al.* 2010]. TreS (Blr6767) ist eine Trehalose-Synthase mit Ähnlichkeit zur Maltose-α-D-Glukosyltransferase. Das Enzym katalysiert die Umwandelung von Trehalose zu Maltose. Maltose kann mittels AglA (Blr0901), einer α-Glukosidase, und MalQ (Bll6765), einer Glucanotransferase, über α-Glukose zu Glukose umgewandelt werden. Eine Zusammenfassung ist der Abbildung 46 zu entnehmen.

Diskussion

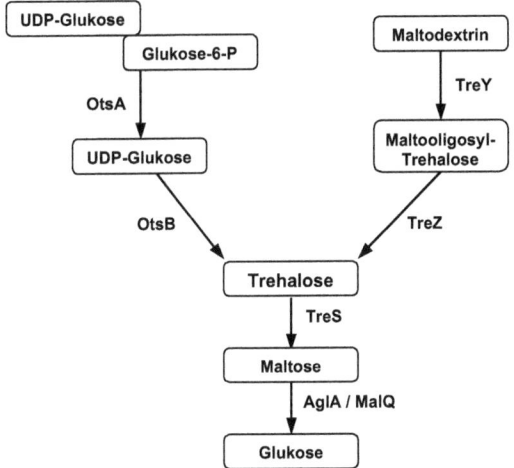

Abb. 46: Die Trehalosebiosynthesewege von *B. japonicum*. Die Gene, der hierfür benötigten Enzyme, werden in *B. japonicum* bei pH 8 induziert. *otsA* weist zusätzlich bei pH 4 ein verstärktes Expressionsmuster auf. Die Abbildung wurde nach Sugawara *et al.* (2010) modifiziert.

Des Weiteren ist die Umwandlung von Glukose in den Speicherstoff Glykogen möglich. Die Gene *bll6765*, *blr6768* (*glgB*), *blr6769* (*glgX*) der hierfür benötigten Enzyme sind bei pH 8 induziert. Sie befinden sich im Genom in unmittelbarer Nachbarschaft bzw. in einem Operon mit *treS* und sind ebenso in den Zucker- und Stärkemetabolismus von *B. japonicum* eingebunden (Abb. 28; Kap. 3.3.1.1). Die Akkumulation von Glykogen bei Stress wurde z.b. für *E. coli* beschrieben [Preiss *et al.* 1983].

Neben der Anhäufung von Schutz- und Speicherstoffen ist die ATP-Generierung ein wichtiger Prozess während des Wachstums einer bakteriellen Zelle bei Stress. Wächst *B. japonicum* bei pH 8, so werden *bll1520-bll1523* verstärkt exprimiert. Die korrespondierenden Proteine stellen die Enzyme der Glykolyse, welche der ATP-Gewinnung dienen, indem Pyruvat aus Glukose gebildet wird. Die induziert bei pH 8 vorliegenden Gene des Pentosephosphatweges *blr6758*, *blr6759*, *blr6760*, *blr6761* und *blr6762* werden des Weiteren bei Stress bedingt durch Austrocknung induziert [Cytryn *et al.* 2007]. *bkdA1*, *bkdA2* und *bkdB* (*blr6331-blr6333*) werden nur bei pH 4 induziert. Der resultierende Enzymkomplex degradiert die Aminosäuren Valin, Leucin und Isoleucin zu Succinoyl-CoA, welches als Energielieferant und Kohlenstoffquelle nun dem TCA-Zyklus zur Verfügung steht. Die Enzyme des TCA-Zyklus sind nicht auffällig differenziell

Diskussion

exprimiert.

Die Gene des alternativen Calvin-Benson-Bassham (CBB)-Wegs (*blr2581-blr2588*) sind in die CO_2-Assimilierung der Zelle eingebunden. Sie werden bei pH 8 und teilweise bei pH 4 verringert exprimiert. Letzteres steht im Gegensatz zu Arbeiten mit *Sinorhizobium*-Stämmen. So zeigten Reeve *et al.* (2004) per 2D-Gelektrophorese, dass in *S. medicae* die Fruktose-bis-P-Aldolase (CbbA) bei einem niedrigen pH verstärkt gebildet wird. Fenner *et al.* (2004) bewiesen eine Abhängigkeit des *cbbS*-Gens von einem sauren pH, wo es in Abhängigkeit des Regulators ActR verstärkt exprimiert wird. Eine Regulation des *cbb*-Operons ist in *B. japonicum* kaum untersucht. In anderen α-Proteobakterien kann z.b. eine erhöhte Kohlenstoffkonzentration eine differenzielle Expression des Operons auslösen, ohne das der benachbart angeordnete LysR-Typ-Regulator CbbR genutzt wird [Sandman *et al.* 1998]. *R. sphaeroides* und *R. capsulata* nutzen den CBB-Zyklus, um überschüssige Redoxpotentiale abzubauen und somit den Redox-Haushalt der Zelle im Gleichgewicht zu halten [Joshi & Tabita 1996; Tichi & Tabita 2001]. Dies geschieht unabhängig von CbbR aber in Abhängigkeit der 2-Komponentensysteme RegAB und PrrAB. Die Gene des verwandten Systems RegSR weisen in *B. japonicum* in Abhängigkeit von pH 8 eine verstärkte Expression auf, was bedeuten könnte, dass RegSR in die negative Regulation des *cbb*-Operons eingebunden ist. In *B. japonicum* weist das Gen des LysR-Typ-Regulators CbbR (*bll2580*) bei pH-Wert-Änderungen kein verändertes Expressionsmuster auf.

4.3.1.3 Chemotaxis und Flagellarassemblierung

Wächst *B. japonicum* bei pH 4, weisen weder Flagellar- noch Chemotaxisgene eine differenzielle Expression auf. Dagegen werden 118 Chemotaxis-relevante und Flagellarassemblierungsgene beim Wachstum bei pH 8 verringert exprimiert (Kap. 3.3.1.1). Zehn Gene kodieren für Regulatoren wie CheA oder CheY, 76 Gene für weitere bekannte Proteine der Kategorie. 32 Gene wurden aufgrund der Ähnlichkeit zu Proteinen mit bekannter Funktion in der Chemotaxis bzw. Flagellarassemblierung in die Kategorie mit aufgenommen.

Über chemotaktische Signaltransduktionswege können chemische und physikalische Reize der Umwelt wahrgenommen werden [Bourret *et al.* 1991; Parkinson & Kofoid 1992; Stock *et al.* 2000]. Die Wahrnehmung der Chemotaxis-auslösenden Stoffe erfolgt über sogenannte MCPs, *methyl-accepting chemotaxis proteins*, welche in der Bakterienzellwand lokalisiert sind [Wadhams &

Diskussion

Armitage 2004; Baker et al. 2005]. Das Genom von B. japonicum weist 24 (putative) MCPs auf [Datenbankanalyse; Rhizobase]. Hiervon werden 14 beim Wachstum bei pH 8 verringert exprimiert. Auch wenn der genaue Mechanismus der Signalweiterleitung nicht vollständig aufgeklärt ist [Hulko et al. 2006], so ist bekannt, dass die α-Helices der Signal-domänen der MCPs konservierte Glutamin- und Glutamatreste besitzen, welche methyliert werden können [Wadhams & Armitage 2004]. In dieser Form sind die MCPs in der Lage, ein Umweltsignal zu detektieren und die Aktivität von CheA zu kontrollieren. CheA aktiviert CheY, den Signalübertrager auf den Flagellenmotor [Wadhams & Armitage 2004]. Des Weiteren liegen in dem Proteinkomplex das Rezeptor-gekoppelte CheW, sowie die Rezeptor-modifizierenden Proteine CheB und CheR vor [Francis et al. 2004; Wadhams & Armitage 2004]. Einen Überblick über das Chemotaxissystem von B. japonicum ist in Abbildung 47 dargestellt.

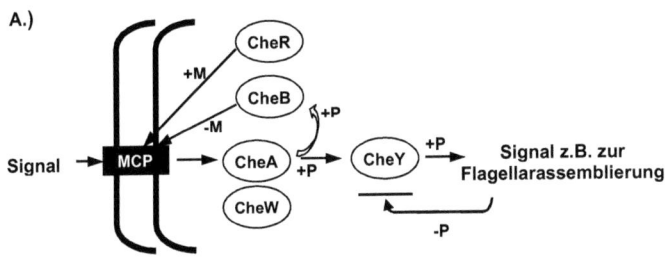

MCP	CheW	CheA	CheY	CheB	CheR
14 Gene	bll0392 (blr2193) blr2344 blr2346	blr2192 blr2343	blr2194 blr2342 bll7954	blr2195 blr2349	bll0390 blr2196 blr2348

Abb. 47: Modell des Chemotaxissystems in B. japonicum. Die Abbildung wurde nach KEGG modifiziert. A.) Nach Erkennung eines spezifischen Signals durch ein MCP wird CheA via CheW phosphoryliert. CheA ist es möglich über Phosphorylierung CheY zu aktivieren, welches in der Lage ist, ein Signal, z.B. an den Flagellenmotor, weiterzuleiten. Die negative Rückkopplung erfolgt über die Aktivierung von CheB via Phosphotransfer von CheA. CheB verringert als Methylesterase die Methylgruppen an den MCPs, sodass die Autophosphorylierungsfähigkeit von CheA eingeschränkt wird. CheR ist als Methyltransferase der Gegenspieler zu CheB. B.) Dargestellt sind die Gene der Chemotaxis von B. japonicum, welche beim Wachstum bei pH 8 verringert exprimiert werden. blr2193 (in Klammern) weist keine differenzielle Expression in den Mikroarraydaten auf. Abk.: +M: Methylierung; -M: Demethylierung; +P: Phosphorylierung; -P: Dephosphorylierung

Diskussion

Zum koordinierten Aufbau eines funktionellen Taxissystems wird bei motilen Bakterien eine zeitliche Kopplung der Genexpression und der Flagellarassemblierung benötigt [Chilcott & Hughes 2000]. Nach einem *shift* von neutralen zu basischen Wachstumsbedingungen werden in *B. japonicum* ca. 50 % der (putativen) Flagellarassemblierungsgene reprimiert (Abb. 26; Kap. 3.3.1.1). Dies betrifft sowohl Gene des Flagellenapparates der lateralen Flagellen als auch des dicken Flagellums.

Das Flagellarcluster im Bereich der Gene *blr6843* bis *blr6886* kodiert für die lateralen Flagellen und ist die am stärksten vertretene Gruppe der Genistein-induzierbaren Gene in *B. japonicum* (Kap. 3.1). Im Zusammenhang mit Genistein wurde diskutiert, ob die lateralen Flagellen an der Ausbildung der Symbiose in Form von optimaler Erkennung und Anheftung beteiligt sein könnten (Kap 4.1.1). Die Gene des lateralen Flagellarclusters weisen einzig bei pH 8 eine differenzielle Expression auf. Eventuell ist die Ausbildung einer Symbiose von *B. japonicum* mit den Wirtspflanzen unter neutralen bzw. sauren Bedingungen günstiger, sodass es zu einer verringerten Expression der Symbiose-relevanten lateralen Flagellen bei einem alkalischen pH kommt. Bei *S. meliloti* 1021 werden die Gene für das Flagellarsystem und für die Chemotaxis nach einem *shift* von neutralen zu sauren pH verringert exprimiert [Hellweg *et al.* 2009]. Bekannt ist ebenfalls, dass auf sauren Böden die Ausbildung und Funktion der Symbiose von *S. meliloti* mit *Medicago* sp. minimiert ist [O'Hara *et al.* 1989].

Kanbe *et al.* (2007) konnten zeigen, dass *B. japonicum* das dicke Flagellum zur Fortbewegung nutzt. Ungleich den Genen der lateralen Flagellen sind die Gene des dicken Flagellums z.T. auch nach weiteren Stresszuständen (Salz; Temperatur; Nährstoffarmut) verringert exprimiert [Chang *et al.* 2007; Lindemann 2008; eigene Arbeit]. *S. meliloti* reduziert die Transkription der Flagellargene bei Nährstoffmangel [Barnett *et al.* 2004].

Eine Frage, welche sich aus den vorliegenden Ergebnissen ergibt ist: Warum stoppt *B. japonicum* die Transkription der Flagellen- und Chemotaxisgene unter Stressbedingungen? Eine mögliche Antwort wurde durch White (2000) gegeben. Die Bakterienzelle, die sich auf das Überleben einrichtet, benötigt zuerst einmal keine Chemotaxis mehr und „verlagert" den vorhandenen Phosphatpool in andere Bereiche, z.B. zum Intermediärstoffwechsel. Vermutet wird eine Art der Energieeinsparung aufgrund der „Abschaltung" des energieaufwendigen Flagellarapparates [White 2000].

Diskussion

4.3.1.4 Das pH-abhängige RegSR-System

In einer Transkriptionsanalyse von Lindemann *et al.* (2007) wurde das Wachstum unter mikroaeroben und aeroben Bedingungen eines Δ*regR*-Stammes mit dem des Wildtyps unter gleichen Wachstumsbedingungen verglichen und somit das RegR-Regulon von *B. japonicum* in Abhängigkeit des Sauerstoffgehaltes bestimmt. 49 der RegR-kontrollierten Gene zeigen beim Wachstum von *B. japonicum* bei pH 8 ein verstärktes Transkriptionsniveau. Von diesen werden 14 bei pH 4 verringert exprimiert (Tab. 28; Kap. 3.3.1.4). Mittels weiterführender transkriptioneller Methoden, wie z.b. *lacZ*-Fusionen oder qRT-PCR, könnte überprüft werden, ob die restlichen 35 Gene ebenfalls einer verringerten Expression bei pH 4 unterliegen. *regR* (*bll0904*) weist bei pH 8 ein erhöhtes Expressionsmuster auf, *regS* (*bll0905*) zeigt keine differenzielle Expression in Abhängigkeit vom pH. Für alle pH-abhängigen RegR-Gene konnte eine RegR-Bindestelle, die RegR-Box, *in silico* ermittelt werden [Lindemann *et al.* 2007]. Bis auf die RegR-Boxen *upstream* von *blr2815* und *fixR* (*blr2036*) konnte eine Bindung von RegR *in vitro* nachgewiesen werden [Lindemann *et al.* 2007]. Es ist demzufolge davon auszugehen, dass die unmittelbare transkriptionelle Regulation dieser pH-abhängigen Gene durch RegR erfolgt. Fünf der ermittelten Gene kodieren für Proteine mit bekannten Funktionen, so z.B. *fixR* und *acrAB* (*blr1515*/*blr1516*). Auf einige Funktionen dieser Proteine wurde in Kapitel 4.3.1.1 näher eingegangen. Sieben der neun putativen Proteine besitzen eine oder mehrere Membrandomänen [Rhizobase].

Der 2-Komponentenregulator RegR ist der transkriptionelle Aktivator von *nifA* [Bauer *et al.* 1998]. NifA aktiviert bei mikroaeroben Bedingungen die *nif*-Gene, welche für den Nitrogenasekomplex kodieren [Fischer 1994; Sciotti *et al.* 2003]. Die Aktivierung von RegR resultiert aus einer Phosphorylierung durch die korrespondierende Histidin-Kinase RegS, wobei das Umweltsignal bisher unbekannt ist [Hauser *et al.* 2007]. Aufgrund der Ähnlichkeit zu bekannten Redoxabhängigen 2-Komponentenregulationssystemen, wie z.B. RegBA von *Rhodobacter capsulatus*, wird davon ausgegangen, dass RegSR ebenfalls in Redox-abhängige Prozesse der Zelle eingebunden ist [Elsen *et al.* 2004]. Auch in *Rhodobacter sphaeroides* ist das orthologe System PrrBA als Sensor des Redox-Status der Zelle bekannt. So aktiviert es die Transkription der *cbb*-Operons I und II und übernimmt des Weiteren die globale Kontrolle für das diazotrophe Wachstum, die Photosynthese, die CO_2- und N_2-Fixierung [Joshi & Tabita 1996; Horne *et al.* 1996; Comolli & Donohue 2002; Elsen *et al.* 2004]. Ebenso sind die verwandten Systeme RoxSR und RegSR aus *Pseudomonas putida* und *Rhodopseudomonas palustris* in den Redoxhaushalt der Zellen einge-

Diskussion

bunden [Rey et al. 2006; Fernandez-Pinar et al. 2008]. Weitere homologe Systeme sind die ActSR-Systeme von *S. meliloti* (*medicae*) und *A. tumefaciens* [Tiwari et al. 1996a; Baek et al. 2008]. Ähnlich den Systemen der *Rhodobateriaceae* wird vermutet, dass ActS von *S. medicae* den sauren pH über den Redoxstatus einer pH-sensitiven-Komponente ermittelt [Tiwari et al. 1996b; Fenner et al. 2004]. Ein ähnlicher Mechanismus wäre für das RegSR-System von *B. japonicum* denkbar, da es sauerstoffunabhängig reguliert wird [Bauer et al. 1998].

Swem et al. (2003) zeigten, dass Disulfidbindungen im Bereich eines hoch konservierten Cystein-restes (Cys_{265}) zwischen zwei RegB-Kinasen von *R. capsulatus* ausgebildet werden können. Dies führt zur Inaktivierung von RegB, sodass keine Phosphorylierung am Histidinrest (H-Box) statt-finden kann [Swem et al. 2003]. Um den Cysteinrest sind Arginin- und Lysinreste angeordnet. Swem et al. (2003) zeigten, dass in RegS und den RegS-Homologen sowohl der Cystein-Rest mit den benachbarten Arginin- und Lysinresten als auch die H-Box konserviert vorliegen. Somit wäre es möglich, dass RegSR ein Redox-abhängiges 2-Komponentensystem in *B. japonicum* darstellen. Metall wird vermutlich gebraucht, um die Bildung der Disulfidbrücken in RegB zu unterstützen [Swem et al. 2003]. Aufgrund verschiedener Arbeiten scheint Kupfer das wahrscheinlichste Metall bei den *Rhodobateriaceae* zu sein [Eraso & Kaplan 2000; Roh & Kaplan 2000]. Für *B. japonicum* konnte in Abhängigkeit vom pH 8 ein induziertes Operon (*bll2208-bll2213*) ermittelt werden, welches u.a. für die Kupfertoleranzproteine CopABC kodiert. *copB* (*bll2211*) wird in einem sauren Medium verringert exprimiert. CopA ist eine ATPase und ist in *E. coli* in die Kupferresistenz eingebunden [Rensing et al. 2000]. CopB ist ein Effluxprotein, welches das oxidierte Kupfer aus der Zelle herausschleust, CopC ein weiteres Kupferresistenzprotein. Des Weiteren sind in diesem Operon zwei Gene, welche für hypothetische Proteine kodieren, angeordnet. Davon weist Blr2208 auf AS-Ebene zu 70 % Ähnlichkeit zu einem periplasmatischen kupferbindenden Protein von *Bradyrhizobium sp.* ORS278 auf. Mit dem Operon *bll2208-bll2213* existiert somit für die Zelle die Möglichkeit bei pH 8 Kupfer aus der Zelle zu entfernen, aber nicht bei pH 4. Dieses steht nun zur Ausbildung von Disulfidbrücken bei RegS, ähnlich RegB von *R. capsulatus*, zur Verfügung. Daraufhin kann keine Phosphorylierung von RegR erfolgen sodass keine Aktivierung der Trans-kription der RegR-Zielgene stattfindet. Bei steigendem pH wird Kupfer aus der Zelle entfernt und die Disulfidbrücken an RegS aufgelöst. Es kann eine Autophosphorylierung an RegS und eine anschließende Phosphorylierung von RegR erfolgen. RegR aktiviert nun die Transkription der Ziel-gene. Ein Modell des dualen Wirkungsschemas von RegSR ist in Abbildung 48 dargestellt.

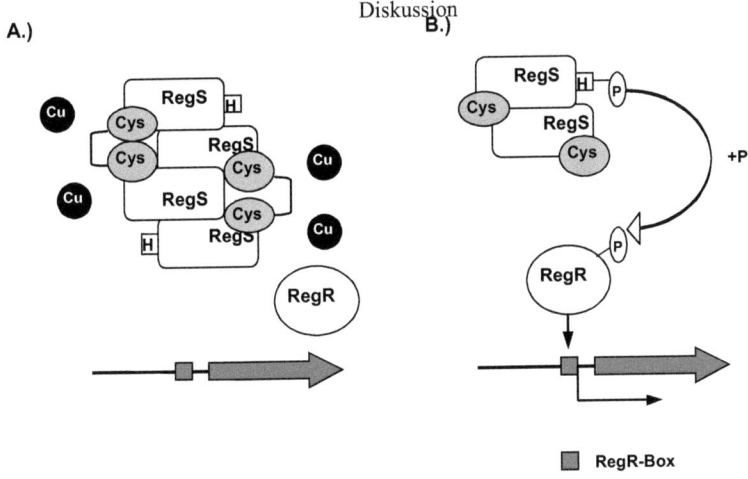

Abb. 48: Modell der dualen Wirkungsweise von RegR in *B. japonicum* in Abhängigkeit vom pH. A.) Zustand bei pH 4. In Abhängigkeit eines sauren pHs kommt es bei RegS zur Ausbildung von Disulfidbrücken im Bereich eines konservierten Cysteinrestes. Die Ausbildung wird eventuell durch Kupfer unterstützt. Aufgrund der Disulfidbrückenbindung zwischen den RegS-Proteinen erfolgt keine Autophosphorylierung der Sensor-Kinase RegS. Eine Phosphorylierung von RegR kann ebenfalls nicht erfolgen und somit auch keine Transkription der RegR-Zielgene. B.) Zustand bei > pH 6,9. Aufgrund der Bildung eines Effluxsystems für Kupfer wird die Konzentration des Metalls in der Zelle minimiert. Die Disulfidbrückenbindung von RegS wird gelöst und es kommt zur Autophosphorylierung an der H-Box. RegS phosphoryliert daraufhin RegR, welcher als Transkriptionsaktivator der Zielgene fungiert. **Abk.: Cu: Kupfer; Cys: Cysteinrest; H: Histidinrest (H-Box); P: Phosphorylierung; S: Schwefel des Cysteins**

Für die verwandten Systeme sind ebenfalls duale Wirkmechanismen der Regulatoren auf die Zielgene beschrieben. In *S. medicae* wird das Gen SMc00795 in einem *multicopy*-ActS-Stamm induziert und in einem Stamm mit einem überexprimierten ActR reprimiert [Fenner *et al.* 2004]. Ähnliche Wirkungsweisen sind von RegAB bzw. PrrAB von *R. capsulatus* und *R. sphaeroides* auf die Zielpromotoren bekannt [Swem & Bauer 2002; Comolli *et al.* 2002; Swem *et al.* 2003]. Auch hierbei wird vermutet, dass der Phosphorylierungsstatus der Regulatoren für die Wirkungsweise verantwortlich ist. So sind phosphorylierte Regulatoren als transkriptionelle Aktivatoren wirksam, während unphosphorylierte Regulatoren über Bindungen an die Promotoren ihre Zielgene reprimieren [Comolli *et al.* 2002; Swem *et al.* 2003; Fenner *et al.* 2004]. Dies beschränkt sich nicht nur auf die Zielgene. So konnte für *R. sphaeroides* auch eine Autoregulation des eigenen Regulatorgens nachgewiesen werden [Comolli *et al.* 2002]. Unter dem Einfluss des Umweltsignals phosphoryliert sich PrrA in die aktive P-PrrA-Form, was zur Aktivierung der PrrA-Zielgene führt. Der bleibende Einfluss des Umweltsignals führt jedoch nicht zu einer Zunahme der P-PrrA-Form

Diskussion

sondern zu einer Dephosphorylierung des Regulators. Schlussendlich reprimiert die nichtphosphorylierte Form von PrrA das eigene Gen, sodass auch das Proteinlevel von PrrA in der Zelle sinkt [Comolli et al. 2002].

4.3.2 Die transkriptionelle Antwort auf Salzstress in *Bradyrhizobium japonicum*

Mikroorganismen reagieren auf hohe Salzkonzentrationen der Böden mit osmotischen Stresszuständen [Tate 1995]. In der Interaktion zwischen Leguminosen und Rhizobien kommt es daraufhin zu einer weniger effizienten Ausbildung der Symbiose, welche sich in einer geringeren Knöllchenzahl und ineffizienteren Stickstofffixierung manifestiert [Zahran & Sprent 1986; El-Shinnawi 1989; Zahran 1999]. 170 mM NaCl führen in der Symbiose von *B. japonicum* mit Sojabohne zu einer geringeren Wurzelhaarkrümmung und zu Wurzelhaardeformationen [Tu 1981; Elsheikh & Wood 1990b]. In Gegenwart von 210 mM NaCl wird keine Symbiose ausgebildet [Tu 1981; Elsheikh & Wood 1990b]. Ähnlich dem Verhalten der Rhizobienstämme gegenüber pH existiert eine große Varianz bezüglich toxischer Salzkonzentrationen. Während 100 mM NaCl das Wachstum von *B. japonicum* in Kultur nicht ermöglichen (Wachstumskurven Abb. 22; Kap. 3.3.1) [Yelton et al. 1983; Boncompagni et al. 1999], sind schnell-wachsende Rhizobien in der Lage 300 bis 700 mM NaCl zu tolerieren [Abdel-Wahab & Zahran 1979; Breedveld et al. 1991; Boncompagni et al. 1999].

Die wohl bekannteste Reaktion von Bakterien auf eine erhöhte Osmolarität ist die Anhäufung von intrazellulären osmotischen Schutzsubstanzen (*compatible solutes*) wie z.B. Kalium-Ionen, kleineren AS (z.B. Glutamat, Zuckern (z.B. Trehalose) und so genannten „*osmoprotectants*" wie Ectoin, Cholin und Glycin-Betain [Csonka 1989; Wood 1999; Boncompagni et al. 1999]. Letztere können von *B. japonicum* weder *de novo* hergestellt werden noch besitzt das Bakterium Aufnahmesysteme für Cholin und Glycin-Betain [Boncompagni et al. 1999; Boscari et al. 2004]. Hierin liegt wahrscheinlich die hohe Salzsensitivität von *B. japonicum* im Gegensatz zu anderen Rhizobien begründet. Diese besitzen sowohl Aufnahmesysteme als auch die erforderlichen Enzyme um *osmoprotectants* herzustellen [Smith et al. 1988; Lamark et al. 1991; Pocard et al. 1997; Boncompagni et al. 1999]. So ist für *B. japonicum* die Akkumulation von Kalium-Ionen, Trehalose und kleinen AS die einzige Möglichkeit auf einen erhöhten Salzgehalt zu reagieren.

B. japonicum induziert bei Salzstress die Gene des Zucker- und Stärkemetabolismus (siehe auch

Diskussion

Kap. 4.3.1.2). Von *E. coli* ist bekannt, dass die *otsAB*-Transkription durch Kalium-Ionen reguliert wird [Giaver *et al.* 1988]. Die Kalium-Akkumulation ist wie die Synthese von Trehalose eine bekannte Stressantwort in Bakterien, vor allem bei hoher Osmolarität der Umwelt [Epstein 1986]. Das bekannteste Kaliumaufnahmesystem, weil ubiquitär in Bakterien vorkommend, wird durch das *kdp*-Operon kodiert. Es dient gleichzeitig dem Ausschleusen von Natrium-Ionen [Epstein 1986; Sleator & Hill 2002; Matsuda *et al.* 2004; Bhargava 2005; Liu *et al.* 2005]. Die Mikroarrayanalyse von *B. japonicum* bei 80 mM NaCl brachte kein einheitliches Bild hervor. So ist aus dem *kdp*-Operon lediglich *bll6779*, welches für KdpA kodiert, induziert. KdpA ist in der Cytoplasmamembran verankert und dient zur Translokation von K^+ [Buurman *et al.* 1995].

Des Weiteren ist von *E. coli* bekannt, dass bei steigender Osmolarität und erhöhtem Kaliumgehalt ein sofortiger Efflux von Putrescinen, einem Amin von Butan, auftritt [Munro *et al.* 1972; Schiller *et al.* 2000]. Dies dient der Erhöhung der cytoplasmatischen Osmolarität [Munro *et al.* 1972]. Bei Salzstressanalysen von *S. meliloti* wurden in Abhängigkeit von 380 mM NaCl mögliche Putrescin-Transporter identifiziert [Rüberg *et al.* 2003]. *B. japonicum* besitzt acht Putrescin-Transporter und mehrere Putrescin-bindende Enzyme. Keines der korrespondierenden Gene weist auf ein verändertes Transkriptionslevel in Abhängigkeit von Salzstress hin.

Neben *kdpA* weisen weitere Gene, welche für Transport-assoziierte Proteine kodieren, ein differenzielles Expressionsmuster bei 80 mM NaCl auf. Dabei werden *blr1278*, *blr4932*, *bll6404* und *bll7011* alleinig bei Salzstress differenziell exprimiert [Chang *et al.* 2007; Cytryn *et al.* 2007; Lindemann 2008; eigene Arbeit]. *bll6404* (*livH*) kodiert für eine Permease eines ABC-Transporters mit hoher Affinität zu kleinen AS [Adams *et al.* 1990]. Dies steht im Einklang mit der Hypothese, das als generelle Stressantwort kleine AS als intrazelluläre osmotischen Schutzsubstanzen in die Zelle geholt werden [Csonka & Epstein 1996]. Des Weiteren wird *bll7011* (*ssuA*), gemeinsam mit *bll7010* (*ssuD*) alleinig bei Salzstress verstärkt exprimiert. Diese Gene sind Teil eines Operons, das für Proteine kodiert, welche in die Aufnahme, Aktivierung und Nutzung von Sulfat bzw. Sulfonat eingebunden sind [Eichhorn *et al.* 2000].

In *B. japonicum* weisen *blr1277* (*mdcL*) und *blr1278* (*mdcM*) eine verringerte Expression bei Salzstress auf. *mdcL* kodiert für ein Malonat-Transportprotein und *mdcM* für einen Malonat-Transporter. Aufgrund des Elektronen-ziehenden Effekts der beiden Carboxylgruppen am Malonat kann am zentralen Kohlenstoff ein Proton für weitere Reaktionen abgespalten werden. Dies ist durch die verringerte Aufnahme von Malonat nicht möglich, sodass eine Übersäuerung der Zelle verhindert wird.

Diskussion

Interessant ist die Induktion von *blr4932* (*cusB*), das für ein Kupfereffluxprotein kodiert und so in die Kupferhomöostase der Zelle eingebunden ist. In genomischer Nachbarschaft ist das bei Salzstress induzierte *blr4931* angeordnet, welches für ein hypothetisches Protein mit Homologie zu Membranproteinen anderer Rhizobien kodiert. Des Weiteren ist in dem Operon *blr4933* (*cusA*) angeordnet, dessen Genprodukt gemeinsam mit Blr4932 ein RND-Efflux-System bilden kann. Der Transportkomplex CuscBA transportiert in *C. metallidurans* Kupfer-Ionen nach außen [Franke *et al.* 2001; Grass & Rensing 2001; Munson *et al.* 2000]. Die bei Salzstress induzierten Gene *bll2208-bsl2212*, welche u.a. für CopABC kodieren, sind ebenso in die Kupferresistenz der bakteriellen Zelle eingebunden (Kap. 4.3.1.4). CopA wird in *E. coli* in Gegenwart von 400 mM NaCl ebenfalls induziert, wobei Weber & Jung (2002) darin eine unspezifische Antwort auf Salzstress sehen.

Weitere bekannte Reaktionen in Rhizobien, welche durch Salzstress ausgelöst werden, sind Veränderungen in der Zellmorphologie und Zellgröße sowie ein verändertes Muster der extrazellulären Polysaccharide (EPS) [Zahran 1999; Lloret *et al.* 1995; Lloret *et al.* 1998; Soussi *et al.* 2001]. Für *R. leguminosarum* bv. *trifolii* konnte ein verändertes Muster der EPS-Zusammensetzung bei Stress, verursacht durch Austrocknung und erhöhtem Salzgehalt, nachgewiesen werden [Breedveld *et al.* 1991; McIntyre *et al.* 2007]. Auch beim Wachstum von *S. meliloti* 1021 bei erhöhten NaCl-Konzentrationen werden die Gene der Polysaccharid-Biosynthese, insbesondere für Succinoglycan, induziert [Dominguez-Ferreras *et al.* 2006; Rüberg *et al.* 2003]. Ebenso ist die Induktion von Genen aus der Polysaccharid-Biosynthese von *B. japonicum* in Abhängigkeit von Austrocknung bekannt [Cytryn *et al.* 2007]. Teilweise werden die durch Cytryn *et al.* (2007) gefunden Gene der Polysaccharid-Biosynthese ebenfalls bei Salzstress induziert. So z.B. *bll2362* (*exoP*), welches für ein Succinoglycan-Biosyntheseprotein kodiert [Zhan & Leigh 1990]. Zusätzlich beschrieben Cytryn *et al.* (2007) die Induktion zweier Glycosyl-transferasegene. Sowohl *bll2752* als auch *blr2358*, welches eine 48 %ige AS-Ähnlichkeit zu einem Exopolymersyntheseprotein von *R. leguminosarum* bv. *phaseoli* aufweist, werden bei Salzstress verstärkt exprimiert. *bll2752* wird bei pH- und Temperaturstress ebenfalls verstärkt exprimiert, zeigt aber keine differenzielle Expression bei Hitzeschock. Weitere Glycosyltransferase-kodierenden Gene werden gemeinsam mit den hypothetischen Genen ihres Operons bei Salzstress induziert. Zusätzlich konnte das Gen der UDP-Glucoronsäure-Epimerase (*blr2382*), welches im Genom benachbart zu den Genen der Glycosyltransferasen angeordnet ist, als induziert nachgewiesen werden. Die Epimerase ist in die EPS-Produktion involviert, auch wenn der katalytische Schritt noch unklar ist [Quelas *et al.* 2006]. Im Gegensatz dazu wird das Operon, welches *blr4973* und *blr4974* (*exoY*) enthält, bei Salzstress

Diskussion

verringert exprimiert. Dies ist bei *S. meliloti* 1021 nicht der Fall [Rüberg *et al.* 2003; Dominguez-Ferreras *et al.* 2006]. ExoY ist bei *S. meliloti* in den initiierenden Schritt der Biosynthese von Exopolysacchariden, im speziellen von Succinoglycan, involviert [Becker & Pühler 1998]. Warum dieser Schritt in *B. japonicum* in Abhängigkeit von Salzstress vermindert sein soll während die weiteren Schritte verstärkt werden ist unklar. Bekannt ist die Zucker-transportierende Funktion von ExoY. Eventuell ist die Aufnahme und Modifikation bestimmter Zucker nicht mehr nötig, da sie *de novo* in der Zelle synthetisiert werden. Dies ist jedoch spekulativ.

Verschiedene hier aufgeführte Reaktionen von *B. japonicum* bei Salzstress werden ebenso bei oxidativem Stress initiiert. Dies hängt damit zusammen, dass Salzstress ebenso wie oxidativer Stress die Akkumulation von ROS (*reactive oxygen species*) fördert. Dies führt zu Radikalbildung in Form von Superoxid, Wasserstoffperoxid und Hydroxylradikalen. Als Antwort auf den oxidativen Stress werden eine Vielzahl von Enzymen induziert, die bei der Beseitigung von ROS bzw. bei der Entgiftung von ROS-geschädigten Moleküle beteiligt sind. Dazu zählen z.B. Superoxid-Dismutasen, Katalasen, Ascorbat-Peroxidasen sowie Glutathion-Reduktasen und Glutathion-S-Transferasen [Shen *et al.* 1997]. Wächst *B. japonicum* in Gegenwart von 80 mM NaCl, so werden *bll7559* (*chrC*) und *bll7774* (*sodF*) verstärkt exprimiert. Beide Gene kodieren für Superoxid-Dismutasen Auch OsmC, kodiert durch das bei Salzstress induziert vorliegende *bll6262*, ist eine bekanntes Protein der bakteriellen Reaktion auf osmotischen Stress. Die Funktion von OsmC liegt in der Unterstützung der korrekten Proteinfaltung bei erhöhtem Salzgehalt der Umgebung [Jung *et al.* 1989; Conter *et al.* 2001].

Neun Gene, welche ein verringertes Expressionsmuster aufweisen, kodieren für Chemotaxis- und Flagellarassemblierungsgene des polaren Flagellenapparates. Kein Gen, welches in Chemo-taxis und Motility eingebunden ist, weist eine Induktion seiner Transkription auf. Diese Angaben decken sich mit den Mikroarrayanalysen von Chang *et al.* (2007) und Rüberg *et al.* (2003), welche zum einen für *B. japonicum* bei 50 mM NaCl und zum anderen für *S. meliloti* bei 380 mM NaCl, ein verringertes Expressionsniveau für Chemotaxis- und Motility-Gene nachweisen. Die Angaben für *S. meliloti* wurden durch Dominguez-Ferreras *et al.* (2006) bestätigt.

Chang *et al.* (2007) untersuchten die transkriptionelle Stressantwort von *B. japonicum* auf 50 mM NaCl. Neben der Repression der Flagellar- und Chemotaxisgene beschrieben sie die Induktion bekannter Stressgene wie z.B. *blr4637* (*hspC2*), *bsl8249* (*cspA*), *blr4653* (*dnaJ*). Diese liegen beim Wachstum von *B. japonicum* bei 80 mM NaCl nicht differenziell exprimiert vor. Dagegen werden Gene der Glutamat- und Trehalosesynthese sowie Stress-spezifische Transportsysteme induziert.

Diskussion

Erklärbar sind die Unterschiede der zwei Transkriptionsanalysen von *B. japonicum* mit der geringeren Toleranz gegenüber 80 mM NaCl im Gegensatz zu 50 mM NaCl. In Abbildung 49 ist ein Modell der Stressantwort von *B. japonicum* bei 80 mM NaCl zusammengefasst. Einige Regulationsmechanismen sind aufgrund der Vollständigkeit eingefügt. Diese werden ausführlicher in Kapitel 4.3.4 diskutiert.

Diskussion

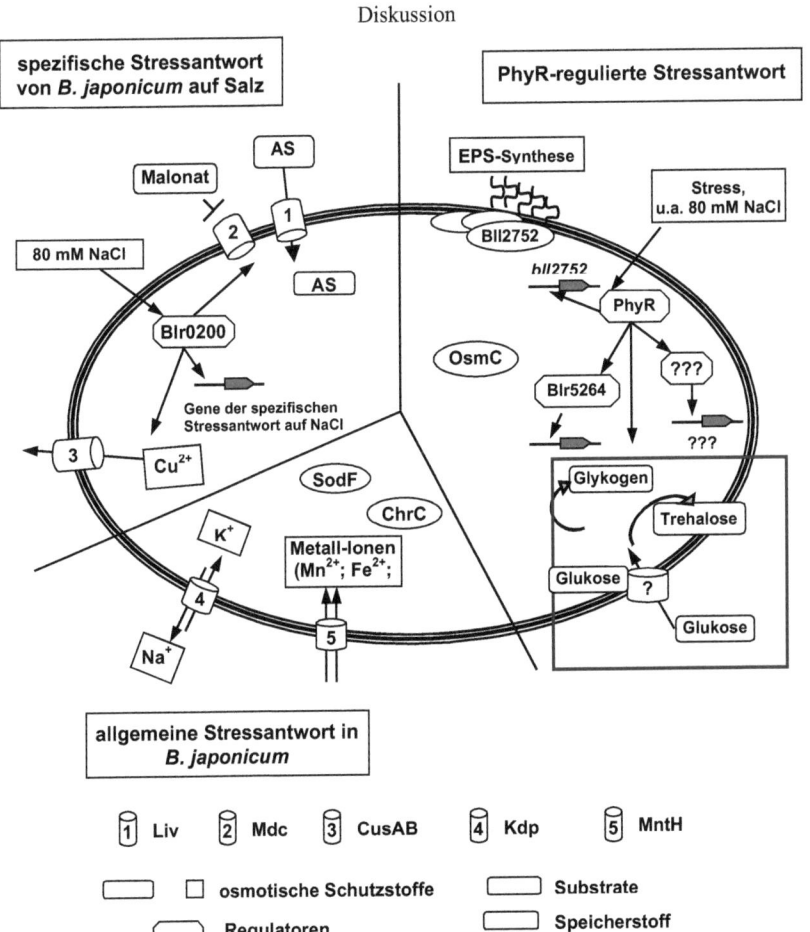

Abb. 49: Modell der spezifischen, PhyR-regulierten und allgemeinen Stressantwort von *B. japonicum* auf 80 mM NaCl. Die Reaktion auf Salzstress kann in *B. japonicum* in eine spezifische, eine PhyR-regulierte und eine allgemeine Reaktion unterteilt werden. Die allgemeine Reaktion umfasst die vermehrte Bildung von Superoxid-Dismutasen (SodF; ChrC) sowie Kanäle für den Efflux und Influx von Metall-Ionen, wie z.B. das Kdp-System zum Export von Na^+-Ionen und zum Import von K^+-Ionen, welche eine osmotische Schutzfunktion aufweisen. Diese Mechanismen sind in weiteren Stresszuständen von *B. japonicum* und auch in anderen Bakterien induziert. Eine weitere Reaktion auf Stress wird durch PhyR, im Komplex mit σ^{EcfG} und dem Anti-Sigmafaktor NepR, aktiviert. Hierzu zählen z.B. die Bildung des osmotischen Chaperons OsmC, die Akkumulation von Trehalose und Glykogen sowie die Aktivierung des transkriptionellen Aktivators Blr5264 und dessen Regulon (Kap. 4.4). Die spezielle Stressantwort von *B. japonicum* auf Salz könnte über den MarR-Typ-Regulator Blr0200 aktiviert werden. Sie umfasst die Aktivierung verschiedener Transportsysteme wie z.B. dem Liv-System, welches der Akkumulation kleinerer AS dient oder dem Kupferefluxsystem CusAB. Inwiefern die Transportsysteme der Regulation von Blr0200 unterliegen und welche anderen Gene involviert sind, muss in weiteren Analysen untersucht werden.

Diskussion
4.3.3 Stress durch Temperaturerhöhung in *Bradyrhizobium japonicum*

rpoH-Gene kodieren für den alternativen Sigmafaktor σ^{32}, welche in Bakterien bei Temperaturbedingten Stress aktiviert werden und gemeinsam mit der RNA-Polymerase die in die Hitzeschockantwort eingebundenen Gene transkribieren [Yura 1996; Yura *et al.* 2007]. Im Genom von *B. japonicum* existieren drei *rpoH*-Gene (*blr5231*; *blr7337*; *bll0302*) [Narberhaus *et al.* 1996; Narberhaus *et al.* 1997]. Die drei resultierenden Proteine sind in der Lage, eine *rpoH*-Mutante von *E. coli* hinsichtlich der transkriptionellen Aktivierung von *groE* bei erhöhter Temperatur zu komplementieren [Narberhaus *et al.* 1997].

Die Auswertung der transkriptionelle Hitzeschockantwort von *B. japonicum* 09-32 zeigt, dass in *B. japonicum* die bekannte Hitzeschockantwort nicht von RpoH$_1$ oder RpoH$_3$ abhängig ist. Die bekannten Gene der Hitzeschockantwort wurden sowohl in der Doppelmutante als auch in den RpoH$_1$- und RpoH$_3$-Einzelmutanten induziert. Dies bedeutet, dass RpoH$_2$ alleinig in der Lage ist, die bekannten Gene der Hitzeschockantwort zu aktivieren. *rpoH$_2$* zeigt kein verstärktes Expressionsmuster in Abhängigkeit von einer erhöhten Temperatur. Auch *rpoH$_3$* wird bei den dieser Arbeit zugrunde liegenden Stressbedingungen nicht differenziell exprimiert. *rpoH$_1$* dagegen weist eine Induktion sowohl bei Hitzeschock als auch bei Temperaturstress auf.

Die transkriptionelle Aktivierung der drei *rpoH*-Gene erfolgt in *B. japonicum* über verschiedene Mechanismen. Für *rpoH$_1$* wurde eine σ^{70}-abhängige Transkription mit anschließendem posttranskriptionellem Einfluss durch das ROSE-Element beschrieben [Nocker *et al.* 2001b]. Die Transkription von *rpoH$_3$* ist dagegen RpoH-abhängig, da sich *upstream* des Gens eine σ^{32}-Konsensussequenz befindet. Narberhaus *et al.* (1997) diskutierten, dass RpoH$_3$ beim Hitzeschock eine verstärkende bzw. unterstützende Funktion zu RpoH$_1$ einnimmt. Aufgrund der in der Literatur beschriebenen Regulationsmechanismen würde man nach Hitzeschock eine Induktion von *rpoH$_3$* und *rpoH$_1$* erwarten. Dies lässt sich mit den durchgeführten Mikroarrayanalysen nicht bestätigen. *rpoH$_1$* wird nach Hitzeschock verstärkt exprimiert, währenddessen *rpoH$_3$* keine differenzielle Expression aufweist.

RpoH$_2$ wird als essenziell in *B. japonicum* beschrieben, da es Narberhaus *et al.* (1997) nicht möglich war, das korrespondierende Gen zu mutieren. Die Expression von *rpoH$_2$* ist σ^{70}-abhängig. Bisher ist man davon ausgegangen, das RpoH$_2$ für ein „Grundlevel" an Chaperonen wie z.B. DnaJK genutzt wird, welche bei normalen Wachstumsbedingungen benötigt werden [Narberhaus *et al.* 1997; Narberhaus *et al.* 1998b]. Bei Hitzeschock würde dann eine verstärkte Expression dieser

Diskussion

Gene durch RpoH$_1$ einsetzen [Babst *et al.* 1996; Minder *et al.* 1997]. Anhand der vorliegenden Arbeit ist festzustellen, dass RpoH$_2$ eine bedeutend wichtigere Rolle beim Hitzeschock in *B. japonicum* einnimmt. So ist RpoH$_2$ alleinig in der Lage, die Transkription der bekannten Hitzeschockgene und weiterer Gene zu aktivieren. Welche weiteren Regulationsmechanismen dazu benötigt werden, ist anhand der vorliegenden Daten nicht zu ermitteln.

In *B. japonicum* liegt nach Hitzeschock ein Cluster verstärkt exprimiert vor, welches die 19 Gene *bll5217-blr5236* umfasst. Im Cluster enthalten sind sechs Gene, welche für kleine Hitzeschockgene (*hspABCDEF*) kodieren sowie *groES$_1$* und *groEL$_1$*. Diese kodieren für Hitzeschock-spezifische Chaperone. Des Weiteren sind in dem Cluster die Gene für die Protease DegP, für eine Glycosyltransferase (*blr5217*) und für den alternativen σ^{32}-Faktor (*rpoH$_1$*) angeordnet. Die restlichen sieben Gene kodieren für Proteine mit unbekannten Funktionen. In ihrer Größe entsprechen sie den bekannten kleinen Hitzeschockgenen, weisen aber strukturell keine Ähnlichkeiten mit diesen auf. Auch bekannte Domänen innerhalb der resultierenden Proteine sind bei Strukturvergleichen nicht zu identifizieren. Lediglich Blr5222, welches mit 238 AS das längste Genprodukt darstellt, weist Homologien zu einer ETC_C1_NDUFA-Domäne auf. Proteine mit solch einer Domäne sind als Untereinheiten von NADH-Ubiquinon-Oxidoreduktasen bekannt und dienen dem Elektronentransport im Komplex I der oxidativen Phosphorylierung [Azevedo *et al.* 1994]. Eventuell ist Blr5222 in den Elektronentransport und somit zur Bereitstellung von Energie für die Chaperone oder Hitzeschock-relevanten Reaktionen beteiligt. Dies ist jedoch spekulativ. Bekannt ist, dass die *groESL$_1$*-Gene einem anderen Regulationsmechanismus als *rpoH$_1$* und die *hsp*-Gene unterliegen [Narberhaus *et al.* 1996; Narberhaus *et al.* 1998; Babst *et al.* 1996]. Die hypothetischen Gene des Clusters sind in *B. japonicum* so angeordnet, dass sie unabhängig von bekannten Strukturen transkribiert werden können. Weiterführende Arbeiten sind notwendig, um diese Regulationsmechanismen aufzuklären. In der Abbildung 50 ist das Cluster mit seinen regulativen Mechanismen gezeigt.

Diskussion

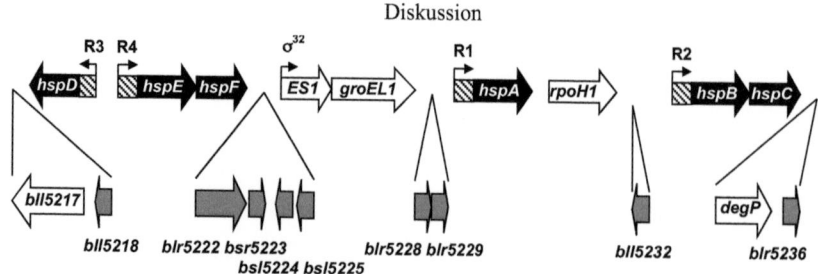

Abb. 50: Schematische Darstellung der regulativen Elemente des bei Hitzschock induzierten Clusters *bll5217-blr5236*. *groES1/groEL1* werden in Abhängigkeit von σ^{32} exprimiert, währenddessen die Transkriptionsaktivierung der kleinen Hitzschockgene (schwarz) nicht vollständig aufgeklärt ist. Post-transkriptionell unterliegen sie den ROSE-Elementen R1-R4 (straffiert), welche sich im unmittelbaren 5'-Bereich der zu translatierenden ORFs befindet. Die durch Narberhaus *et al.* (1998b) ermittelten Transkriptionsstarts sind anhand eines abgewinkelten Pfeils zu erkennen. In Grau sind die hypothetischen Gene innerhalb des Clusters angegeben. Zusätzlich sind die Gene für eine Glycosyltransferase (*bll5217*) und für die Protease DegP (*blr5235*) abgebildet. Sowohl für die hypothetischen Gene als auch für *bll5217* und *degP* ist die Regulation nicht bekannt.

Ein funktioneller σ^{32}-Faktor ist notwendig, um mit der RNA-Polymerase die Expression der *groESL₁*-Gene zu starten [Babst *et al.* 1996]. Die Transkriptionsinitiation der *hsp*-Gene ist zum derzeitigen Zeitpunkt nicht aufgeklärt. Anhand der Mikroarraydaten ist zu erkennen, dass diese Gene unabhängig von RpoH$_1$ und RpoH$_3$ aktiviert werden. Welche Rolle RpoH$_2$ bei der Transkriptionsaktivierung der kleinen Hitzschockgene einnimmt, muss in weiterführenden Arbeiten aufgeklärt werden. Das ROSE-Element reguliert die Translationseffizienz nach Hitzschock [Waldminghaus *et al.* 2005].

Neben den bekannten Hitzschock-induzierbaren Genen sind weitere Gene nach Hitzschock differenziell exprimiert. Die Regulation dieser Gene ist weitestgehend unbekannt bzw. wird für Gene, welche bei weiteren Stresszuständen differenziell exprimiert vorliegen in Kapitel 4.3.4 diskutiert.

Um die transkriptionelle Stressantwort von *B. japonicum* in Bezug auf Temperatur zu verifizieren, wurden in dieser Arbeit sowohl das Transkriptom des Hitzschocks als auch des Temperaturstresses analysiert. Bei einem Vergleich zeigen sich starke Differenzen (Abb. 33; Kap. 3.3.2). Die Stressantwort auf Hitzschock ist mit 1032 differenziell exprimierten Genen wesentlich umfangreicher als die auf Temperaturstress mit 410 differenziell exprimierten Genen. Ein weiterer deutlicher Unterschied in *B. japonicum* auf Temperatur-bedingten Stress ist die starke verringerte Expression der Gene beim Hitzschock, während beim Temperaturstress eine erhöhte Anzahl an verstärkt ex-

Diskussion

primierten Genen vorliegt. Trotz der Unterschiede können Gemeinsamkeiten festgestellt werden. So werden Gene des Pyrimidin (Purin)-Metabolismus so-wie der Chemotaxis in beiden betrachteten Temperatur-bedingten Stresssituationen verringert exprimiert, während die Gene des Propionat-Metabolismus verstärkt exprimiert werden.

Von den 90 Genen, welche sowohl bei Hitzeschock als auch bei Temperaturstress differenziell exprimiert vorliegen, werden 62 induziert und 12 reprimiert. 15 Gene weisen bei Temperaturstress ein verstärktes und bei Hitzeschock ein verringert Expressionsniveau auf. Zusätzlich weist *blr1670*, das für ein hypothetisches Protein kodiert, ein umgekehrtes Expressionsmuster auf. Ebenfalls bei Hitzeschock wird das zu *blr1670* benachbarte *blr1671* induziert. Auch dieses kodiert für ein Protein mit unbekannter Funktion. Bei einer Sequenzanalyse wurden in den korrespondierenden Proteinen beider Gene Nukleotidylcyclase-Domänen identifiziert. Proteine mit diesen Domänen sind in der Lage cAMP bzw. cGMP aus ATP bzw. GTP zu katalysieren [Tucker *et al.* 2008]. cGMP dient ähnlich dem bekannteren cAMP als intrazellulärer Signalstoff und konnte u.a. bei Stress in *E. coli* identifiziert werden [Rauch *et al.* 2008; Tucker *et al.* 2008; Evans *et al.* 2008]. In *B. subtilis* hilft ein Protein mit einer cGMP-Domäne bei der Sporulation, sodass ein Überleben von *B. subtilis* bei Stress ermöglicht wird [Asen *et al.* 2009].

In *B. japonicum* werden 62 Gene sowohl bei Hitzeschock als auch bei Temperaturstress verstärkt exprimiert. Hierunter befinden sich bis auf drei Ausnahmen die Gene des Clusters mit den bekannten Hitzeschockgenen (s.o.). Weitere bekannte kleine Hitzeschockgene wie z.B. *bll0729*, *blr7740* und *hspH* (*blr6571*) werden ebenfalls sowohl bei Hitzeschock und Temperaturstress induziert. Für *blr7740* und *hspH* sind ROSE-Elemente *upstream* der Gene beschrieben [Waldminghaus 2007; Münchbach *et al.* 1999a; Narberhaus *et al.* 1998]. Die mit *hspH* im Operon liegenden Gene *blr6572* und *bsr6573* kodieren für Proteine mit unbekannten Funktionen und sind ebenfalls unter beiden Temperaturveränderungen verstärkt exprimiert. Anhand der vorliegenden Arbeit kann gezeigt werden, dass die bekannten Gene der Hitzeschockantwort in *B. japonicum* nicht alleinig bei Hitzeschock von Bedeutung sind. Ebenso verursacht ein längeres Wachstum unter erhöhter Temperatur eine dauerhafte Induktion der Gene. Dies weist auf die allgemeingültige Funktion der korrespondierenden Genprodukte bei unphysiologisch erhöhten Temperaturen hin. Dies trifft sowohl für die bekannten Chaperon- und kleinen Hitzeschockgene wie auch für sieben unbekannte Proteine, deren Funktion noch bestimmt werden muss, zu.

Eine verringerte Expression in Abhängigkeit von Hitzeschock und Temperaturstress weisen 12 Gene auf. Hiervon kodieren fünf Gene für Proteine mit unbekannten Funktionen. Von diesen

Diskussion

Proteinen besitzt Bll0332 eine Cytochrom c-ähnliche Domäne. Die verringerte Expression dieses Gens korreliert mit weiteren verringert transkribierten Genen der oxidativen Phosphorylierung. Die bekannten verringert exprimiert vorliegenden Gene kodieren für CheA (*blr2343*), für ribosomale Untereinheiten (*blr0365*; *bll0707*), für ein Transposon (bll1861), für einen Protonen-Symporter (*bll5496*) sowie für zwei Enzyme (*blr0738*; *bll4800*).

4.3.4 Die Regulation der Stressantworten in *Bradyrhizobium japonicum*

Werden die verschiedenen Stress-bezogenen Transkriptome von *B. japonicum* miteinander verglichen, so gibt es Hinweise auf spezifische und allgemeine Stressantworten. Einige Gene werden bei einem spezifischen Stress differenziell exprimiert und sind somit in die spezifische Stressantwort eingebunden, während andere Gene ein gleiches Expressionsmuster bei verschiedenen Arten von Stress aufweisen und somit in der allgemeinen Stressantwort eine Funktion übernehmen. Dies gilt ebenso für Regulatorgene. *B. japonicum* besitzt ca. 570 Gene, deren Produkte regulatorische Eigenschaften aufweisen [Rhizobase]. 159 Regulatorgene werden bei Stress differenziell exprimiert. Die meisten Gene sind hierbei bei Hitzeschock und pH 8 zu identifizieren. Interessant ist die alleinige differenzielle Expression von TetR-Regulatorgenen bei Hitzeschock. Von den 17 Genen, welche für TetR-Regulatoren kodieren, sind 16 bei Hitzeschock induziert. Benachbarte Gene sind nicht differenziell exprimiert, was für diesen Regulatortyp ungewöhnlich ist. TetR-Regulatoren sind zumeist in die Regulation der benachbarten Gene sowie des eigenen Gens eingebunden [Ramos *et al.* 2005]. Warum eine alleinige differenzielle Expression dieses Regulatortyps vom Hitzeschock abhängig ist, kann durch die vorliegende Arbeit nicht beantwortet werden. Stellvertretend sollen an dieser Stelle die spezifischen regulativen Antworten auf Salzstress und pH 4 näher charakterisiert werden. Teilweise ist diese für Salzstress in Abbildung 54 (Kap. 4.3.2) schon eingearbeitet. Wächst *B. japonicum* bei 80 mM NaCl, so werden elf Regulatorgene differenziell exprimiert, drei davon sind für Salzstress spezifisch. Dies betrifft die Gene der 2-Komponentenregulatoren Bll0330/Bll0331 und das Gen des MarR-Typ-Regulators Blr0200. Die Gene der 2-Komponentenregulatoren liegen verringert, *blr0200* verstärkt exprimiert bei Salzstress vor. Es ist unklar, warum *bll0330* und *bll0331* verringert exprimiert vorliegen. Pessi *et al.* (2007) konnten ebenfalls eine verringerte Expression bei mikrooxischen Bedingungen sowie in Bakteroide nachweisen. Eventuell sind Bll0330/Bll0331 bei normalem Wachstum von *B. japonicum* von Bedeutung. Dem widerspricht, dass sie bei weiteren Stressbedingungen nicht differenziell exprimiert

Diskussion

vorliegen. *blr0200* kodiert für einen MarR-Typ-Regulator, welche bei sich ändernden Umweltbedingungen von Bedeutung sind [Wilkinson & Grove 2006]. Aufgrund dessen könnte dieser Regulator funktionell in die Detektion einer erhöhten Salzkonzentration eingebunden sein. Die durch Blr0200 regulierten Gene sind dabei unklar.

In die spezifische Antwort von *B. japonicum* auf pH 4 sind drei spezifische Regulatoren eingebunden. Blr6886, ein MarR-Typ-Regulator, dient wahrscheinlich in der transkriptionellen Aktivierung der Gene des lateralen Flagellenclusters (Kap. 4.1.1.), welche allerdings keine differenzielle Expression in Abhängigkeit von pH 4 aufweisen. *blr0877* kodiert für einen 2-Komponentenregulator, allerdings ohne das typischerweise benachbarte für eine Sensor-Kinase-kodierende Gen. Das dritte spezifisch für sauren Stress in *B. japonicum* induzierte Regulatorgen ist *blr3219*, welches für einen transkriptionellen Regulator mit Ähnlichkeiten zu SmoC kodiert (ca. 50 % auf AS-Ebene). SmoC ist der transkriptionelle Regulator des Sorbitol/Mannitol-Operons von *R. etli* CFN42, *S. meliloti* 1021 und *M. loti* MAFF303099 [Rhizobase]. Benachbart im Genom dieser drei Stämme sind die Gene (*smoEFGK*) für einen Sorbitol/Mannitol-abhängigen ABC-Transporter kodiert. Auch in *B. japonicum* ist in Nachbarschaft von *blr3219* ein ABC-Transporter, welcher durch *blr3222-blr3224* kodiert wird, lokalisiert. Dies und der Fakt, dass Blr3219 eine potenzielle Zuckerbindestelle besitzt, spricht für eine regulative Funktion von Blr3219 im Energiemetabolismus bzw. Zellstoffwechsel der Zelle in Abhängigkeit von sauren Wachstumsbedingungen.

Die zwei Regulatorgene *blr5264* und *bll7795* werden bei Salzstress und bei pH 4 in *B. japonicum* induziert. Die Auswertung der weiteren Stress-Transkriptome zeigt, dass auch beim Wachstum von *B. japonicum* bei pH 8 sowie bei Temperaturstress und Hitzeschock *blr5264* verstärkt exprimiert vorliegt. *bll7795* wird zusätzlich bei pH 8 und Temperaturstress verstärkt exprimiert. Beide Gene werden bei Stress durch Austrocknung ebenfalls induziert [Cytryn *et al.* 2008]. Die aus *blr5264* und *bll7795* resultierenden Regulatoren sind somit in die allgemeine Stressantwort von *B. japonicum* eingebunden. Aufgrund dessen wurde *blr5264* in *gscR* (*general stress control regulator*) umbenannt. Der korrespondierende Regulator ist ein 2-Komponentenhybrid, welcher sowohl sensorische als auch regulatorische Eigenschaften der 2-Komponentenregulationssysteme übernehmen kann. Ein Bestandteil der vorliegenden Arbeit war es, *gscR* durch die Kanamycinresistenzkassette *aphII* zu ersetzen und die resultierende Mutante *B. japonicum* D826 hinsichtlich Stress zu testen. Die erhaltenen Ergebnisse (Kap. 3.5) werden in Kapitel 4.4 der Arbeit diskutiert.

bll7795 kodiert für den erst kürzlich beschriebenen Regulator PhyR [Gourion et al. 2009]. Im Komplex mit PhyR fungieren der „*extracytoplasmic function*" Sigmafaktor EcfG (Blr7797) und der

Diskussion

Anti-Sigmafaktor NepR (Bsr7796). *nepR* wird bei allen in dieser Arbeit untersuchten Stressanalysen verstärkt exprimiert, *ecfG* ähnlich *phyR* bei vier der fünf untersuchten Stresszustände. Der genomische Kontext ist in Abbildung 51 dargestellt.

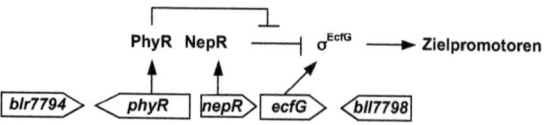

Abb. 51: Die *phyR-nepR-ecfG*-Region in *B. japonicum* und die regulativen Funktionen der korrespondierenden Proteine (modifiziert nach Gourion *et al.* 2009). Für Erklärung siehe Text.

Die allgemeine Stressantwort ist am besten in *E. coli* und *B. subtilis* untersucht. In diesen Organismen übernehmen die generellen Stressregulatoren σ^S (RpoS) und σ^B (SigB) eine universelle Antwort auf Stress auf transkriptioneller Ebene [Hecker *et al.* 2007; Klauck *et al.* 2007]. Im *B. japonicum*-Genom, ähnlich anderen α-Proteobakterien, fehlt ein universeller Stressregulator ähnlich RpoS bzw. SigB. Transkriptionelle Stressuntersuchungen zum Hitzeschock sowie zum oxidativen Stress, Austrocknung, UV-, Ethanol und osmotischen Stress weisen in dem α-Proteobakterium *Methylobacterium extorquens* AM1 auf einen universellen Regulator der Stressantwort hin [Gourion *et al.* 2008]. PyrR (*regulator induced upon phyllosphere colonization*) wurde als neuer Typ eines Regulators definiert, welcher spezifisch in α-Proteobakterien vorkommt [Galperin 2006; Gourion *et al.* 2006]. Am N-Terminus besitzt PhyR eine σ-Faktor-ähnliche Domäne und am C-Terminus eine Receiver-Domäne ähnlich den 2-Komponentenregulatoren. Studien von PhyR aus *M. extorquens* AM1 zeigen, dass der Regulator nicht selbst an der Transkription stressbedingt induzierter Gene beteiligt ist. Dafür ist in *M. extorquens* AM1 der „*extracytoplasmic function*"-Sigmafaktor σ^{EcfG1}, gemeinsam mit dem Anti-σ-Faktor NepR, verantwortlich [Francez-Charlot *et al.* 2009]. In *B. japonicum* konnten ein PhyR-Homolog sowie NepR- und ein σ^{EcfG}-Homologe identifiziert werden [Gourion *et al.* 2009]. PhyR wird, wahrscheinlich durch Stress, am konservierten Aspartatrest im C-Terminus des Proteins phosphoryliert und somit aktiviert. Wenn PhyR aktiviert vorliegt, bindet es an NepR, dem Anti-σ^{EcfG}-Faktor, über die N-terminale ECF-σ-Faktor-ähnliche Domäne. Diese Bindung ermöglicht die Befreiung des σ^{EcfG}-Faktor und ist verantwortlich für die Transkription der Stress-relevanten Gene in *B. japonicum* [Gourion *et al.* 2009]. Auch in weiteren α-Proteobakterien sind Operons dieser Art zu detektieren. In *S. meliloti* und *R. etli* sind es

Diskussion

RpoE$_2$ und RpoE$_4$, welche bekannte generelle Stressantworten auslösen. So z.B. nach Stress durch Wasserstoffperoxid und Austrocknung [Martinez-Salazar et al. 2009; Sauviac et al. 2007]. In *C. crescentus* CB15, ist das σ^{EcfG}-Faktor-Homolog SigT in die Stressantwort auf oxidativen und osmotischen Stress involviert [Alvarez-Martinez et al. 2007].

An dieser Stelle soll auf einige Beispiele der allgemeinen Stressantwort eingegangen werden. Vergleicht man die verschiedenen in dieser Arbeit erstellten Stress-Transkriptome von *B. japonicum*, so werden 33 Gene sowohl bei Temperatur- und Salzstress als auch bei pH 8 differenziell exprimiert. Teilweise weisen diese Gene ebenso bei Hitzeschock und/oder pH 4 ein verändertes Expressionsmuster auf (Tab. 35; Kap 3.4) und werden auch in der Literatur als Stress-spezifische Gene für *B. japonicum* beschrieben [Cytryn et al. 2007; Franck et al. 2008; Gourion et al. 2009]. Drei Viertel der Gene kodieren für hypothetische Proteine. Sowohl bei Temperatur-, Salz- und pH-Stress als auch bei Hitzeschock werden *bll1466*, *bsl5035*, *gscR* und *nepR* induziert. Auf GscR und NepR wurde schon eingegangen. *bll1466* und *bsl5035* kodieren für Proteine mit unbekannter Funktion. Bei einer Homologiesuche konnten weder für Bll1466 noch für Bsl5035 bekannte Domänen im Protein identifiziert werden. Dies gilt ebenso für die korrespondierenden Proteine der im Operon liegenden Gene *bsl5034* sowie *bll1465*, welche ebenso in weiteren Stress-situationen in *B. japonicum* induziert vorliegen. Bll1467, dessen Gen im Operon mit *bll1466* angeordnet ist, weist Ähnlichkeit zur Thia_YuaJ-Domäne der Thiamin-Transporter auf. Benachbart zu *bll1466* befinden sich *blr1468* und *blr1469*, welche in vier bzw. drei untersuchten Stress-situationen induziert vorliegen. Blr1468 zeigt Verwandtschaft zu Peptidoglycan-Binde-Domäne YkuD von Zellwand-abbauenden Enzymen [Biarotte-Sorin et al. 2006]. Die induziert vorliegenden Gene der allgemeinen Stressantwort von *B. japonicum* unterliegen der Regulation des PhyR-Regulons und weisen im Promotor eine σ^{EcfG}-Bindestelle auf [Gourion et al. 2009]. Die Ausnahmen sind hierbei *bsl7109* und *bll8057*. Beide Gene kodieren für konservierte unbekannte Proteine und die transkriptionelle Regulation in Abhängigkeit von Stress ist unklar. Möglicherweise unterliegen die beiden Gene der Regulation durch GscR, welcher durch PhyR nach Stress induziert wird. Von den restlichen PhyR-abhängigen Stress-regulierten Genen sind in ihrer Funktion lediglich *otsA* (*bll0322*), welches für die Trehalose-6-P-Synthase kodiert und *blr2752*, kodiert für eine Glykosyl-transferase, bekannt.

Mit der vorliegenden Arbeit kann gezeigt werden, dass *phyR*, *nepR* und σ^{EcfG} transkriptionell aktiviert werden, sobald *B. japonicum* den verschiedensten Arten von Stress ausgesetzt ist. Des Weiteren wird in Abhängigkeit von Stress die Gene des PhyR/σ^{EcfG}-Regulons induziert, welches

Diskussion

zehn Regulatorgene beinhaltet [Gourion et al. 2009]. Einer von diesen ist GscR. Somit kann der regulative Komplex, welcher aus PhyR, NepR und σ^{EcfG} besteht, als Element der allgemeinen Stressantwort von *B. japonicum* mit dieser Arbeit bestätigt werden. Anhand der vorliegenden Ergebnisse könnte man sich folgendes Modell der Stressantwort in *B. japonicum* vorstellen (Abb. 52).

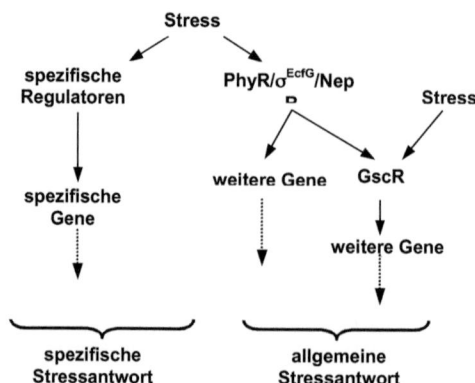

Abb. 52: Modell der Stressantwort in *B. japonicum*. Das Modell unterscheidet in eine spezifische und in eine allgemeine Stressantwort. Beide Stressantworten sind durch hierarchische Strukturen gekennzeichnet. Die spezifische Stressantwort wird durch Stress-spezifische Regulatoren initiiert, welche Stress-spezifische Gene aktivieren. Diese können weitere transkriptionelle Regulatoren beeinflussen, welche weitere transkriptionelle Antworten auslösen (gestrichelter Pfeil). Bei der allgemeine Stressantwort wird zuerst der globale Masterregulationskomplex, bestehend aus PhyR/ NepR/σ^{EcfG}, aktiviert, welcher eine erste transkriptionelle Aktivierung der Gene der allgemeinen Stressantwort auslöst. Dies beinhaltet weitere Regulatorgene, u.a. *gscR*. Das GscR-Regulon weist keine Abhängigkeit von PhyR/σ^{EcfG} auf (Kap. 4.4). Dieser Fakt benötigt noch weiterführende Arbeiten und soll hier nicht näher diskutiert werden. Sowohl das GscR-Regulon als auch die weiteren Gene des PhyR/σ^{EcfG}-Regulons sind in weitere Regulationskaskaden eingebunden (gestrichelte Pfeile). Nach dem derzeitigen Wissensstand sind die Enden der gestrichelten Pfeile und somit der spezifischen und allgemeinen Stressantwort nicht zu beschreiben.

4.4 Der Stressregulator GscR aus *Bradyrhizobium japonicum*

blr5264 wird bei allen dieser Arbeit zugrunde liegenden Mikroarrayanalysen bezüglich der transkriptionellen Stressantwort von *B. japonicum* verstärkt exprimiert. Das korrespondierende Genprodukt stellt einen 2-Komponenten-Hybridsensor und -Regulator dar, der funktionell in die Stressantwort von *B. japonicum* eingebunden ist. Aus diesem Grund wurde Blr5264 in GscR, *general stress control regulator*, umbenannt. *gscR* weist *upstream* eine σ^{EcfG}-Konsensussequenz auf und unterliegt der Regulation durch PhyR und σ^{EcfG} [Gourion et al. 2009]. In Abbildung 53 ist GscR mit seinen Proteindomänen dargestellt.

Abb. 53: Der Aufbau von GscR. GscR ist ein 2-Komponenten-Hybridsensor und -Regulator und 509 Aminosäuren lang. In der Abbildung sind die identifizierten funktionellen Domänen von GscR und ihre Anordnung im Protein dargestellt. Die Domänen sind im Text näher beschrieben. Die HisKA-Domäne enthält an Position 166 den Histidinrest zur Autophosphorylierung nach Signalerkennung. Der korrespondierende Aspartatrest befindet sich an Position 446 in der REC-Domäne. Die Abbildung wurde nach einem NCBI-Blast modifiziert.

An dieser Stelle soll für das weitere Verständnis kurz auf die funktionellen Domänen von GscR eingegangen werden. PAS-Domänen dienen vor allem der Ligandenbindung bzw. Signalerkennung [Taylor & Zhulin 1999]. Bekannte PAS-enthaltende Regulatoren sind z.B. in *Azotobacter vinelandii* NifL sowie in *B. subtilis* die Sporulationskinase KinC [Kobayashi *et al.* 1995; Key *et al.* 2007; Little *et al.* 2007]. Histidin-Kinasen bestehen aus den Domänen HisKA und HATPaseC und sind ein weitverbreitetes Element in bakteriellen Signaltransduktionswegen [West & Stock 2001; Stock *et al.* 2000]. HisKA ist der sensorische Part, welches den charakteristischen Histidinrest zur Autophosphorylierung nach Ligandenkontakt enthält. Im Protein GscR befindet sich dieser an Position 166. Die HATPaseC-Domäne ist in der Lage ATP zu binden und so der Autophosphorylierung Energie bereitzustellen [West & Stock 2001; Stock *et al.* 2000]. Die daraus resultierende hochenergetische Phosphatgruppe wird bei GscR, wie in den meisten Hybridsensor und -Regulatorproteinen, intramolekular auf den Aspartatrest der korrespondierenden REC (Receiver)-Domäne übertragen [Foussard *et al.* 2001; Laub & Goulian 2007]. GscR fehlt eine DNA-bindende Domäne, sodass der Regulator auf einen Phosphorelay zur transkriptionellen Aktivierung der GscR-spezifischen Stressgene angewiesen ist [Laub & Goulian 2007]. Hierbei wird die Phosphatgruppe von der REC-Domäne auf eine Histidin-Phosphotransferase übertragen, welche einen Regulator per Phosphorylierung aktiviert [Laub & Goulian 2007]. Dieser führt schlussendlich die Reaktion auf das Signal aus. Somit besitzt GscR keinen direkten Einfluss auf die transkriptionelle Regulation der Stressbedingt aktivierten Gene.

4.4.1 GscR-regulierte Gene

Eine Mutante von *gscR* (*B. japonicum* D826) wurde bezüglich des normalen Wachstums, des Hitzeschocks und des Salzstresses mit dem Wildtyp unter gleichen Bedingungen verglichen. Dabei wurden 1395 Gene identifiziert, welche in *B. japonicum* D826 unter den verschiedenen analysierten

Diskussion

Zuständen differenziell exprimiert vorlagen. Aufgrund der umfassenden Datenmenge soll in den nächsten Kapiteln lediglich auf vereinzelte Beispiele eingegangen werden.

4.4.1.1 Die transkriptionelle Antwort von *Bradyrhizobium japonicum* D826 bei normalem Wachstum

Beim Wachstum von *B. japonicum* D826 bei normalen Wachstumsbedingungen weisen 326 Gene ein verändertes Expressionsmuster auf. Rund 3/4 der Gene werden verringert exprimiert (Kap. 3.5.1), was einen Hinweis darauf gibt, dass GscR der (indirekte) transkriptionelle Aktivator dieser Gene ist. Auffällig ist hierbei eine Art „gestresster" Zustand der GscR-Mutante. So weist *B. japonicum* D826 bei normalen Wachstumsbedingungen ein Expressionsmuster auf, welche im Wildtyp bei Stress identifiziert wurden. Deutlich wird dies z.B. durch die verringerte Expression der Chemotaxis- und Flagellarassemblierungsgene, des *cbb*-Operons und der Zellteilungsgene *ftsZKEWA* und *minCDE*.

Die Chemotaxis- und Flagellarassemblierungsgene weisen auch bei Stress im Wildtyp eine verringerte Expression auf. Vermutlich dient dies der Umlagerung des Energiepools innerhalb der bakteriellen Zelle bei Stress (Kap. 4.3.1.3) [White 2000]. Die Genprodukte des *cbb*-Operons sind in die CO_2-Assimilierung eingebunden (Kap. 4.3.1.2). Bei pH-Stress werden die Gene (teilweise) verringert exprimiert während *gscR* induziert vorliegt. Eine Regulation durch GscR ist dennoch nicht anzunehmen. Das *cbb*-Operon müsste aufgrund der verringerten Expression in D826 einer Aktivierung durch GscR unterliegen. Dies ist für pH-Stress nicht der Fall. Vermutlich ist die verringerte Expression des *cbb*-Operons ein weiterer Hinweis auf den allgemeinen „gestressten" Zustand von *B. japonicum* D826, welcher schon bei normalen Wachstumsbedingungen auftritt.

Eine über 10fache Induktion beim Vergleich von *B. japonicum* D826 zum Wildtyp unter normalen Wachstumsbedingungen weisen *blr4624* und *bll1028* auf (Kap. 3.5.1). Beide Gene sind nicht in Operonstrukturen im Genom von *B. japonicum* eingebunden. *blr4624* kodiert für ein hypothetisches Protein, welches eine mögliche RpoN-Bindestelle im Promotor besitzt. Des Weiteren konnte eine Abhängigkeit von $RpoN_1$ und $RpoN_2$ gezeigt werden [Pessi *et al.* 2007]. *bll1028* kodiert für einen „*extracytoplasmic function*" σ-Faktor (ECF) mit Ähnlichkeit zu CarQ. ECFs gehören zu transkriptionellen Regulatorelementen, mit denen Bakterien auf Umweltsignale reagieren können [Wösten 1998]. Sie regulieren hauptsächlich Gene, die für Proteine mit extracytoplasmatischen Aufgaben kodieren. Bekannte ECFs sind z.B. CarQ aus *M. xanthus* [Gorham *et al.* 1996; Martinez-

Diskussion

Argudo et al. 1998; Browning et al. 2003], AlgU aus P. aeruginosa [Mathee et al. 1997; Rowen & Deretic 2000; Firoved et al. 2002], σ^E und FecI aus E. coli [Maeda et al. 2000; Mahren & Braun 2003; Miticka et al. 2003] sowie SigX aus B. subtilis [Sorokin et al. 1993]. Die Funktion von Bll1028 ist in B. japonicum nicht charakterisiert.

4.4.1.2 Die transkriptionelle Antwort von Bradyrhizobium japonicum D826 auf Stress

Wird B. japonicum D826 dem Salzstress bzw. dem Hitzeschock ausgesetzt, so werden 894 bzw. 426 Gene differenziell exprimiert, wovon ca. 86 % bei beiden Zuständen eine verringerte Expression aufweisen. Auch dies belegt, dass Blr5264 eher als (indirekter) Induktor von Stress-spezifischen Gene auftritt. In diesen Abschnitt soll auf einen Teil der 111 Gene eingegangen werden, welche sowohl bei Hitzeschock als auch bei Salzstress in B. japonicum D828 differenziell exprimiert vorliegen. 24 Gene werden des Weiteren auch unter normalen Wachstumsbedingungen differenziell exprimiert. Diese werden in Kapitel 4.4.1.3 diskutiert. Von den 87 Genen, welche bei Stress aber nicht bei normalem Wachstum in B. japonicum differenziell exprimiert vorliegen, wird lediglich *blr4082* (*fabD*) verstärkt exprimiert. Vier Gene weisen entweder bei Hitzeschock (*blr1601*) oder bei Salzstress (*blr2230; blr4112; blr7839*) ein verstärktes Expressionsmuster auf. Die weiteren Gene unterliegen einer verringerten Expression bei Stress.

Aufgrund des umfangreichen Stress-spezifischen Regulons von Blr5264 soll an dieser Stelle auf Besonderheiten eingegangen werden. Dabei sind *blr0366, bsl3012, bll4444, blr4486, bsl7781, blr7881* und *bsl8077* die interessantesten Gene, da diese bei Stress im Wildtyp eine verstärkte und in der GscR-Mutante eine verringerte Expression aufweisen (Tab. 42). Es kann angenommen werden, dass diese Gene (in)direkte Targets für GscR darstellen.

Diskussion

Tab. 42: Stress-induzierte Gene des Wildtyps, welche in *B. japonicum* D826 eine verringerte Expression aufweisen.

Genname	FC Wildtyp		FC D826		(putative) Proteinfunktion [a]
	Salz	HS	Salz	HS	
blr0366		9,5	-2	-7,8	hypothetisch; 108 AS; RegR-abhängig [1]
bsl3012		5,8	-6,3	-6,5	hypothetisch; 93 AS
bll4444		2,2	-2,2	-2,2	hypothetisch; Homologien zu Phosphat/Na^+-Symporter (PNaS-Familie)
blr4486 (nifR)		3,2	-3,2	-7,5	regulierendes Protein; N-abhängig
bsl7781	2,1	8,4	-2,3	-3,6	hypothetisch; 69 AS
blr7881		33,6	-2,8	-2,7	transkriptioneller Regulator ArsR-Familie
bsl8077		2,5	-3,6	-5,2	hypothetisch; 72 AS

a: Proteinfunktionen entsprechen der Kazusa-Annotation [Rhizobase]
[1]: Lindemann *et al.* 2007

blr7881 kodiert für einen Regulator der ArsR-Familie. Das korrespondierende Gen wird bei Hitzeschock im Wildtyp induziert, unterliegt aber in der GscR-Mutante bei Stress einer verringerten Expression. Die ersten identifizierten ArsR-Regulatoren waren Metall-abhängige Proteine, welche als Repressoren im Promotorbereich von Schwermetallresistenz-Operons gebunden vorlagen [Shi *et al.* 1994; Silver 1996]. Die bekanntesten Beispiele hierfür sind ArsR aus *E. coli* und SmtB aus *Synechococcus* PCC 7942 [Busenlehner *et al.* 2003; Wu & Rosen 1991; Turner *et al.* 1996]. Blr7881 fehlt die typische Metall-bindende Domäne, welche aus Cystein-Resten innerhalb des DNA-bindenden HTH-Motivs besteht [Cook *et al.* 1998; Busenlehner *et al.* 2003; Bairoch 1993]. Dies ist nicht ungewöhnlich, da weitere ArsR-Regulatoren identifiziert wurden, denen die Metall-bindenden Motive im Protein fehlen. So z.B. BigR aus *X. fastidiosa* und *A. tumefaciens* [Barbosa & Benedetti 2007; Barbosa *et al.* 2007; Mandal *et al.* 2007]. Spekulativ könnte angenommen werden, dass GscR bei Stress, ins Besondere bei Hitzeschock, die Transkription von *blr7781* (indirekt) aktiviert. Die vermehrte Bildung des Regulators führt zur Repression der spezifischen Gene. Fehlt Blr5264 so wird der ArsR-Regulator nicht vermehrt gebildet und es kann auch keine Repression der spezifischen Gene stattfinden. Möglicherweise wird die Expression von *fabD* (*blr4082*) über GscR und Blr7881 gesteuert. *fabD* liegt im Wildtyp bei Temperatur- und alkalischen Stress verringert und in der GscR-Mutante bei Stress verstärkt exprimiert vor. Das korrespondierende Protein ist eine S-Malonyltransferase, welche in die Gruppe der Acyl-Überträger-Proteine gehört. In *E. coli* und *B.*

Diskussion

subtilis unterliegt die Regulation dieses Gens sowohl induzierenden als auch reprimierenden Mechanismen [Fujita et al. 2007]. Ein ArsR-Typ-Regulator ist nicht involviert. Ebenso ist keine Regulation in Abhängigkeit von Stress bekannt. Ein mögliches Regulationsschema für *B. japonicum* ist in Abbildung 55 dargestellt.

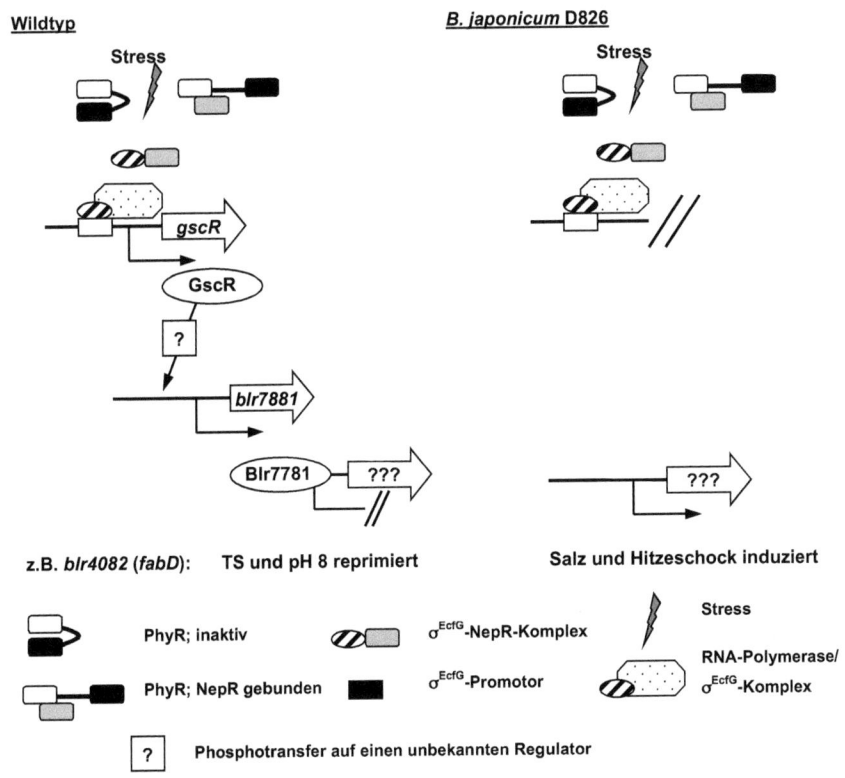

Abb. 54: **Schema einer möglichen PhyR/GscR/Blr7881-Regulationskaskade in Wildtyp und *B. japonicum* D826 in Abhängigkeit von Stress.** Wird *B. japonicum* dem Stress ausgesetzt, so wird NepR an PhyR gebunden und der σ^{EcfG}-Faktor wird frei. Dieser erkennt σ^{EcfG}-abhängige Promotoren, welche gemeinsam mit der RNA-Polymerase in Abhängigkeit von Stress transkribiert werden [Gourion et al. 2009]. Eines dieser Gene kodiert für den Regulator GscR, welcher wiederum der transkriptionelle Aktivator von *blr7881* ist. Da GscR nicht direkt an die DNA binden kann, ist dieser Schritt von weiteren noch unbekannten Faktoren abhängig. *blr7881* kodiert für einen Regulator des ArsR-Typs, welche hauptsächlich als Repressoren ihrer Zielgene auftreten [Busenlehner et al. 1992]. Demzufolge müsste es Gene in Abhängigkeit von Stress reprimieren, welche in *B. japonicum* D826 induziert vorliegen. Das Gen *blr4082* (*fabD*), welches für eine S-Malonoyltransferase kodiert, wäre so ein Kandidat.

Diskussion

Das 2-Komponentenregulationssystem NtrBC reguliert gemeinsam mit RpoN (NtrA) die zellulären Stickstoffwege der Proteobakterien. Die Histidin-Kinase NtrB überträgt bei Stickstoffmangel einen Phosphatrest auf NtrC, dem korrespondierenden 2-Komponentenregulator, welcher gemeinsam mit RpoN (σ^{54}) diverse Gene, inkl. weiterer Regulatoren, aktiviert [Espin *et al.* 1982; Macaluso *et al.* 1990; Schwacha & Bender 1993]. Bei den Rhizobien reguliert das NtrBC-System die Gene der Nitratassimilation, der Stickstofffixierung und der Glutaminsynthetase [Ronson *et al.* 1987; Szeto *et al.* 1987; Martin *et al.* 1988; Martin *et al.* 1989; de Bruijn *et al.* 1989; Fischer 1994]. Mit der vorliegenden Arbeit kann gezeigt werden, dass die Gene des NtrBC-Systems von *B. japonicum* bei Stress durch GscR reguliert werden (Abb. 47A; Kap. 3.5.2.3). Dabei ist keine gleichzeitige Regulation von *rpoN₁* (*blr1883*) und *rpoN₂* (*blr0723*) erkennbar. Die Gene der Stickstoffassimilation werden in *B. japonicum* D826 bei Hitzeschock verringert exprimiert (Tab. 40; Kap. 3.5.2.2). Der Einfluss von GscR auf das NtrBC-System bei Hitzschock muss in weiterführenden Arbeiten analysiert werden.

4.4.1.3 GscR-spezifische Gene

24 Gene werden in *B. japonicum* D826 sowohl bei normalen Wachstumsbedingungen, bei Salzstress und bei Hitzeschock differenziell exprimiert. Keines der GscR-abhängigen Gene weist einen σ^{EcfG}-abhängigen Promotor auf und unterliegt der Regulation des PhyR/σ^{EcfG}-Regulons [Gourion *et al.* 2009]. 20 Gene werden sowohl bei Stress als auch bei normalem Wachstum in der GscR-Mutante verringert exprimiert, was erneut auf eine (indirekte) Aktivierung dieser Gene durch GscR schließen lässt. *blr3918*, *blr3919*, *bll5076* und *bll5890* weisen verschiedene Expressionsmuster je nach Wachstumsbedingungen auf. Bis auf *bll5890* werden die Gene bei normalem Wachstum bzw. Salzstress verstärkt und bei Hitzeschock verringert exprimiert. *bll5890* kodiert für eine Monocarboxylsäure-Permease mit Ähnlichkeit zu Na^+-Symportern. *blr3918* und *blr3919* sind zu ABC-Transportern ähnlich, welche in der Lage sind komplexe Zucker zu transportieren. Das vierte Gen (*bll5076*) kodiert für ein Protein mit unbekannter Funktion. Ebenso wie die anderen drei Gene weist es jedoch einen Bezug zum Transport auf. Bll5076 besitzt eine Porin-ähnliche Domäne. Insgesamt werden sechs Regulatorgene durch GscR aktiviert (Tab. 40; Kap. 3.5.3). *blr3443* und *blr4006* kodieren für Regulatoren des TetR-Typs. Diese regulieren oft Gene der unmittelbaren Nachbarschaft [Ramos *et al.* 2005]. Benachbarte Gene von Blr3443 und Blr4006 sind weder in der Mutante reprimiert, noch bei Stress im Wildtyp induziert. Das bekannteste Regulatorgen, welches

Diskussion

durch GscR aktiviert wird, ist *fur* (*bll0797*). Dieses kodiert für den *ferric uptake regulator* Fur, welcher ubiquitär in den Proteobakterien vertreten ist. Fur dient in den verschiedensten Metallassoziierten Prozessen der Bakterien wie z.b. Metall- und Hämaufnahme, Siderophor- und Hämbiosynthese, wurde aber auch schon mit oxidativem Stress und Säureresistenz in Verbindung gebracht [Gallegos *et al.* 1997; Rudolph *et al.* 2006; Johnston *et al.* 2007]. Bekannte Targetgene des Fur-Proteins sind in *B. japonicum irr* (*bll0768*), das für einen weiteren Eisenregulator kodiert, und *hemA* (*bll1200*), dessen korrespondierendes Protein den ersten Schritt der Hämbiosynthese katalysiert [Braun *et al.* 1998; Friedman & O'Brian 2003]. Da *fur* in der *B. japonicum*-Mutante D826 einer verringerten Expression unterliegt, ist davon auszugehen, dass GscR die Transkription von *fur* positiv beeinflusst. Dies würde bedeuten, dass sowohl *irr* als auch *hemA* in *B. japonicum* D826 eine verringerte Expression aufweisen müssten. Dies trifft auf *irr* nicht zu und für *hemA* nur in Abhängigkeit von Hitzeschock. Schaut man sich die bekannten Irr-regulierten Gene an, sind einige teilweise in der *B. japonicum*-Mutante D826 verringert exprimiert. Ein einheitliches Muster ist hierbei nicht erkennbar. Gene, welche positiv durch Irr beeinflusst werden, zeigen keine GscR-Abhängigkeit [Yang *et al.* 2006].

Yang *et al.* (2006) beschrieben ein 120 Gene umfassendes Fur-Regulon. In diesem sind 13 Gene beschrieben, welche positiv durch Fur reguliert werden. Zu diesen Genen gehörte das *cbb*-Operon (*blr2581-blr2588*), deren Genprodukte der CO_2-Fixierung im Calvin-Zyklus dienen. Bisher war bekannt, dass diese Gene unter (Chemo-)autotrophem Wachstum induziert vorlagen [Lepo *et al.* 1980; Franck *et al.* 2008]. Von *E. coli* und *P. aeruginosa* ist bekannt, dass eine positive Kontrolle durch Fur auf einige Gene durch die Repression der sRNA RhyB zustande kommt [Masse & Gottesman 2002; Wilderman *et al.* 2004]. In diesem Fall aktiviert Fur Gene, welche für Proteine des TCA-Zyklus, der Eisenspeicherung, dem Schutz gegenüber oxidativem Stress und für Eisen-enthaltenen Enzyme kodieren [McHugh *et al.* 2003]. Rhizobien besitzen kein RhyB-ähnliche Sequenz, aber viele Gene, welche in *E. coli* durch die RNA reguliert werden, werden in *B. japonicum* durch Irr reguliert. Beim Salzstress in *B. japonicum* D826 werden in besonderem Maße die Gene des Zitratzyklus verringert exprimiert. Inwieweit dies in Abhängigkeit von Fur geschieht, welches durch GscR nicht mehr aktiviert werden kann, ist fraglich. Bei Hitzeschock betrifft es die *cbb*-Gene, welche in *E. coli* Fur-induziert sind. Über eine mögliche Wirkungsweise von GscR und Fur kann aufgrund der Datenlage nur spekuliert werden.

Auf einige wenige unbekannte Gene, welche verringert exprimiert vorliegen, soll hier eingegangen werden. Blr0227 weist Ähnlichkeit zu einem PhaR-Typ-Repressor der Polyhydroxyalkanoat-

Diskussion

synthese auf. Die Gene *blr1670* und *blr1671* kodieren für Proteine mit unbekannten Funktionen. Bei einer Sequenzanalyse wurde in den korrespondierenden Proteinen Adenylat- bzw. Guanylatzyklase-Domänen identifiziert. Adenylat- und Guanylatzyklasen sind in der Lage cAMP bzw. cGMP aus ATP bzw. GTP zu katalysieren. cGMP wurde als Signalstoff bei Stress in *E. coli* identifiziert [Rauch *et al.* 2008; Tucker *et al.* 2007; Evans *et al.* 2008]. Ein Protein mit einer Guanylatzyklase ist in die Bildung der Überdauerungsform (Sporulation) von *B. subtilis* bei Stress eingebunden [Arsen *et al.* 2009].

blr3831 (*mvrA*) kodiert für eine Ferredoxin-NADP$^+$-Reduktase, welche in den Elektronentransfer der Zelle eingeschlossen ist. Für *E. coli* konnte gezeigt werden, dass solche Enzyme eine wichtige Rolle bei oxidativem Stress spielen und des Weiteren von einem 2-Komponentenregulationssystem (SoxSR) abhängig sind [Krapp *et al.* 2002; Liochev *et al.* 1994]. In *B. japonicum* D826 zeigt *mvrA* eine deutliche Abnahme der Transkriptmenge, während das Gen bei Hitzeschock im Wildtyp induziert vorliegt. In den weiteren Stresszuständen und bei normalem Wachstum des Wildtyps weist *mvrA* eine verstärkte Expression auf.

bsl5715 kodiert für ein Protein mit Ähnlichkeit zu BolA, welches in *E. coli* als Morphogen in die Zellbildung während der stationären Phase eingebunden ist [Aldea *et al.* 1989]. Santos *et al.* (1999) konnten später zeigen, dass *bolA* bei Stress schon in zeitigeren Wachstumsphasen von *E. coli* induziert wird.

5 Zusammenfassung

5.1 Das Genistein-Stimulon von *Bradyrhizobium japonicum*

101 Gene werden nach Genisteinzugabe induziert. NodW ist der Hauptaktivator der Genistein-induzierbaren Gene, welche zum Großteil kein *nod*-Box-Motiv in der Promotorregion aufweisen. Einzig acht Gene, wovon sieben für Transportersysteme kodieren, zeigen in der NodW-Mutante 613 nach Genisteinzugabe weiterhin ein erhöhtes Expressionsniveau. In weiterführenden Arbeiten konnte für zumindest ein Transportersystem (Bll4319/Bll4320/Bll4321) neben der Genistein-Abhängigkeit auch eine Regulation durch den Genistein-abhängigen TetR-Typ-Regulator FrrA nachgewiesen werden [Günther 2007; Bhandari 2008]. Dies zeigt, dass NodW in weiterführende Regulationskaskaden eingebunden sein muss, wobei diese in der vorliegenden Arbeit nicht näher charakterisiert wurden. Die Mikroarraydaten geben lediglich Hinweise auf mögliche Regulationskaskaden. Bekannt ist schon die Wirkung von NodW als Transkriptionsaktivator von *ttsI*, welches für einen 2-Komponentenregulator kodiert. TtsI ist notwendig um die Gene des T3SS und verschiedener Effektoren zu aktivieren. Anhand der Mikroarraydaten liegt die Vermutung nahe, dass die Transkriptionsaktivierung des lateralen Flagellenclusters ebenfalls einer indirekten NodW-abhängigen Regulation unterliegt. So könnte NodW der Transkriptionsaktivator der MarR-Typ-Regulatorgene *blr6843* und *blr6886* sein, welche das laterale Flagellencluster aktivieren.

Durch Pflanzentests war bekannt, dass es *B. japonicum* Δ901 möglich ist, den NodW-Defekt bei der Nodulation der Wirtspflanzen zu überwinden [Grob *et al.* 1993]. Dies beruht auf die Überexpression des 2-Komponentenregulators NwsB. So können Symbiose-relevante Gene wie die *nod*-Box-assoziierten Gene ähnlich dem Wildtyp nach Genistein-Zugabe induziert werden. NwsB ist aber nicht in der Lage, das Flagellarcluster der lateralen Flagellen (bis auf *blr6846*) oder *tts*-Box-assoziierte Gene nach Genistein-Zugabe zu induzieren. Dies bedeutet, dass trotz der hohen Ähnlichkeit zwischen den 2-Komponentenregulatoren NodW und NwsB, die Bindestellen in der Promotorregion der Genistein-induzierbaren Genen nicht identisch sind.

Die NodD$_1$-Mutante Δ1267 ist in der Lage, weiterhin Knöllchen mit allen Wirtspflanzen von *B. japonicum* zu bilden [Göttfert *et al.* 1992], was wahrscheinlich auf ein funktionelles NodW als Hauptaktivator der *nodYABC*-Operons zurückzuführen ist. Anhand der Mikroarraydaten ist festzustellen, dass kein weiteres *nod*-Box-assoziiertes Operon in der NodD$_1$-Mutante Δ1267 verstärkt exprimiert vorliegt. Dies könnte bedeuten, dass NodW die Transkription von *nodD$_1$* und des

Zusammenfassung

nodYABC-Operons startet und später durch NodD₁ in der Aktivierung der *nod*-Box-assoziierten Gene unterstützt wird.

Aufgrund der erhaltenen Daten wurde das in Abbildung 56 dargestellte Modell eines Genistein-Stimulons von *B. japonicum* entwickelt. Hieraus wird ersichtlich, dass Genistein eine weit größere Rolle bei der Aktivierung von Genen einnimmt, als bisher angenommen wurde.

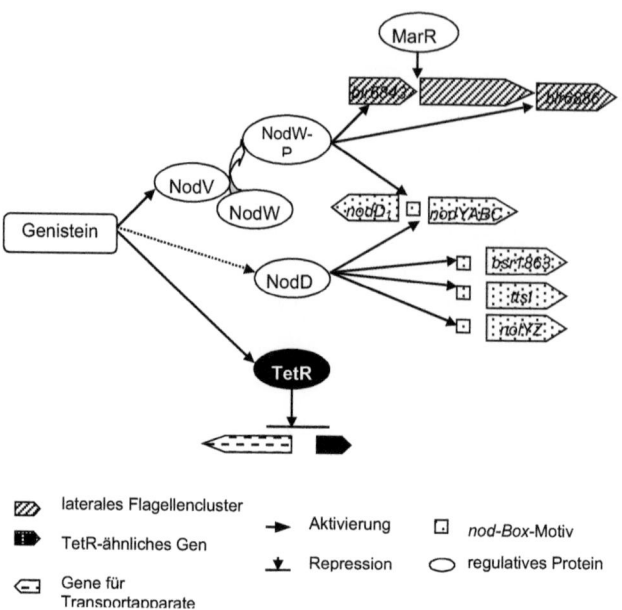

Abb. 55: Modell des Genistein-Stimulons in *B. japonicum*. Genistein induziert in *B. japonicum* Gene, welche verschiedenen Regulationskaskaden unterliegen. Bekannt war die Transkriptionsaktivierung des *nodYABC*-Operons, *ttsI* und *nolYZ* in Abhängigkeit von Genistein und der Regulatoren NodD₁ und NodW [Banfalvi *et al.* 1988; Dockendorff *et al.* 1994; Krause *et al.* 2002]. Die Rolle von NodD₁ als zentraler Regulator der *nod*-Box-assoziierten Gene kann nicht bestätigt werden (gestrichelter Pfeil). Anhand des vorgestellten Modells wird deutlich, dass NodW der Hauptaktivator der Gene des Genistein-Stimulons ist. Lediglich acht Gene unterliegen einer NodW-unabhängigen TetR-Regulation. Sieben der TetR-regulierten Gene kodieren für Effluxsysteme.

Zusammenfassung

5.2 Die transkriptionelle Stressantwort von *Bradyrhizobium japonicum*

In der vorliegenden Arbeit wurde die transkriptionelle Stressantwort von *B. japonicum* hinsichtlich pH 4, pH 8, 80 mM NaCl, Hitzeschock und Temperaturstress analysiert. Dabei konnten sowohl Aussagen über Gene, welche in die allgemeine als auch in die spezifische Stressantwort eingebunden sind, getroffen werden. Die transkriptionelle Antwort auf pH 8 war mit 1636 differenziell exprimierten Genen die umfangreichste Stressantwort der vorliegenden Arbeit. Hierbei konnte gezeigt werden, dass *B. japonicum* bei pH-Stress besonders Gene der pHi-Homöostase aktiviert. Dies umfasst sowohl Transportergene als auch enzymatische Gene. Interessant waren die differenziell exprimierten Gene, welche bei pH 8 verstärkt und bei pH 4 verringert exprimiert vorlagen. Diese Gene besitzen im Promotorbereich eine RegR-Box und sind in der transkriptionellen Aktivierung von RegR abhängig [Lindemann *et al.* 2007]. Aufgrund der Homologie des RegSR-Systems von *B. japonicum* mit dem pH-abhängigen ActSR-System von *S. meliloti* besteht die Möglichkeit, dass RegSR ebenfalls in die pH-abhängige Regulation dieser Gene eingebunden ist.

Fünf Gene weisen ein gleiches Expressionsmuster in den untersuchten Stressanalysen dieser Arbeit auf. Einzig verringert exprimiert wird *bll7197*, das für eine Untereinheit eines ABC-Transporters kodiert. *bll1466* und *bsl5035* kodieren für Proteine mit unbekannten Funktionen, während *blr5264* für einen 2-Komponenten-Hybridsensor und -Regulator kodiert. Da dieser als Regulator in die Stressantwort von *B. japonicum* eingebunden ist, wurde Blr5264 in GscR (*general stress control regulator*) umbenannt. Sowohl *bll1466* als auch *bsl5035* und *gscR* weisen σ^{EcfG}-spezifische Promotorsequenzen auf und unterliegen der transkriptionellen Aktivierung durch σ^{EcfG} [Gourion *et al.* 2009]. Das vierte induziert vorliegende Gen ist *bsr7796*, welches für den σ^{EcfG}-Antisigmafaktor NepR kodiert [Gourion *et al.* 2009]. NepR liegt bei normalen Wachstumsbedingungen als Komplex mit σ^{EcfG} vor und bindet bei Stress an den Regulator PhyR, sodass σ^{EcfG} aktiviert wird [Gourion *et al.* 2009]. Es konnte ein Großteil der bei Gourion *et al.* (2009) beschriebenen PhyR/σ^{EcfG}-regulierten Gene als Stress-regulierte Gene in dieser Arbeit identifiziert werden. Meistens wurden sie bei drei oder mehr Stresszuständen differenziell exprimiert. Diese Gene sind somit, genau wie *bll1466*, *bsl5035* und *gscR*, in die allgemeine Stressantwort von *B. japonicum* eingebunden.

Neben der allgemeinen Stressantwort konnten des Weiteren spezifischen Stressantworten ermittelt werden. So können in den erstellten Mikroarraydaten Gene identifiziert werden, welche ausschließlich bei einem untersuchten Stresszustand differenziell exprimiert vorliegen. Diese Gene unterliegen wahrscheinlich einer spezifischen Regulation. Infrage kämen Regulatoren, deren Gene

Zusammenfassung

ausschließlich bei einem spezifischen Stress induziert vorliegen. Beispiele hierfür wären der MarR-Typ-Regulator Blr0200 bei Salzstress und der 2-Komponentenregulator Blr0877 bei pH 4-Stress. Unklar ist dabei, welche der Stress-spezifischen Gene durch welchen Regulator reguliert werden.

5.3 Der Stressregulator GscR von *Bradyrhizobium japonicum*

GscR ist in der Lage, über die PAS-Domäne Umweltsignale zu detektieren und sich daraufhin am konservierten Histidin zu phosphorylieren. Die Übertragung der Phosphatgruppe auf die interne REC-Domäne führt zur Aktivierung des Regulators. Aufgrund der Struktur von GscR ist davon auszugehen, dass der Regulator nicht direkt auf die Transkription der Zielgene Einfluss nimmt. Möglich ist die Übertragung der Phosphatgruppe per Phosphotransferase auf weitere Regulatoren.

Wird *B. japonicum* D826 bei normalen Wachstumsbedingungen (28 °C; AG) kultiviert und nach 4 h das Transkriptom bestimmt, so fällt die stark verringerte Expression der Gene des CBB-Weges und der Chemotaxis sowie Flagellarassemblierung auf. Dies sind Reaktionen, welche bei Stress im Wildtyp beschrieben werden.

Es wurden 87 Gene identifiziert, welche bei Stresseinfluss von GscR abhängig sind. Hierunter sind sieben verringert exprimierte Gene, welche bei Stress im Wildtyp verstärkt exprimiert vorliegen. Diese scheinen demzufolge bei Stress (indirekt) durch GscR transkriptionell aktiviert zu werden. Das interessanteste Gen war hierbei *blr7881*, welches für einen ArsR-Typ-Regulator kodiert. Dieser ist nach PhyR/σ^{EcfG} und GscR ein weiterer Schritt in der allgemeinen Stressantwort von *B. japonicum* (Abb. 61; Kap. 4.4.1.2). Von großem Interesse ist auch *fur*, dass für einen Eisen-abhängigen Regulator von *B. japonicum* kodiert. Da Eisen ein wichtiger Bestandteil der bei Stress besonders wichtigen pHi-Homöostase ist, besteht die Möglichkeit einer Interaktion von Fur und GscR.

6 Literatur

Abdel-Wahab H.H. and Zahran H.H. 1979: Salt tolerance of *Rhizobiurn* species in broth cultures. *Z. für Allg. Mikrobiol.* 19: 681-685

Adams M.D., Wagner L.M., Graddis T.J., Landick R., Antonucci T.K., Gibson A.L. and Oxender D.L. 1990: Nucleotide sequence and genetic characterisation reveal six essential genes for the LIV-I and LS transport systems of *Escherichia coli*. *J. Biol. Chem.* 265: 11436-11443

Aldea M., Garrido T., Hernandez-Chico C., Vicente M. and Kushner S.R. 1989: Induction of a growth-phase-dependent promoter triggers transcription of *bolA*, an *Escherichia coli* morphogene. *EMBO J.* 8: 3923-3931

Alekshun M. N. and Levy S.B. 1997: Regulation of chromosomally mediated multiple antibiotic resistance: the *mar* regulon. *Antimicrobiol. Agents Chemo.* 41: 2067-2075

Allaway D., Lodwig E.M., Crompton L.A., Wood M. and Parson R. 2000: Identification of alanin dehydrogenase and its role in mixed secretion of ammonium and alanin by pea bacteroids. *Mol. Microbiol.* 36: 508-515

Allocati N., Favaloro B., Masulli M., Alexeyev M.D. and Di Ilio C. 2003: *Proteus mirabilis* glutathione S-transferase B1-1 is involved in protective mechanisms against oxidative and chemical stresses. *J. Biochem.* 373: 305-311

Alvarez-Martinez C.E., Lourenco R.F., Baldini R.L., Laub M.T. and Gomes S.L. 2007: The ECF sigma factor σ^T is involved in osmotic and oxidative stress responses in *Caulobacter crescentus*. *Mol. Microbiol.* 66: 1240-1255

Anthamatten D., Scherb B. and Hennecke H. 1992: Characterization of a *fixLJ*-Regulated *Bradyrhizobium japonicum* Gene Sharing Similarity with the *Escherichia coli fnr* and Rhizobium meliloti *fixK* Genes. *J. Bacteriol.* 174: 2111-2120

Aramaki H., Yagi N. and Suzuki M. 1995: Residues important for the function of a multihelical DNA binding domain in the new transcription factor family of Cam and Tet repressors. *Protein. Eng.* 8: 1259-1266

Asen I., Djuranovic S., Lupas A.N. and Zeth K. 2009: Crystal Structure of SpoVT, the Final Modulator of Gene Expression during Spore Development in *Bacillus subtilis*. *J. Mol. Biol.* 386: 962-975

Atsumi T., Maekawa Y., Yamada T., Kawagishi I., Imae Y. and Homma M. 1996: Effect of viscosity on swimming by the lateral and polar flagella of *Vibrio alginolyticus*. *J. Bacteriol.* 178: 5024–5026

Azevedo J.E., Duarte M., Belo J.A., Werner S. and Videira A. 1994: Complementary DNA sequences of the 24 kDa and 21 kDa subunits of complex I from Neurospora. Biochem. *Biophys. Acta.* 1188: 159-161

Babst M., Hennecke H. and Fischer H.-M. 1996: Two different mechanisms are involved in the heatshock regulation of chaperonin gene expression in *Bradyrhizobium japonicum*. *Mol. Microbiol.* 19: 827–839

Baek S.-H., Hartsock A. and Shapleigh J.P. 2008: *Agrobacterium tumefaciens* C58 uses ActR and FnrN to control *nirK* and *nor* expression. *J. Bacteriol.* 190: 78- 86

Literatur

Baev N., Schultze M., Barlier I., Ha D.C., Virelizer H., Kondorosi E. and Kondorosi A. 1992: Rhizobium nodM and nodN genes are common nod genes: nodM encodes functions for efficiency of Nod signal production and bacteroid maturation. *J. Bacteriol.* 174: 7555-7565

Bairoch A. 1993: A possible mechanism for metal-ion induced DNA-protein dissociation in a family of prokaryotic transcriptional regulators. *Nucleic Acids Res.* 1993: 2515

Baker M.D., Wolanin P.M. and Stock J.B. 2005: Signal transduction in bacterial chemotaxis. *BioEssays* 28: 9-22

Balsiger S., Ragaz C., Baron C. and Narberhaus F. 2004: Replicon-specific regulation of small heat shock genes in *Agrobacterium tumefaciens*. *J. Bacteriol.* 186: 6824-6829

Balsinde J., Winstead M.V. and Dennis E.A. 2002: Phospholipase A_2 regulation of arachidonic acid mobilization. *FEBS Letters* 531: 2-6

van **Bambeke** F., Glupczynski Y., Plesiat P., Pechere J.C. and Tulkens P.M. 2003a: Antibiotic efflux pumps in prokaryotic cells: occurrence, impact on resistance and strategies for the future of antimicrobial therapy. *J. Antimicrob. Chem.r* 51: 1055-1065

van **Bambeke** F., Michot J.M. and Tulkens P.M. 2003b: Antibiotic efflux pumps in eukaryotic cells: occurrence and impact on antibiotic cellular pharmacokinetics, pharmacodynamics and toxicodynamics. *J. Antimicrob. Chem.r* 51: 1067-1077

Banerji S. and Flieger A. 2004: Patatin-like proteins: a new family of lipolytic enzymes present in bacteria? *Microbiology* 150: 522-525

Banfalvi Z., Nieuwkoop A., Schell M., Besl L. and Stacey G. 1988: Regulation of *nod* gene expression in *Bradyrhizobium japonicum*. *Mol. Gen. Genet.* 214: 420-424

Baranova N. and Nikaido H. 2002: The BaeSR two-component regulatory system activates transcription of the *yegMNOB* (*mdtABCD*) transporter gene cluster in *Escherichia coli* and increases its resistance to novobiocin and deoxycholate. *J. Bacteriol.* 184: 4168-4176

Barbosa R.L., Rinaldi F.C., Guimara B.G. and Benedetti C.E. 2007: Crystallization and preliminary X-ray analysis of BigR, a transcription repressor from *Xylella fastidiosa* involved in biofilm formation. *Acta Crystallogr. Sect. F Struct. Biol. Cryst. Commun.* 63: 596–598

Barbosa R.L. and Benedetti C.E. 2007: BigR, a transcriptional repressor from plant-associated bacteria, regulates an operon implicated in biofilm growth. *J. Bacteriol.* 189: 6185–6194

Barbour W.M., Hattermann D.R. and Stacey G. 1991: Chemotaxis of *Bradyrhizobium japonicum* to soybean exudates. *Appl. Environ. Microbiol.* 57:2635-2639

Barnet Y.P. 1991: Ecology of the root nodule bacteria. *In* The Biology and Biochemistry of Nitrogen Fixation. p. 199-208; Dilworth M.J. and Glenn A.R. (Ed.). Elsevier Publishers; Amsterdam, *The Netherlands*

Barnett M.J., Toman C.T., Fisher R.F. and Long S. 2004: A dual-gnome Symbiosis Chip for coordinate study of signal exchange and development in a prokaryote-host interaction. *Proc. Natl. Acad. Sci. USA* 101: 16636-16641

Bauer E., Kaspar T., Fischer H.-M. and Hennecke H. 1998: Expression of the *fixR-nifA* Operon in *Bradyrhizobium japonicum* depends on a new response regulator, RegR. *J. Bacteriol.* 180: 3853-3863

Bhandari A. 2008: Charakterisierung der Operatorregion des Transkriptionsrepressors FrrA von *Bradyrhizobium japonicum*. Bachelorarbeit; Institut für Genetik; TU Dresden

Literatur

Becker A. and Pühler A. 1998: Production of exopolysaccharides by rhizobia. *In* The *Rhizobiceae*. p. 97-118; Spain H.P., Kondorosi A. and Hooykaas P.J.J. (Ed.); Kluwer Academic Publishers, Dordrecht, *The Netherlands*

Benaroudj N., Lee D.H. and Goldberg A.L. 2001: Trehalose accumulation during cellular stress protects cells and cellular proteins from damage by oxygen radicals. *J. Biol. Chem.* 276: 24261–24267

Benson D.R. and Silvester W.B. 1993: Biology of frankia strains, actinomycete symbionts of actinorhizal plants. *Microbiol. Re.* 57: 293-319

Bernstein J.A., Khodursky A.B., Lin P.-H., Lin-Chao S. and Cohen S.N. 2002: Global analysis of mRNA decay and abundance in *Escherichia coli* at single gene resolution using two-color fluorescent DNA microarrays. *Proc. Natl. Acad. Sci. USA* 99: 9697-9702

Bhargava S. 2005: The role of potassium as an ionic signal in the regulation of cyanobacterium *Nostoc muscorum* response to salinity and osmotic stress. *J. Basic Microbiol.* 45: 171-181

Bianchi A.A. and Baneyx F. 1999: Hyperosmotic shock induces the sigma^{32} and sigma^E stress regulons of *Escherichia coli*. *Mol. Microbiol.* 34: 1029-1038

Biarotte-Sorin S., Hugonnet J.-E., Delfosse V., Mainardi J.-L., Gutmann L., Arthur M. and Mayer C. 2006: Crystal structure of a novel β-Lactam-insensitive peptidoglycan transpeptidase. *J. Mol. Biol.* 359: 533-538

Boncompagni E., Osteras M., Poggi M.-C. and LeRudulier D. 1999: Occurrence of choline and glycine betaine uptake and metabolism in the family *Rhizobiaceae* and their roles in osmoprotection. *Appl. Environ. Microbiol.* 65: 2072-2077

Booth I.R. 1985: Regulation of cytoplasmic pH in bacteria. *Microbiol. Rev.* 49: 359-378

Boscari A., Mandon K., Poggi M.C. and LeRudulier D. 2004: Functional expression of *Sinorhizobium meliloti* BetS, a high-affinity betaine transporter in *Bradyrhizobium japonicum* USDA110. *App. Environ. Microbiol.* 70: 5916-5922

Bourdineaud J.-P., Nehmé B., Tesse S. and Lonvaud-Funel A. 2003: The *ftsH* Gene of the wine bacterium *Oenococcus oeni* is involved in protection against environmental stress. *Appl. Environ. Microbiol.* 69: 2512-2520

Bourret R.B., Borkovich K.A. and Simon M.I. 1991: Signal transduction pathways involving protein phosphorylation in prokaryotes. *Annu. Rev. Biochem.* 60: 401-441

Bottomley P. 1991: Ecology of *Rhizobium* and *Bradyrhizobium*. *In* Biological nitrogen fixation. p. 292-347; Stacey G., Burris R.H. and Evans H.J. (Ed.). Chapman & Hall, New York, *USA*

Bottomley P.J. and Maggard S.P. 1992: Determination of viability within serotypes of a soil population of *Rhizobium leguminosarum* bv. *trifolii*. *Appl. Environ. Microbiol.* 56: 533-540

Braun V., Hantke K. and Koster W. 1998: Bacterial iron transport: mechanisms, genetics, and regulation. *Met. Ions Biol. Syst.* 35: 67-145

Breedveld M.W., Zevenhuizen L.P.T.M. and Zehnder A.J.B. 1991: Osmotically-regulated trehalose accumulation and cyclic beta-(1,2)-glucan excreted by *Rhizobium leguminosarum* bv. *trifolii* TA-1. *Arch. Microbiol.* 156: 501–506

Brewin N.J. 1991: Development of the legume root nodule. *Annu. Rev. Cell Biol.* 7: 191-226

Literatur

Broughton W.J., Jabbouri S. and Perret X. 2000: Keys to symbiotic harmony. *J. Bacteriol.* 182: 5641-5652

Brown M.H., Paulsen I.T. and Skurray R.A. 1999: The multidrug efflux protein NorM is a prototype of a new family of transporters. *Mol. Microbiol.* 31: 394-395

Browning D.F., Whitworth D.E. and Hodgson D.A. 2003: Light-induced carotenogenesis in *Myxococcus xanthus*: functional characterization of the ECF sigma factor CarQ and antisigma factor CarR. *Mol. Microbiol.* 48: 237-251

Buurman E.T., Kim K.-T. and Epstein W. 1995: Genetic evidence for two sequentially occupied K^+ binding sites in the Kdp transport ATPase. *J. Biol. Chem.* 270: 6678-6685

Busenlehner L.S., Penella M.A. and Giedroc D.P. 2003: The SmtB/ArsR family of metalloregulatory transcriptional repressors: structural insights into prokaryotic metal resistance. *FEMS Microbiol. Rev.* 27: 131-143

Caetano-Anollés G., Crist-Estes D.K. and Bauer W.D. 1988: Chemotaxis of *Rhizobium meliloti* to the plant flavone luteolin requires functional nodulation genes. *J. Bacteriol.* 170: 3164-3169

Carmel-Harel O. and Storz G. 2000: Roles of glutathione- and thioredoxin-dependent reduction systems in the *Escherichia coli* and *Saccharomyces cerevisiae* responses to oxidative stress. *Annu. Rev. Microbiol.* 54: 439-461

Cases I., de Lorenzo V. and Ouzounis C.A. 2003: Transcription regulation and environmental adaptation in bacteria. *Trends Microbiol.* 11: 248-253

Chang W.-S., Franck W.L., Cytryn E., Jeong S., Joshi T., Emerich D.W., Sadowsky M.J., Xu D. and Stacey G. 2007: An oligonucleotide microarray resource for transcriptional profiling of *Bradyrhizobium japonicum*. *Mol. Plant Microbe Interact.* 20: 1298-1307

Chatterji D. and Ojha A.K. 2001: Revisitising the stringent response, ppGpp and starvation signaling. *Curr. Opin. Microbiol.* 4: 160-165

Chen W.-M., Lee T.-M., Lan C.-C. and Cheng C.-P. 2000: Characterization of halotolerant rhizobia isolated from root nodules of *Canavalia rosea* from seaside areas. *FEMS Microbiol. Ecol.* 34: 9-16

Chilcott G.S. and Hughes K.T. 2000: Coupling of flagellar gene expression to flagellar assembly in *Salmonella enterica* serovar *typhimurium* and *Escherichia coli*. *Microbiol. Mol. Biol. Rev.* 64: 694-708

Chollet R., Bollet C., Chevalier J., Mallea M., Pages J.-M. and Davin-Regli A. 2004: *mar* operon involved in multidrug resistance of *Enterobacter aerogenes*. *Antimicrobiol. Agents Chemo.* 46: 1093-1097

Chowdhury S., Ragaz C., Kreuger E. and Narberhaus F. 2003: Temperature-controlled structural alterations of an RNA thermometer. *J. Biol. Chem.* 278: 47915-47921

Chuanchuen R., Narasaki C.T. and Schweizer H.P. 2002: The MexJK efflux pump of *Pseudomonas aeruginosa* requires OprM for antibiotic efflux but not for efflux of triclosan. *J. Bacteriol.* 184: 5035-5044 **Comolli** J.C. and Donohue T.J. 2002: *Pseudomonas aeriginosa* RoxR, a response regulator related to *Rhodobacter sphaeroides* PrrA, activates expression of the cyanide-insensitive terminal oxidase. *Mol. Microbiol.* 45: 755-768.

Comolli J.C., Carl A.J., Hall C. and Donohue T. 2002: Transcriptional activation of the *Rhodobacter sphaeroides* cytochrome c2 Gene P2 promoter by the response regulator PrrA. *J. Bacteriol.* 184: 390-399

Literatur

Conter A., Gangneux C., Suzanne M. and Gutierrez C. 2001: Survival of *Escherichia coli* during long-term starvation: effects of aeration, NaCl, and the *rpoS* and *osmC* gene products. *Res. Microbiol.* 152: 17-26

Cook W.J., Kar S.R., Taylor K.B. and Hall L.M. 1998: Crystal structure of the cyanobacterial metallothionein repressor SmtB: A model for metalloregulatory proteins. *J. Mol. Biol.* 275: 337-346

Csonka L.N. 1989: Physiological and genetic responses of bacteria to osmotic stress. *Microbiol. Rev.* 53: 121-147

Csonka L.N. and Epstein W. 1996: Osmoregulation. *In Escherichia coli* and *Salmonella* cellular and molecular biology. p. 1210-1223; Neidhardt F.C., Curtiss R., Lin E.C., Low K.B., Magasanik B., Reznikoff W.S., Riley M., Schaechter M. and Umbarger H.E. (Ed.), ASM Press, Washington, USA

Cushnie T.P.T. and Lamb A.J. 2005: Antimicrobial activity of flavonoids. *Int. J. Antimicrob. Agents* 26: 343-356

Cytryn E.J., Sangurdekar D.P., Streeter J.G., Franck W.L., Chang W., Stacey G., Emerich D.W., Joshi T., Xu D. and Sadowsky M.J. 2007: Transcriptional and physiological responses of *Bradyrhizobium japonicum* to desiccation-induced Stress. *J. Bacteriol.* 189: 6751–6762

Dakora F.D. and Phillips D.A. 1996: Diverse functions of isoflavonoids in legumes transcend anitmicrobial definitions of phytoalexins. *Physiol. Mol. Plant Pathol.* 49: 1-20

Davey M.E. and de Bruijn F.J. 2000: A homologue of the tryptophan-rich sensory protein TspO and FixL regulates novel nutrient deprivation-induced *Sinorhizobium meliloti* locus. *Appl. Environ. Microbiol.* 66: 5353-5359

Davidson A.L., Dassa E., Orelle C. and Chen J. 2008: Structure, function, and evolution of bacterial ATP-binding cassette systems. *Microbiol. Mol. Biol. Rev.* 72: 317-364

Deaker R., Roughley R.J. and Kennedy I.R. 2004: Legume seed inoculation technology-a review. *Soil Biol. Biochem.* 36: 1275-1288

Dénarié J., Debellé F. and Rosenberg C. 1992: Signalling and host range variation in nodulation. *Annu. Rev. Microbiol.* 46: 497-531

Dennis E.A. 1997: The growing phospholipase A_2 superfamily of signal transduction enzymes. *Trends Biochem. Sci.* 22: 1–2

Dhondt S., Geoffroy P., Stelmach B.A., Legrand M. and Heitz T. 2000: Soluble phospholipase A_2 activity is induced before oxylipin accumulation in tobacco mosaic virus-infected tobacco leaves and is contributed by patatin-like enzymes. *Plant J.* 23: 431-440

Dinh T., Paulsen I.T. and Saier M.H.Jr. 1994: A family of ectracytoplasmic proteins that allows transport of large molecules across the outer membranes of gram-negative bacteria. *J. Bacteriol.* 176: 3825-3831

Dockendorff T.C., Sharma A.J. and Stacey G. 1994: Identification and characterization of the *nolYZ* genes of *Bradyrhizobium japonicum*. *Mol. Plant Microbe Interact.* 7: 173-180

Dominguez-Ferreras A., Perez-Arnedo R., Becker A., Olivares J., Soto M.J. and Sanjuan J. 2006: Transcriptome profiling reveals the importance of plasmid pSymB for osmoadaptation of *Sinorhizobium meliloti*. *J. Bacteriol.* 188: 7617-7625

Doyle J.J. 1994: Phylogeny of the legume family: an approach to understanding the origins of nodulation. *Annu. Rev. Ecol. Syst.* 25: 325-349

Literatur

Duzan H.M., Zhou X., Souleimanov A. and Smith D.L. 2004: Perception of *Bradyrhizobium japonicum* Nod factor by soybean [*Glycine max* (L.) Merr.] root hairs under abiotic stress conditions. *J. Exp. Bot.* 55:2641-2646

Eichhorn E., van der Ploeg J. R. and Leisinger T. 2000: Deletion analysis of the *Escherichia coli* taurine and alkanesulfonate transport systems. *J. Bacteriol.* 182: 2687-2695

Elbein A.D., Pan Y.T., Pastuszak I. and Carroll D. 2003: New insights on trehalose: a multifunctional molecule. *Glycobiology* 13: 17R-27R

Ellison D.W. and Miller V.L. 2006: Regulation of virulence by members of the MarR/SlyA family. *Curr. Opin. Microbiol.* 9:153–159

Elsen S., Swem L.R., Swem D.L. and Bauer C.E. 2004: RegB/RegA, a highly conserved redox-responding global two-component regulatory system. *Microbiol. Mol. Biol. Rev.* 68: 263-279

Elsheikh E.A.E. and Wood M. 1990a: *Rhizobia* and *Bradyrhizobia* under salt stress: possible role of trehalose in osmoregulation. *Lett. Appl. Microbiol.* 10: 127-129

Elsheikh E.A.E., and Wood M. 1990b: Salt effects on survival and multiplication of chick pea and soybean rhizobia. *Soil. Biol. Biochem.* 22: 343-347

Elsheikh E.A.E. 1998: Effects of salt on *Rhizobia* and *Bradyrhizobia*: a review. *Ann. Appl. Bio.* 132: 507-524

El-Shinnawi M.M., El-Saify N.A. and Waly T.M. 1989: Influence of the ionic form of mineral salts on growth of faba bean and *Rhizobium leguminosarum*. *J. Microbiol. Biotechnol.* 5: 247-254

Engelke D.R., Krikos A., Bruck M.E. and Ginsburg D. 1990: Purification of *Thermus aquaticus* DNA polymerase expressed in *Escherichia coli*. *Anal. Biochem.* 191:396-400

Epstein W. 1986: Osmoregulation by potassium transport in *Escherichia coli*. *FEMS Microbiol. Rev.* 39: 73-78

Eraso J.M. and Kaplan S. 2000: From redox flow to gene regulation: role of the PrrC protein of *Rhodobacter sphaeroides* 2.4.1. *Biochemistry* 39: 2052-2062

Espin G., Alvarez-Morales A., Cannon F., Dixon R. and Merrick M.J. 1982: Cloning of the *glnA*, *ntrB* and *ntrC* genes of *Klebsiella pneumoniae* and studies of their role in regulation of the nitrogen fixation (*nif*) gene cluster. *Mol. Gen. Genet.* 186: 518-524

Evans J.M., Day J.P., Cabero P., Dow J.A.T. and Davies S.-A. 2008: A new role for a classical gene: White transports cyclic GMP. *J. Exp. Biol.* 211: 890-899

Feder M. E. 1999: Heat-shock proteins, molecular chaperones, and the stress response: evolutionary and ecological physiology. *Annu. Rev. Physiol.* 61: 243–282

Fenner B.J., Tiwari R.P., Reeve W.G., Dilworth M.J. and Glenn A.R. 2004: *Sinorhizobium medicae* genes whose regulation involves the ActS and/or ActR signal transduction proteins. *FEMS Microbiol. Letters* 236: 21-31

Ferguson G.P. and Booth I.R. 1998: Importance of glutathione for growth and survival of *Escherichia coli* cells: detoxification of methylglyoxal and maintenance of intracellular K1. *J. Bacteriol.* 180: 4314-4318

Fernandez-Pinar R., Ramos J.L., Rodriguez-Herva J.J. and Espinosa-Urgel M. 2008: A two-component regulatory system integrates redox state and population density sensing in Pseudomonas putida. *J. Bacteriol.* 190: 7666-7674

Literatur

Finan T.M., Wood J.M. and Jordan D.C. 1983: Symbiotic properties of C4-dicarboxylic acid transport mutants of *Rhizobium leguminosarum*. *J. Bacteriol.* 154: 1403-1413

Firoved A.M., Boucher J.C. and Deretic V. 2002: Global genomic analysis of AlgU (sigma(E))-dependent promoters (sigmulon) in *Pseudomonas aeruginosa* and implications for inflammatory processes in cystic fibrosis. *J. Bacteriol.* 184: 1057-1064

Fischer H.-M., Babst M., Kaspar T., Acuial G., Arigoni F. and Hennecke H. 1993: One member of a groESL-like chaperonin multigene family in *Bradyrhizobium japonicum* is co-regulated with symbiotic nitrogen fixation genes. *EMBO J.* 12: 2901-2912

Fischer H.-M. 1994: Genetic regulation of nitrogen fixation in rhizobia. *Microbiol. Rev.* 58: 352-386

Foussard M., Cabantous S., Pédelacq J.-D., Guillet V., Tranier S., Mourey L., Birck C. and Samama J.-P. 2001: The molecular puzzle of two-component signaling cascades. *Micobes. Infect.* 5: 417-424

Fowler Z.L. and Koffas M.A.G. 2009: Biosynthesis and biotechnological production of flavanones: current state and perspectives. *Appl. Microbiol. Biotechnol.* 83: 799–808

Francez-Charlot A., Frunzke J., Reichen C., Zingg Ebneter J., Gourion B. and Vorholt J.A. 2009: Sigma factor mimicry involved in regulation of general stress response. *Proc. Natl. Acad. Sci. USA* 106: 3467-3472

Franck W.L., Chang W.-S., Qiu J., Sugawara M., Sadowsky M.J., Smith S.A. and Stacey G. 2008: Whole-genome transcriptional profiling of *Bradyrhizobium japonicum* during chemoautotrophic growth. *J. Bacteriol.* 190: 6697–6705

Francis N.R., Wolanin P.M., Stock J.B., DeRosier D.J. and Thomas D.R. 2004: Three-dimensional structure and organization of a receptor/signaling complex. *Proc. Natl. Acad. Sci. USA* 101: 17480–17485

Franke S., Grass G. and Nies D.H. 2001: The product of the *ybdE* gene of the *Escherichia coli* chromosome is involved in detoxification of silver ions. *J. Microbiol.* 147: 965-972

Friedman Y.E. and O'Brian M.R. 2003: A novel DNA-binding site for the ferric uptake regulator (Fur) protein from *Bradyrhizobium japonicum*. *J. Biol. Chem.* 278: 38395-38401

Fujita Y., Matsuoka H. and Hirooka K. 2007: Regulation of fatty acid metabolism in bacteria. *Mol. Microbiol.* 66: 829-839

Gage D.J. 2009: Nodule Development in Legumes. *In* Nitrogen fixation in crop production. p. 1-24; Emerich D.W. and Krishnan H.B. (Ed.). Agronomy monograph no. 52, Madison, *USA*

Gallegos M.T., Schleif R., Bairoch A., Hofmann K. and Ramos J.L. 1997: AraC/XylS family of transcriptional regulators. *Microbiol. Mol. Biol. Rev.* 61: 393-410

Galperin M.Y. 2006: Structural classification of bacterial response regulators: diversity of output domains and domain combinations. *J. Bacteriol.* 188: 4169-4182

Garcia M., Dunlap J., Loh J. and Stacey G. 1996: Phenotypic characterization and regulation of the *nolA* gene of *Bradyrhizobium japonicum*. *Mol. Plant Microbe Interact.* 9: 625-636

George A.M., Hall R.M. and Stokes H.W. 1995: Multidrug resistance in *Klebsiella pneumoniae*: a novel gene, *ramA*, confers a multidrug resistance phenotype in *Escherichia coli*. *Microbiology* 141: 1909-1920

Literatur

Georgopoulos C., Liberek K., Zylicz M. and Ang D. 1994: Properties of the heat shock proteins of *Escherichia coli* and the autoregulation of the heat shock response. *In* The biology of heat shock proteins and molecular chaperones. p. 209-249; Morimoto R.I., Tissieres A. and Georgopoulos C. (Ed.). Cold Spring Harbor, New York; *USA*

Giaver H.M., Styrvold O.B., Kaasen I. and Strom A.R. 1988: Biochemical and Genetic Characterization of Osmoregulatory Trehalose Synthesis in *Escherichia coli. J. Bacteriol* 170: 2841-2849

Gibson K.E., Kobayashi H. and Walker G.C. 2008: Molecular determinants of a symbiotic chronic infection. *Annu. Rev. Genet.* 42: 413-441

Goethals K., van de Eede G., van Montagu M. and Holsters M. 1990: Identification and Characterization of a Functional *nodD* Gene in *Azorhizobium caulinodans* ORS571. *J. Bacteriol* 172: 2658-2666

Goethals K., van Montagu M. and Holsters M. 1992: Conserved motifs in a divergent *nod-Box* of *Azorhizobium caulinodans* ORS571 reveal a common structure in promoters regulated by LysR-type proteins. *Proc. Natl. Acad. Sci. USA* 89: 1646-1650

Göttfert M., Grob P. and Hennecke H. 1990: Proposed regulatory pathway encoded by the *nodV* and *nodW* genes, determinants of host specificity in *Bradyrhizobium japonicum*. *Proc. Natl. Acad. Sci. USA* 87: 2680-2684

Göttfert M., Holzhäuser D., Bäni D. and Hennecke H. 1992: Structural and functional analysis of two different *nodD* genes in *Bradyrhizobium japonicum* USDA110. *Mol. Plant Microbe Interact.* 5: 257-265

Göttfert M., Hennecke H. and Tabata S. 2005: Facets of the *Bradyrhizobium japonicum* 110 genome. *In* Genomes and genomics of nitrogen-fixing organisms p. 99-111: Palacios, R. and Newton, W. E. (Ed.). Springer, Dordrecht, *The Netherlands*

Gonzales-Pasayo R. and Martinez-Romero E. 2000: Multiresistance genes of *Rhizobium etli* CFN42. *Mol. Plant Microbe Interact.* 13: 572-577

Gorham H.C., McGowan S.J., Robson P.R.H. and Hodgson D.A. 1996: Light-induced carotenogenesis in *Myxococcus xanthus*: light-dependent membrane sequestration of ECF sigma factor CarQ by anti-sigma factor CarR. *Mol. Microbiol.* 19: 171-186

Gourion B., Rossignol M. and Vorholt J.A. 2006: A proteomic study of Methylobacterium extorquens reveals a response regulator essential for epiphytic growth. *Proc. Natl. Acad. Sci. USA* 103: 13186-13191

Gourion B., Francez-Charlot A. and Vorholt J.A. 2008: PhyR is involved in the general stress response of *Methylobacterium extorquens* AM1. *J. Bacteriol.* 190: 1027-1035

Gourion B., Sulser S., Frunzke J., Francez-Charlot A., Stiefel P., Pessi G., Vorholt J.A. and Fischer H.-M. 2009: The PhyR-σ^{EcfG} signalling cascade is involved in stress response and symbiotic efficiency in *Bradyrhizobium japonicum*. *Mol. Microbiol.* 73: 291-305

Graham P.H., Draeger K.J., Ferrey M.L., Conroy M.J., Hammer B.E., Martinez E., Aarons S.R. and Quinto C. 1994: Acid pH tolerance in strains of *Rhizobium* and *Bradyrhizobium*, and initial studies on the basis for acid tolerance of *Rhizobium tropici* UMR1899. *Can. J. Microbiol.* 40:189-207

Grass G. and Rensing C. 2001: Genes involved in copper homeostasis in *Escherichia coli. J. Bacteriol.* 183: 2145-2147

Literatur

Grayer R.J. and Kokubun T. 2001: Plant-fungal interactions: the search for phytoalexins and other antifungal compounds from higher plants. *Phytochemistry* 56: 253-263

Grkovic S., Brown M.H. and Skurray R.A. 2002: Regulation of bacterial export systems. *Microbiol. Mol. Biol. Rev.* 66: 671-701

Grob P., Michel P., Hennecke H. and Göttfert M. 1993: A novel response-regulator is able to suppress the nodulation defect of a *Bradyrhizobium japonicum nodW* mutant. *Mol. Gen. Genet.* 241: 531-541

Grob P., Hennecke H. and Göttfert M. 1994: Cross-talk between the two-component regulatory systems NodVW and NwsAB of *Bradyrhizobium japonicum*. *FEMS Microbiol. Lett.* 120: 349-353

Günther T. 2007: Untersuchung eines Multidrug-Efflux-Transporters mit TetR-Typ-Transkriptions-regulator in *Bradyrhizobium japonicum*. Diplomarbeit; Institut für Genetik; TU Dresden

Gupta R.S. 2005: Protein signatures distinctive of alpha proteobacteria and its subgroups and a model for alpha-proteobacterial evolution. *Crit. Rev. Microbiol.* 31: 101-135

Gupta R.S. and Mok A. 2007: Phylogenomics and signature proteins for the alpha Proteobacteria and its main groups. *BMC Microbiol.* 7: 106

D'Haeze W. and Holsters M. 2002: Nod factor structures, responses, and perception during initiation of nodule development. *Glycobiology*, 12: 79R-105R

Hammerschmidt R. 1999: Phytoalexins: What have we learned after 60 yaers? *Annu. Rev. Phytopathol.* 37: 285–306

O'Hara G.W, Goss T.J., Dilworth M.J. and Glenn A.R. 1989: Maintenance of intracellular pH and acid tolerance in *Rhizobium meliloti*. *Appl. Environ. Microbiol.* 55: 1870-1876

Harborne J.B. and Williams C.A. 2000: Advances in flavonoid research since 1992. *Phytochemistry* 55: 481-504

Hartwig U.A., Maxwell C.A., Joseph C.M. and Phillips D.A. 1990: Chrysoeriol and luteolin released from alfalfa seeds induce *nod* Genes in *Rhizobium meliloti*. *Plant Physiol.* 92: 116-122

Hauser F., Lindemann A., Vuilleumier S., Patrignani A., Schlapbach R., Fischer H.-M., and Hennecke H. 2006: Design and validation of a partial-genome microarray for transcriptional profiling of the *Bradyrhizobium japonicum* symbiotic gene region. *Mol. Genet. Genomics* 275: 55-67

Hauser F., Pessi G., Friberg M., Weber C., Rusca N., Lindemann A., Fischer H.-M. and Hennecke H. 2007: Dissection of the *Bradyrhizobium japonicum* NifA+σ^{54} regulon, and identification of a ferredoxin gene (*fdxN*) for symbiotic nitrogen fixation. *Mol. Genet. Genomics.* 278: 255-271

Hecker M., Pane-Farre J. and Völker U. 2007: SigB-dependent general stress response in *Bacillus subtilis* and related gram-positive bacteria. *Annu. Rev. Microbiol.* 61: 215-236.

Hendrick J.P. and Hartl F.U. 1993: Molecular chaperone functions of heat-shock proteins. *Annu. Rev. Biochem.* 62: 349-384

Hengge-Aronis R., Klein W., Lange R., Rimmele M. and Boos W. 1991: Trehalose synthesis genes are controlled by the putative sigma factor encoded by *rpoS* and are involved in stationary-phase thermotolerance in *Escherichia coli*. *J. Bacteriol.* 173: 7918-7924

Literatur

Hengge-Aronis R. 1999: Interplay of global regulators and cell physiology in the general stress response of *Escherichia coli. Curr. Opin. Microbiol.* 2: 148-152

Hellweg C., Pühler A. and Weidner S. 2009: The time course of the transcriptomic response of *Sinorhizobium meliloti* 1021 following a shift to acidic pH. *BMC Microbio.* 9: 37

Herman C., Thevenet D., d'Ari R. and Bouloc P. 1995: Degradation of σ^{32}, the heat shock regulator in *Escherichia coli*, is governed by HflB. *Proc. Natl. Acad. Sci. USA* 92: 3516-3520

Hoelzle I. and Streeter J.G. 1990: Increased accumulation of trehalose in *Rhizobia* cultured under 1% oxygent. *App. Environ. Microbiol.* 56: 3213-3215

Higgins M.K., Bokma E., Koronakis E., Hughes C. and Koronakis V. 2004: Structure of the periplasmic component of a bacterial drug efflux pump. *Proc. Natl. Acad. Sci. USA* 101: 9994-9999

Hillen W. and Berens C. 1994: Mechanisms underlying expression of Tn10 encoded tetracycline resitance. *Ann. Rev. Microbiol.* 48: 345-369

Hirsch A.M. 1992: Developmental biology of legume nodulation. *New Phytol.* 122: 211-237

Hirsch P.R. 1996: Population dynamics of indigenous and genetically modified rhizobia in the field. *New Phytol.* 133: 159-171

Hoch J.A. 2000: Two-component and phosphorelay signal transduction. *Curr. Opin. Microbiol.* 3: 165-170

Hogue D.L., Kerby L. and Ling V. 1999: A mammalian lysosomal membrane protein confers multidrug resistance upon expression in *Saccharomyces cerevisiae. J. Biol. Chem.* 274: 12877-12882

Holland I.B. and Blight M.A. 1999: ABC-ATPases, adaptable energy generators fuelling transmembrane movement of a variety of molecules in organisms from bacteria to humans. *J. Mol. Biol.* 293: 381-399

Horne I.M., Pemberton J.M. and McEwan A.G. 1996: Photosynthesis gene expression in *Rhodobacter sphaeroides* is regulated by redox changes which are linked to electron transport. *J. Microbiol.* 142: 2831-2838

Hulko M., Berndt F., Gruber M., Linder J.U., Truffault V., Schultz A., Martin J., Schultz J.E., Lupas A.N. and Coles M. 2006: The HAMP domain structure implies helix rotation in transmembrane signaling. *Cell* 126: 929-940.

Jabbouri S., Relic B., Hanin M., Kamalaprija P., Burger U., Prome D., Prome J.C. and Broughton W.J. 1998: *nolO* and *noeI* (HsnIII) of *Rhizobium* sp. NGR234 Are Involved in 3-*O*-Carbamoylation and 2-*O*-Methylation of Nod Factors. *J. Biol. Chem.* 273: 12047–12055

Javid B., MacAry P.A. and Lehner P.J. 2007: Structure and function: heat shock proteins and adaptive immunity. *J. Imm.* 179: 2035–2040

Jenkins M.B. 2003: Rhizobial and bradyrhizobial symbionts of mesquite from the Sonoran Desert: salt tolerance, facultative halophily and nitrate respiration. *Soil Biol. Biochem.* 35: 1675-1682

Jiang W., Hou Y. and Inouye M. 1997: CspA, the major cold-shock protein of *Escherichia coli*, is an RNA chaperone. *Biol. Chem.* 272: 196-202

Johnston A.W.B., Todd J.D., Curson A.R., Lei S., Nikolaidou-Katsaridou N., Gelfand M.S. and Rodinov D.A. 2007: Living without Fur: the subtlety and complexity of iron-responsive gene regulation in the symbiotic bacterium *Rhizobium* and other α-proteobacteria. *Biometals* 20: 501-511

Literatur

Joshi H.M. and Tabita F.R. 1996: A global two component signal transduction system that integrates the control of photosynthesis, carbon dioxide assimilation, and nitrogen fixation. *Proc. Natl. Acad. Sci. USA* 93: 14515-14520

Jung J.U., Gutierrez C. and Villarejo M.R. 1989: Sequence of an osmotically inducible lipoprotein gene. *J. Bacteriol.* 171: 511-520

Kahn M.I., McDermontt T.R. and Udvardi M.K. 1998: Carbon and nitrogen metabolism in rhizobia. *In* The Rhizobiaceae: Molecular Biology of Model Plant-Associated Bacteria. p. 461-185; Kluwer Academic Publishers, Dordrecht, *The Netherlands*

Kainth P. and Gupta R.S. 2005: Signature proteins that are distinctive of alpha proteobacteria. *BMC Genom.* 6: 94

Kaminski P.A., Batut J. and Boistard P. 1998: A survey of symbiotic nitrogen fixation by rhizobia. *In* The Rhizobiaceae: Molecular Biology of Model Plant-Associated Bacteria. p. 431-460; Kluwer Academic Publishers, Dordrecht, *The Netherlands*

Kanbe M., Yagasaki J., Zehner S., Göttfert M. and Aizawa S.-I. 2007: Charakterization of two sets of subpolar flagella in *Bradyrhizobium japonicum*. *J. Bacteriol.* 189:1083-1089

Kaneko T., Nakamura Y., Sato S., Minamisawa K., Uchiumi T., Sasamoto S., Watanabe A., Idesawa K., Iriguchi M., Kawashima K., Kohara M., Matsumoto M., Shimpo S., Tsuruoka H., Wada T., Yamada M. and Tabata S. 2002: Complete genomic sequence of nitrogen-fixing symbiotic bacterium *Bradyrhizobium japonicum* USDA110. *DNA Res.* 9: 189-197

Kape R., Parniske M. and Werner D. 1991: Chemotaxis and *nod* gene activity of *Bradyrhizobium japonicum* in response to hydroxycinnamic acids and isoflavonoids. *Appl. Environ. Microbiol.* 57:316-319

Kape R., Parniske M., Brandt S. and Werner D. 1992: Isoliquiritigenin, a strong *nod* gene and glyceollin resistance-inducing flavonoid from soybean root exudate. *Appl. Environ. Microbiol.* 58: 1705-1710

Karr D., Emerich D. and Karr A.L. 1992: Accumulation of the phytoalexin, glyceollin, in root nodules of soybean formed by effective and ineffective strains of *Bradyrhizobium japonicum*. *J. Chem. Ecol.* 18: 997-1008

Kawagishi I., Maekawa Y., Atsumi T., Homma M. and Imae Y. 1995: Isolation of the polar and lateral flagellum-defective mutants in *Vibrio alginolyticus* and identification of their flagellar driving energy sources. *J. Bacteriol.* 177: 5158–5160

Keseler I.M., Collado-Vides J., Gama-Castro S., Ingraham J., Paley S., Paulsen I.T., Peralta-Gil M., Karp P.D. 2005: EcoCyc: a comprehensive database resource for *Escherichia coli*. *Nucleic Acids Res.* 33: 334-7

Key J., Hefti M., Purcell E.B. and Moffat K. 2007: Structure of the redox sensor domain of *Azotobacter vinelandii* NifL at atomic resolution: signaling, dimerization, and mechanism. *Biochem.* 46: 3614-3623

Klauck E., Typas A. and Hengge R. 2007: The σ^S subunit of RNA polymerase as a signal integrator and network master regulator in the general stress response in *Escherichia coli*. *Sci. Prog.* 90: 103–127

Literatur

Kleinschmidt C., Tovar K. and Hillen W. 1991: Computer simulations and experimental studies of gel mobility patterns for weak and strong non-cooperative protein binding to two targets on the same DNA: application to binding of Jet repressor variants to multiple and single *tet* operator sites. *Nucleic Acids Res.* 19: 1021-1028

Kobayashi H., Shoji K., Shimizu T., Nakano K., Sato T. and Kobayashi Y. 1995: Analysis of a suppressor mutation *ssb* (*kinC*) of *sur0B20* (*spo0A*) mutation in *Bacillus subtilis* reveals that *kinC* encodes a histidine protein kinase. *J. Bacteriol.* 177: 176-182

Kobayashi H., Naciri-Graven Y., Broughton W.J. and Perret X. 2004: Flavonoids induce temporal shifts in gene-expression of *nod*-box controlled loci in *Rhizobium* sp. NGR234. *Mol. Microbiol.* 51: 335-347

Köhler T., Epp S.F., Curty L.K. and Pechere J.-C. 1999: Characterization of MexT, the regulator of the MexE-MexF-OprN multidrug efflux system of *Pseudomonas aeruginosa*. *J. Bacteriol.* 181: 6300-6305

Koesling D., Böhme E. and Schultz G. 1991: Guanylyl cyclases, a growing family of signal-transducing enzymes. *FASEB J.* 5: 2785-2791

Kosslak R.M., Bookland R., Barkei J., Paaren H.E. and Appelbaum E.R. 1987: Induction of *Bradyrhizobium japonicum* common *nod* genes by isoflavones isolated from *Glycine max*. *Proc. Natl. Acad. Sci. USA* 84: 7428-7432

Krapp A.R., Rodriguez R.E., Poli H.O., Paladini D.H., Palatnik J.F. and Carillo N. 2002: The flavoenzyme ferredoxin (flavodoxin)-NADP(H) reductase modulates NADP(H) homeostasis during the *soxRS* response of *Escherichia coli*. *J. Bacteriol.* 184: 1474-1480

Krause A., Doerfel A. and Göttfert M. 2002: Mutational and transcriptional analysis of the type III secretion system of *Bradyrhizobium japonicum*. *Mol. Plant Microbe Interact.* 15: 1228-1235

Kulasekara H.D., Ventre I., Kulasekara B.R., Lazdunski A., Filloux A. and Lory S. 2005: A novel two-component system controls the expression of *Pseudomonas aeruginosa* fimbrial *cup* genes. *Mol. Microbiol.* 55: 368-380

Kumar A. and Schweizer H.P. 2005: Bacterial resistance to antibiotics: active efflux and reduced uptake. *Adv. Drug. Deliv. Rev.* 57: 1486-1513

Kvint K., Farewell A. and Nyström T. 2000: RpoS-dependent promotors require guanosine tetraphosphate for induction even in the presence of high levels of σ^S. *J. Biol. Chem.* 275: 14795-14798

Laemmli U.K. 1970: Cleavage of structural proteins during the assembly of the head of bacteriophage T4. *Nature* 227: 680-685

Lamark T., Kaasen I., Eshoo M.W., Falkenberg P., McDougall J. and Strom A.R. 1991: DNA sequence and analysis of the *bet* genes encoding the osmoregulatory choline-glycine betaine pathway of *Escherichia coli*. *Mol. Microbiol.* 5: 1049-1064

Lamrabet Y., Bellogin R.A., Cubo T., Espuny R., Gil A., Krishnan H.B., Megias M., Ollero F.J., Pueppke S.G., Ruiz-Sainz J.E., Spaink H.P., Tejero-Mateo P., Thomas-Oates J. and Vinardell J.M. 1999: Mutation in GDP-fucose synthesis genes of *Sinorhizobium fredii* alters Nod factors and significantly decreases competitiveness to nodulate soybeans. *Mol. Plant Microbe Interact.* 12: 207–217

Literatur

Lange R. and Hengge-Aronis R. 1991: Growth phase regulated expression of *bolA* and morphology of stationary-phase *Escherichia coli* cells are controlled by the novel sigma factor σ^S. *J. Bacteriol.* 173: 4474-4481

Laub M.T. and Goulina M. 2007: Specifity in two-component signal transduction pathways. *Annu. Rev. Genet.* 41:121-145

Lazazzera B.A. 2000: Quorum sensing and starvation: signals for entry into stationary phase. *Curr. Opin. Microbiol.* 3: 177-182

Lepo J.E., Hanus F.J. and Evans H.J. 1980: Chemoautotrophic growth of hydrogen-uptake-positive strains of *Rhizobium japonicum*. *J. Bacteriol.* 141: 664-670

Lewis R.J., Brannigan J.A., Offen W.A., Smith I. and Wilkinson A.J. 1998: An evolutionary link between sporulation and prophage induction in the structure of a repressor:anti-repressor complex. *J. Mol. Biol.* 13: 907-912

Lewis K. and Lomovskaya O. 2001: Drug Efflux. *In* Bacterial Resistance to Antimicrobials. p. 61-90; Lewis K., Salyers A., Taber H.W. and Wax R.G. (Ed.). New York, *USA*

Li X.-Z., Nikaido H. and Poole K. 1995: Role of MexA-MexB-OprM in antibiotic efflux in *Pseudomonas aeruginosa*. *Antimicrob. Agents Chem.* 39: 1948-1953

Lin D.X., Tang H., Wang E.T. and Chen W.X. 2009: An ABC-transporter is required for alkaline stress and potassium transport regulation in *Sinorhizobium meliloti*. *FEMS Microbiol. Lett.* 293: 35-41

Lindemann W.C and Glover C.R. 1996: Inoculation of Legumes. Guide A-130; New Mexico State University, Cooperative Extension Service, College of Agriculture and Home Economics, *USA*

Lindemann A., Moser A., Pessi G., Hauser F., Friberg M., Hennecke H. and Fischer H.-M. 2007: New target genes controlled by the *Bradyrhizobium japonicum* two-component regulatory system RegSR. *J. Bacteriol.* 189: 8928-8943

Lindemann A. 2008: The RegSR regulon of *Bradyrhizobium japonicum*. Dissertation; Istitut für Mikrobiologie; ETH Zürich

Lindström K., Sorsa M., Polkunen J. and Kansaner P. 1985: Symbiotic nitrogen fixation of *Rhizobium* (Galega) in acid soils, and its survival in soil under acid and cold stress. *Plant Soil* 87: 293-302

Liochev S.I., Hausladen A., Beyer W.F.Jr. and Fridovich I. 1994: NADPH: ferredoxin oxidoreductase acts as a paraquat diaphorase and is a member of the *soxRS* regulon. *Proc. Natl. Acad. Sci. USA* 91: 1328-1331

Little R., Martinez-Argudo I., Perry S. and Dixon R. 2007: Role of the H domain of the histidine kinase-like protein NifL in signal transmission. *J. Biol. Chem.* 28: 13429-13437

Liu Y., Gao W., Wang Y., Wu L., Liu X., Yan T., Alm E., Arkin A., Thompson D.K., Fields M.W. and Zhou J. 2005: Transcriptome analysis of *Shewanella oneidensis* MR-1 in response to elevated salt conditions. *J. Bacteriol.* 187: 2501-2507

Lloret J., Bolanos L., Lucas M.M., Peart J.M., Brewin N.J., Bonilla I. and Rivilla R. 1995: Ionic stress and osmotic pressure induce different alterations in the lipopolysaccharide of a *Rhizobium meliloti* strain. *Appl. Environ. Microbiol.* 61: 3701-3704

Literatur

Lloret J., Wulff B.B.H., Rubio J.M., Downie J.A., Bonilla I. and Rivilla R. 1998: Exopolysaccharide II production is regulated by salt in the halotolerant strain *Rhizobium meliloti* EFB1. *Appl. Environ. Microbiol.* 64: 1024-1028

Loewen P.C., Hu B., Strutinsky J. and Sparling R. 1998: Regulation of the *rpoS* regulon of *Escherichia coli*. *Can. J. Microbiol.* 44: 707-717

Loh J., Garcia M. and Stacey G. 1997: NodV and NodW, a second flavonoid recognition system regulating *nod* gene expression in *Bradyrhizobium japonicum*. *J. Bacteriol.* 179: 3013-3020

Loh J., Lohar D.P., Andersen B. and Stacey G. 2002: A two-component regulator mediates population-density-dependent expression of the *Bradyrhizobium japonicum* nodulation genes. *J. Bacteriol.* 184:1759-1766

Loh J. and Stacey G. 2003: Nodulation gene regulation in *Bradyrhizobium japonicum*: A unique integration of global regulatory circuits. *Appl. Environ. Microbiol.* 69: 10-17

Lomovskaya O. and Lewis K. 1992: Emr, an *Escherichia coli* locus for multidrug resistance. *Proc. Natl. Acad. Sci. USA* 89: 8938-8942

Lomovskaya O., Lewis K. and Matin A. 1995: EmrR is a negative regulator of the *Escherichia coli* multidrug resistance pump EmrAB. *J. Bacteriol.* 177: 2328–2334

Lomovskaya O., Zgurskaya H.I. and Nikaido H. 2002: It takes three to tango. *Nat. Biotechnol.* 20: 1210-1212

Ma D., Cook D.N., Hearst J.E. and Nikaido H. 1994: Efflux pumps and drug resistance in Gram-negative bacteria. *Trends Microbiol.* 12: 489-493.

Ma D., Cook D.N., Alberti M., Pon N.G., Nikaido H. and Hearst J.E. 1995: Genes *acrA* and *acrB* encode a stress-induced efflux system of *Escherichia coli*. *Mol. Microbiol.* 16: 45-55

Macaluso A., Best E.A. and Bender R.A. 1990: Role of the *nac* gene product in the nitrogen regulation of some NTR-regulated operons of *Klebsiella aerogenes*. *J. Bacteriol.* 172: 7249-7255

Maeda H., Jishage M., Nomura T., Fujita N. and Ishihama A. 2000: Two extracytoplasmic function sigma subunits, sigma(E) and sigma(FecI), of *Escherichia coli*: promoter selectivity and intracellular levels. *J. Bacteriol.* 182: 1181-1184

Maehara A., Taguchi S., Nishiyama T., Yamane T. and Doi Y. 2002: A repressor protein, PhaR, regulates polyhydroxyalkanoate (PHA) synthesis via its direct interaction with PHA. *J. Bacteriol.* 184: 3992-4002

Mahren S. and Braun V. 2003: The FecI extracytoplasmic-function sigma factor of *Escherichia coli* interacts with the beta subunit of RNA polymerase. *J. Bacteriol.* 185: 1796-1802

Maillard M., Hamburger M., Gupta M.P. and Hostettmann K. 1989: An antifungal isoflavanone and a structure revision of a flavanone from *Erythrina berteroana*. *Planta Medica* 55: 281-282

Malin G. and Lapidot A. 1996: Induction of synthesis of tetrahydropyrimidine derivatives in *Streptomyces* strains and their effect on *Escherichia coli* in response to osmotic and heat stress. *J. Bacteriol* 178: 385–395

Mandal S., Chatterjee S., Dam B., Roy P. and Gupta S.K. 2007: The dimeric repressor SoxR binds cooperatively to the promoter(s) regulating expression of the sulfur oxidation (*sox*) operon of Pseudaminobacter salicylatoxidans KCT001. *Microbiology* 153: 80-91

Literatur

Mao W., Warren M.S., Black D.S., Satou T., Murata T., Nishino T., Gotoh N. and Lomovskaya O. 2002: On the mechanism of substrate specificity by resistance nodulation division (RND)-type multidrug resistance pumps: the large periplasmic loops of MexD from *Pseudomonas aeruginosa* are involved in substrate recognition. *Mol. Microbiol.* 46: 889-901

Marie C., Deakin W.J., Viprey V., Kopcinska J., Golinowski W., Krishnan H.B., Perret X. and Broughton W.J. 2003: Characterization of Nops, nodulation outer proteins, secreted via the type III secretion system of NGR234. *Mol. Plant Microbe Interact.* 16: 743–751

Martin G.B., Chapman K.A. and Chelm B.K. 1988: Role of the *Bradyrhizobium japonicum ntrC* gene product in differential regulation of the glutamine synthetase II gene (*glnII*). *J. Bacteriol.* 170: 5452-5459

Martin G.B., Thomashow M.F. and Chelm B.K. 1989: *Bradyrhizobium japonicum glnB*, a putative nitrogen-regulatory gene, is regulated by NtrC at tandem promoters. *J. Bacteriol.* 171: 5638-5645

Martin R.G. and Rosner J.L. 1997: Fis, an accessorial factor for transcriptional activation of the *mar* (multiple antibiotic resistance) promotor of *Escherichia coli* in the presence of the activator MarA, SoxS, or Rob. *J. Bacteriol.* 179: 7410-7419

Martinez-Argudo I., Ruiz-Vazquez R.M. and Murillo F.J. 1998: The structure of an ECF-σ-dependent, lightinducible promoter from the bacterium *Myxococcus xanthus*. *Mol. Microbiol.* 30: 883-893

Martínez-Salazar J.M., Salazar E., Encarnacíon S., Ramírez-Romero M.A. and Rivera J. 2009: Role of the extracytoplasmic sigma factor RpoE4 in oxidative and osmotic stress response in *Rhizobium etli*. *J. Bacteriol.* 191: 4122-4132

Marshall K.C. 1963: Survival of root-nodule bacteria in dry soils exposed to high temperature. *Aust. J. Agric. Res.* 15: 273-281

Masip L., Veeravalli K. and Georgiou G. 2006: The many faces of glutathione in bacteria. *Antioxid. Redox. Signal* 8: 753-762.

Masse E. and Gottesman S. 2002: A small RNA regulates the expression of genes involved in iron metabolism in *Escherichia coli*. *Proc. Natl. Acad. Sci. USA* 99: 4620-4625

Mathee K., McPherson C.J. and Ohman D.E. 1997: Posttranslational control of the *algT* (*algU*)-encoded sigma22 for expression of the alginate regulon in *Pseudomonas aeruginosa* and localization of its antagonist proteins MucA and MucB (AlgN). *J. Bacteriol.* 179: 3711-3720

Matin A., Auger A., Blum P.H. and Schultz J.E. 1989: Genetic basis of starvation survival in nondifferentiating bacteria. *Annu. Rev. Microbiol.* 43: 293-316

Matsuda N., Kobayashi H., Katoh H., Ogawa T., Futatsugi L., Nakamura T., Bakker E.P. and Uozumi N. 2004: Na^+-dependent K^+ uptake Ktr system from the cyanobacterium *Synechocystis* sp. PCC 6803 and its role in the early phases of cell adaptation to hyperosmotic shock. *J. Biol. Chem.* 279: 54952-54962

McClain J., Rollo D.R., Rushing B.G. and Bauer C.E. 2002: *Rhodospirillum centenum* utilizes separate motor and switch components to control lateral and polar flagellum rotation. *J. Bacteriol.* 184: 2429-2438

McHugh J.P., Rodriguez-Quinones F., Abdul-Tehrani H., Svistunenko D.A., Poole R.K., Cooper C.E. and Andrews S.C. 2003: Global iron-dependent gene regulation in *Escherichia coli*. A new mechanism for iron homeostasis. *J. Biol. Chem.* 278: 29478-29486

Literatur

McIntyre H.J., Davies H., Hore T.A., Miller S.H., Dufour J.-P. and Ronson C.W. 2007: Trehalose biosynthesis in *Rhizobium leguminosarum* bv. *trifolii* and its role in desiccation tolerance. *Appl. Environ. Microbiol.* 73: 3984-3992

Meijer H.J. and Munnik T. 2003: Phospholipid-based signaling in plants. *Annu. Rev. Plant Biol.* 54: 265-306

Mergaert P., van Montagu M. and Holsters M. 1997: The nodulation gene *nolK* of *Azorhizobium caulinodans* is involved in the formation of GDP-fucose from GDP-mannose. *FEBS Lett.* 409: 312–316

Merino S., Shaw J.G. and Tomas J.M. 2006: Bacterial lateral Flagella: an inducible Flagella system. *FEMS Microbiol. Lett.* 263: 127–135

Mesa S., Hauser F., Friberg M., Malaguti E., Fischer H.-M. and Hennecke H. 2008: Comprehensive assessment of the regulons controlled by the FixLJ-FixK2-FixK1 cascade in *Bradyrhizobium japonicum. J. Bacteriol.* 190: 6568-6579

Michiels J., Verreth C. and Vanderleyden J. 1994: Effects of temperature stress on bean-nodulating *Rhizobium* strains. *Appl. Environ. Microbiol.* 60: 1206-1212

Minder A.C., Narberhaus F., Babst M., Hennecke H. and Fischer H.-M. 1997: The *dnaKJ* operon belongs to the σ^{32}-dependent class of heat shock genes in *Bradyrhizobium japonicum. Mol. Gen. Genet.* 254:195-206

Minder A.C., Fischer H.-M., Hennecke H. and Narberhaus F. 2000: Role of HrcA and CIRCE in the heat shock regulatory network of *Bradyrhizobium japonicum. J. Bacteriol.* 182: 14-22

Miticka H., Rowley G., Rezuchova B., Homerova D., Humphreys S., Farn J., Roberts M. and Kormanec J. 2003: Transcriptional analysis of the *rpoE* gene encoding extracytoplasmic stress response sigma factor sigmaE in *Salmonella enterica* serovar Typhimurium. *FEMS Microbiol. Lett.* 226: 307-314

Mitrophanov A.Y. and Groisman E.A. 2008: Signal integration in bacterial two-component regulatory systems. *Genes Dev.* 22: 2601-2611

Morita Y., Kodama K., Shiota S., Mine T., Kataoka A., Mizushima T. and Tsuchiya T. 1998: NorM, a putative multidrug efflux protein, of Vibrio parahaemolyticus and ist homolog in *Escherichia coli. Antimicrob. Agents Chem.* 42: 1778-1782

Morita M.T., Tanaka Y., Kodama T.S., Kyogoku Y., Yanagi H- and Yura H. 1999: Translational induction of heat shock transcription factor σ^{32}: evidence for a built-in RNA thermosensor. *Genes Dev.* 13:655–665

Moussatova A., Kandt C., O`Mara M.L. and Tieleman D.P. 2008: ATP-binding cassette transporters in *Escherichia coli. Biochim. Biophys. Acta* 1778: 1757-1771

Muffler A., Barth M., Marschall C. and Hengge-Aronis R. 1997: Heat shock regulation of sigmaS turnover: a role for DnaK and relationship between stress responses mediated by sigmaS and sigma32 in *Escherichia coli. J. Bacteriol.* 179: 445-452

Muglia C.I., Grasso D.H. and Aguilar O.M. 2007: *Rhizobium tropici* response to acidity involves activation of glutathione synthesis. *Mol. Microbiol.* 153: 1286-1296

Münchbach M., Nocker A. and Narberhaus F. 1999a: Multiple small heat shock proteins in Rhizobia. *J. Bacteriol.* 181: 83-90

Literatur

Münchbach M., Dainese P., Staudenmann W., Narberhaus F. and James P. 1999b: Proteome analysis of heat shock protein expression in *Bradyrhizobium japonicum*. *Eur. J. Biochem.* 263: 39-48

Munro G.F., Hercules K., Morgan J. and Sauerbier W. 1972: Dependence of the putrescine content of *Escherichia coli* on the osmotic strength of the medium. *J. Biol. Chem.* 247: 1272-1280

Munson G.P., Lam D.L., Outten F.W. and O'Halloran T.V. 2000: Identification of a copper-responsive two-component system on the chromosome of *Escherichia coli* K-12. *J. Bacteriol.* 182: 5864-5871

Nagakubo S., Nishino K., Hirata T. and Yamaguchi A. 2002: The putative response regulator BaeR stimulates multidrug resistance of Escherichia coli via a novel multidrug exporter system, MdtABC. *J. Bacteriol.* 184: 4161-4167

Nannipieri P., Ascher J., Ceccherini M.T., Landi L., Pietramellara L. and Renella G. 2003: Microbial diversity and soil functions. *Eur. J. Soil Sci.* 54: 655-670

Narberhaus F., Weiglhofer W., Fischer H.-M. and Hennecke H. 1996: The *Bradyrhizobium japonicum rpoH$_1$* gene encoding a σ^{32}-like protein is part of a unique heat shock gene cluster together with *groESL*1 and three small heat shock genes. *J. Bacteriol.* 178: 5337–5346

Narberhaus F., Krummenacher P., Fischer H.-M. and Hennecke H. 1997: Three dispearately regulated genes for σ^{32}-like transcription factors in *Bradyrhizobium japonicum*. *Mol. Microbiol.* 24: 93-104

Narberhaus F., Käser R. Nocker A. and Hennecke H. 1998a: A novel DNA element that controls bacterial heat shock gene expression. *Mol. Microbiol.* 28: 315-323

Narberhaus F., Kowarik M., Beck C. and Hennecke H. 1998b: Promoter selectivity of the *Bradyrhizobium japonicum* rpoH transcription factors in vivo and in vitro. *J. Bacteriol.* 180: 2395-2401

Narberhaus F. 1999: Negative regulation of bacterial heat shock genes. *Mol. Microbiol.* 31: 1–8

Narberhaus F., Urecht C. and Hennecke H. 1999: Characterization of the *Bradyrhizobium japonicum* ftsH gene and its product. *J. Bacteriol.* 181: 7394-7397

Nikaido H. 1996: Multidrug efflux pumps of gram-negative bacteria. *J. Bacteriol.* 178: 5853-5859

Nikaido H. and Zgurskaya H.I. 2001: AcrAB and related multidrug efflux pumps of *Escherichia coli*. *J. Mol. Microbiol. Biotechnol.* 3: 215-218

Nocker A., Krstulovic N.-P., Perret X. and Narberhaus F. 2001a: ROSE elements occur in disparate rhizobia and are functionally interchangeable between species. *Arch. Microbiol.* 176: 44-51

Nocker A., Hausherr T., Balsiger S., Krstulovic N.-P., Hennecke H. and Narberhaus F. 2001b: A mRNA-based thermosensor controls expression of rhizobial heat shock genes. *Nucleic Acids Res.* 29: 4800-4807

Nunoshiba T., Hildago E., Cuevas C.F.A. and Demple B. 1992: Two-stage control of an oxidative stress regulon: the *Escherichia coli* SoxR protein triggers redox-inducible expression of the *soxS* regulatory gene. *J. Bacteriol.* 174: 6054-6060

Orth P., Schnappinger D., Hillen W., Saenger W. and Winfried H. 2000: Structural basis of gene regulation by the tetracycline inducible Tet repressor-operator system. *Nat. Struc. Biol.* 7:215-219

Literatur

Palumbo J.D., Kado C.I. and Phillips D.A. 1998: An isoflavonoid-inducible efflux pump in *Agrobacterium tumefaciens* is involved in competitive colonization of roots. *J. Bacteriol.* 180: 3107-3113

Pao S.S., Paulsen I.T. and Saier M.H.Jr. 1998: Major facilitator superfamily. *Microbiol. Mol. Biol. Rev.* 62: 1-34

Parkinson J.S. and Kofoid E.C. 1992: Communication modules in bacterial signaling proteins. *Annu. Rev. Genet.* 26: 71-112

Parniske M., Ahlborn B. and Werner D. 1991: Isoflavonoid-inducible resistance to the phytoalexin glyceollin in soybean *rhizobia*. *J. Bacteriol.* 173: 3432-3439

Parniske M. 2000: Intracellular accomodation of microbes by plants: a common developmental program for symbiosis and disease? *Curr. Opin. Plant Biol.* 3: 320-328

Paulsen I.T., Brown M.H. and Skurray R.A. 1996a: Proton-dependent multidrug efflux systems. *Microbiol. Rev.* 60: 575-608

Paulsen I.T., Skurray R.A., Tam R., Saier M.H.Jr., Turner R.J., Weiner J.H., Goldberg E.W. and Grinius L.L. 1996b: The SMR family: a novel family of multidrug efflux proteins involved with the efflux of lipophilic drugs. *Mol. Microbiol.* 19: 1167-1175

Paulsen I.T., Cen J., Nelson K.E. and Saier M.H.Jr. 2001: Comparative genomics of microbial drug efflux systems. *J. Mol. Microbiol. Biotechnol.* 3: 145-50

Pawlowski K. and Bisseling T. 1996: Rhizobial and actinorhizal symbioses: what are the shared features? *Plant Cell* 8: 1899-1913

Peng W.-T. and Nester E.W. 2001: Characterization of a putative RND-type efflux system in *Agrobacterium tumefaciens*. *Gene* 270: 245-252

Perret X., Freiberg C., Rosenthal A., Broughton W.J. and Fellay R. 1999: High-resolution transcriptional analysis of the symbiotic plasmid of Rhizobium sp. NGR234. *Mol. Microbiol.* 32: 415–425

Perret X., Stahelin C. and Broughton W.J. 2000: Molecular basis of symbiotic promiscuity. *Microbiol. Mol. Biol. Rev.* 64: 180-201

Perron K., Caille O., Rossier C., van Delden C., Dumas J.-L. and Köhler T. 2004: CzcR-CzcS, a two component system involved in heavy metal and carbapenem resistance in *Pseudomonas aeruginosa*. *J. Biol. Chem.* 279: 8761-8768

Pessi G., Ahrens C.H., Rehrauer H., Lindemann A., Hauser F., Fischer H.-M. and Hennecke H. 2007: Genome-wide transcript analysis of *Bradyrhizobium japonicumm* bacteroids in soybean root nodules. *Mol. Plant Microbe Interact.* 20: 1353-1363

Phillips D.A. 2000: Biosynthesis and release of rhizobial nodulation gene inducers by legumes. *In* Biology and biochemistry of nitrogen fixation. p. 320-349; Dilworth M.J and Glenn A.R. (Ed.). Elsevier Publishers, Amsterdam, *The Netherlands*

Pocard J.-A., Bernard T., Smith L.T. and LeRudulier D. 1989: Characterization of three choline transport activities in *Rhizobium meliloti*: modulation by choline and osmotic stress. *J. Bacteriol.* 171: 531-537

Poole K., Krebes K., McNally C. and Neshat S. 1993: Multiple antibiotic resistance in *Pseudomonas aeruginosa*: evidence for involvement of an efflux operon. *J. Bacteriol.* 175: 7363-7372

Literatur

Poole K. 2000: Efflux-mediated resistance to fluoroquinolones in gram-negative bacteria. *Antimicrob. Agents Chem.* 44: 2233-2241

Preiss J., Yung S.G. and Baecker P.A. 1983: Regulation of bacterial glycogen synthesis. *Mol. Cell Biochem.* 57: 61-80

Pueppke S.G. and Broughton W.J. 1999: *Rhizobium sp.* Strain NGR234 and *R. fredii* USDA257 share exceptionally broad, nested host ranges. *Mol. Plant Microbe Interact.* 12: 293-318

Putman M., van Veen H.W. and Konings W.N. 2000: Molecular properties of bacterial multidrug transporters. *Microbiol. Mol. Biol. Rev.* 64: 672-693

Putnoky P., Kereszt A., Nakamura T., Endre G., Grosskopf E., Kiss P. and Kondorosi A. 1998: The *pha* gene cluster of *Rhizobium meliloti* involved in pH adaptation and symbiosis encodes a novel type of K+ efflux system. *Mol. Microbiol.* 28: 1091-1101

Quelas J.I., Lopez-Garcia S.L., Casabuono A., Althabegoiti J., Mongiardini E.J., Perez-Gimenez J., Couto A. and Lodeiro A.R. 2006: Effects of N-starvation and C-source on *Bradyrhizobium japonicum* exopolysaccharide production and composition, and bacterial infectivity to soybean roots. *Arch. Microbiol.* 186: 119-128

Ramos J.L., Gallegos M.-T., Marqués S., Ramos-González M.-I., Espinosa-Urgel M. and Segura A. 2001: Responses of Gram-negative bacteria to certain environmental stressors. *Curr. Opin. Microbiol* 4: 166-171

Ramos J.L., Martínez-Bueno M., Molina-Henares A.J., Terán W., Watanabe K., Zhang X., Gallegos M.T., Brennan R. and Tobes R. 2005: The TetR family of transcriptional repressors. *Microbiol. Mol. Biol. Rev.* 69: 326-356

Rauch A., Leipelt M., Russwurm M. and Steegborn C. 2008: Crystal structure of the guanylyl cyclase Cya2. *Proc. Natl. Acad. Sci. USA* 15: 15720-15725

Reeve W.G., Tiwari R.P., Guerreiro N., Stubbs J., Dilworth M.J., Glenn A.R., Rolfe B.G., Djordjevic M.A. and Howieson J.G. 2004: Probing for pH-Regulated Proteins in *Sinorhizobium medicae* using proteomic analysis. *J. Mol. Microbiol. Biotechnol.* 7: 140-147

Regensburger B. and Hennecke H. 1983: RNA polymerase from *Rhizobium japonicum*. *Arch. Microbiol.* 135: 103-109

Rensing C., Fan B., Sharma R., Mitra B. and Rosen B.P. 2000: CopA: An *Escherichia coli* Cu(I)-translocating P-type ATPase. *Proc Natl Acad Sci USA* 97: 652-656

Rey F.E., Oda Y. and Harwood C.S. 2006: Regulation of uptake hydrogenase and effects of hydrogen utilization on gene expression in *Rhodopseudomonas palustris*. *J. Bacteriol.* 188: 6143-6152

van **Rhijn** P. and Vanderleyde J. 1995: The *Rhizobium*-plant symbiosis. *Microbiol. Rev.* 59: 124–142

Riccillo P.M., Muglia C.I., de Bruijn F.J., Roe A., Booth I.R. and Aguilar O.M. 2000: Glutathione is involved in environmental stress responses in *Rhizobium tropici*, including acid tolerance. *J. Bacteriol.* 182: 1748-1753

Rice W.A., Penney D.C. and Nyborg M. 1977: Effects of soil acidity and rhizobia numbers, nodulation and nitrogen fixation by alfalfa and red clover. *Can. J. Soil Sci.* 57: 197-203

Roh J.H. and Kaplan S. 2000: Genetic and phenotypic analyses of the *rdx* locus of *Rhodobacter sphaeroides* 2.4.1. *J. Bacteriol.* 182: 3475–3481

Romagnoli S. and Tabita F.R. 2006: A novel three-protein two-component system provides a regulatory twist on an established circuit to modulate expression of the *cbbI* region of *Rhodopseudomonas palustris* CGA010. *J. Bacteriol.* 188: 2780-2791

Ronson C.W., Astwood P.M., Nixon B.T. and Ausubel F.M. 1987: Deduced products of C4-dicarboxylate transport regulatory genes of *Rhizobium leguminosarum* are homologous to nitrogen regulatory gene products. *Nucleic Acids Res.* 15: 7921-7934

Rosander A., Frykberg L., Ausmees N. and Müller P. 2003: Identification of extracytoplasmic proteins in *Bradyrhizobium japonicum* using phage display. *Mol. Plant Microbe Interact.* 16: 727-737

Rostas K., Kondorosi E., Horvath B., Simoncsits A. and Kondorosi A. 1986: Conservation of extended promoter regions of nodulation genes in *Rhizobium. Proc Natl Acad Sci USA* 83: 1757-1761

Rowen D.W. and Deretic V. 2000: Membrane-to-cytosol redistribution of ECF sigma factor AlgU and conversion to mucoidy in *Pseudomonas aeruginosa* isolates from cystic fibrosis patients. *Mol. Microbiol.* 36: 314-327

Rudolph G., Semini G., Hauser F., Lindemann A., Friberg M., Hennecke H. and Fischer H.-M. 2006: The iron control element, acting in positive and negative control of iron-regulated *Bradyrhizobium japonicum* genes, is a target for the Irr protein. *J. Bacteriol.* 188: 733-744

Rüberg S., Tian Z.-X., Krol E., Linke B., Meyer F., Wang Y., Pühler A., Weidner S. and Becker A. 2003: Construction and validation of a *Sinorhizobium meliloti* whole genome DNA microarray: genome-wide profiling of osmoadaptive gene expression. *J. Biotechnol.* 106: 255-268

Ruzin A., Visalli M. A., Kenney D. and Bradford P.A. 2005: Influence of transcriptional activator RamA on expression of multidrug efflux pumpAcrAB and tigecycline susceptibility in *Klebsiella pneumoniae. Antimicrobiol. Agents Chemo.* 49: 1017-1022

Sadowsky M.J., Tully R.E., Cregan P.B. and Keyser H.H. 1987: Genetic diversity in *Bradyrhizobium japonicum* serogroup 123 and its relation to genotype-specific nodulation of soybean. *Appl. Environ. Microbiol.* 53:2624-2630

Sadowsky M.J. and Graham P.H. 1998: Soil biology of the *Rhizobiaceae. In* The Rhizobiaceae: Molecular Biology of Model Plant-Associated Bacteria. p. 155-172; Spaink H.P., Kondorosi A., Hooykaas P.J.J., (Ed.). Kluwer Academic Publishers, Dordrecht, *The Netherlands*

Saier M.H.Jr., Paulsen I.T., Sliwinski M.K., Pao S.S., Skurray R.A. and Nikaido H. 1998: Evolutionary origins of multidrug and drug-specific efflux pumps in bacteria. *FASEB J.* 12: 265-274

Saier M.H.Jr, Beatty J.T., Goffeau A., Harley K.T., Heijne W.H., Huang S.C., Jack D.L., Jahn P.S., Lew K., Liu J., Pao S.S., Paulsen I.T., Tseng T.-T. and Virk P.S. 1999: The major facilitator superfamily. *J. Mol. Microbiol. Biotechnol.* 1: 257-79

Saier M.H.J., Tran C.V. and Barabote R.D. 2006: TCDB: the transporter classification database for membrane transport protein analyses and information. *Nucleic Acids Res.* 34: D181-186

Salema M.P., Parker C.A., Kidby D.K. and Chatel D.L. 1982: Death of Rhizobia on inoculated Seed. *Soil Biol. Biochem.* 14: 13-14

Sambrook J., Russel D.W., Irwin N. and Janssen K.A. 2001: Molecular cloning, a laboratory manual. *Cold Spring Harbor Laboratory Press*, New York, *USA*

Literatur

Sandman K., Pereira S.L. and Reeve J.N. 1998: Diversity of prokaryotic chromosomal proteins and the origin of the nucleosome. *Cell. Mol. Life Sci.* 54: 1350-1364

Sanjuan J., Carlson R.W., Spaink H.P., Bhat U.R., Barbour W.M., Glushka J. and Stacey G. 1992: A 2-O-methylfucose moiety is present in the lipo-oligosaccharide nodulation signal of *Bradyrhizobium japonicum. Proc. Natl. Acad. Sci. USA* 89: 8789–8793

Sanjuan J., Grob P., Göttfert M., Hennecke H. and Stacey G. 1994: NodW is essential for full expression of the common nodulation genes in *Bradyrhizobium japonicum. Mol. Plant Microbe Interact.* 7: 364-369

Santos J.M., Freire P., Vicente M. and Arraiano C.M. 1999: The stationary-phase morphogene *bolA* from *Escherichia coli* is induced by stress during early stages of growth. *Mol. Microbiol.* 32: 789-798

Sar N., McCarter L., Simon M. and Silverman M. 1990: Chemotactic control of the two flagellar systems of *Vibrio parahaemolyticus. J. Bacteriol.* 172: 334-341

Sato H., Frank D.W., Hillard C.J., Feix J.B., Pankhaniya R.R., Moriyama K., Finck-Barbançon V., Buchaklian A., Lei M., Long R.M., Wiener-Kronish J. and Sawa T. 2003: The mechanism of action of the *Pseudomonas aeruginosa*-encoded type III cytotoxin, ExoU. *EMBO J.* 22: 2959-2969

Sauviac L., Philippe H., Phok K. and Bruand C. 2007: An extracytoplasmic function sigma factor acts as a general stress response regulator in *Sinorhizobium meliloti. J. Bacteriol.* 189: 4204-4216

Schell M.A. 1993: Molecular biology of the LysR family of transcriptional regulators. *Annu. Rev. Microbiol.* 47: 597–626

Schiller D., Kruse D., Kneifel H., Krämer R. and Burkovski A. 2000: Polyamine transport and role of *potE* in response to osmotic stress in *Escherichia coli. J. Bacteriol.* 182: 6247-6249

Schofield P.R. and Watson J.M. 1986: DNA sequence of *Rhizobium trifolii* nodulation genes reveals a reiterated and potentially regulatory sequence preceding *nodABC* and *nodFE. Nucleic Acids Res.* 14: 2891-2903

Schuldiner S., Granot D., Steiner S., Ninio S., Rotem D., Soskin M. and Yerushalmi H. 2001: Precious things come in little packages. *J. Mol. Microbiol. Biotechnol.* 3: 155-62

Schultze M. and Kondorosi A. 1998: Regulation of symbiotic root nodule development. *Annu. Rev. Genet.* 32: 33–57

Schumann W. 2003: The *Bacillus subtilis* heat shock stimulon. *Cell Stress Chaperones* 8: 207–217

Schwacha A. and Bender R. 1993: The product of the *Klebsiella aerogenes nac* (nitrogen assimilation control) gene is sufficient for activation of the *hut* operons and repression of the *gdh* operon. *J. Bacteriol.* 175: 2116-2124

Sciotti M.-A., Chanfon A., Hennecke H. and Fischer H.-M. 2003: Disparate oxygen responsiveness of two regulatory cascades that control expression of symbiotic genes in *Bradyrhizobium japonicum. J. Bacteriol.* 185: 5639-5642

Shi W., Wu J. and Rosen B.P. 1994: Identifcation of a putative metal binding site in a new family of metalloregulatory proteins. *J. Biol. Chem.* 269: 19826-19829

Shinoda S. and Okamoto K.K. 1977: Formation and function of *Vibrio parahaemolyticus* lateral flagella. *J. Bacteriol.* 129: 1266-1271

Literatur

Shohdy N., Efe J.A., Emr S.D. and Shuman H.A. 2005: Pathogen effector protein screening in yeast identifies Legionella factors that interfere with membrane trafficking. *Proc. Natl. Acad. Sci. USA* 102: 4866-4871

Silver S. 1996: Bacterial resistances to toxic metal ions - a review. *Gene* 179: 9-19

Slonczewski J.L., Fujisawa M., Dopson M. and Krulwich T.A. 2009: Cytoplasmic pH measurement and homeostasis in bacteria and archaea. *Adv. Microb. Physiol.* 55: 1-79

Smith L.T., Pocard J.A., Bernard T. and LeRudulier D. 1988: Osmotic control of glycine betaine biosynthesis and degradation in *Rhizobium meliloti. J. Bacteriol.* 170: 3142-3149

Sourjik V., Muschler P., Scharf B. and Schmitt R. 2000: VisN and VisR are global regulators of chemotaxis, flagellar and motility genes in *Sinorhizobium (Rhizobium) meliloti. J. Bacteriol.* 182: 782-788

Soussi M., Santamaria M., Ocana A. and Lluch C. 2001: Effects of salinity on protein and lipopolysaccharide pattern in a salt-tolerant strain of *Mesorhizobium ciceri. J. Appl. Microbiol.* 90: 476-481

Siegele D.A., Almiron M. and Kolter R. 1993: Approaches to the study of survival and death in stationary-phase *Escherichia coli. In* Starvation in bacteria. p. 151-167; Kjelleberg (Ed.). Plenum Press, New York, *USA*

Simon R., Priefer U. and Pühler A. 1983: Vector plasmids for *in vivo* and *in vitro* manipulation of Gram-negative bacteria. *In* Molecular genetics of the bacteria-plant-interaction. p. 98-106; Pühler A. (Ed.). Springer Verlag, Stuttgart, *Deutschland*

Six D.A. and Dennis E.A. 2000: The expanding superfamily of phospholipase A(2) enzymes: classification and characterization. *Biochim. Biophys. Acta* 1488: 1-19

Sleator R.D. and Hill C. 2002: Bacterial osmoadaptation: the role of osmolytes in bacterial stress and virulence. *FEMS Microbiol. Rev.* 26: 49-71

Sorokin A., Zumstein E., Azevedo V., Ehrlich S.D. and Serror P. 1993: The organization of the *Bacillus subtilis* 168 chromosome region between the *spoVA* and *serA* genetic loci, based on sequence data. *Mol. Microbiol.* 10: 385-395

Sowka S., Wagner S., Krebitz M., Arija-Mad-Arif S., Yusof F., Kinaciyan T. Brehler R. Scheiner O., Breiteneder H. 1998: cDNA cloning of the 43-kDa latex allergen Hev b 7 with sequence similarity to patatins and its expression in the yeast *Pichia pastoris. Eur. J. Biochem.* 255: 213-219

Starkenburg S.R., Larimer F.W., Stein L.Y., Klotz M.G., Chain P.S.G., Sayavedra-Soto L.A., Poret-Peterson A.T., Gentry M.E., Arp D.J., Ward B. and Bottomley P.J. 2008: Complete genome sequence of *Nitrobacter hamburgensis* X14 and comparative genomic analysis of species within the genus *Nitrobacter. Appl. Environ. Microbiol.* 74: 2852-2863

Steinmetzer K., Behlke J., Brantl S. and Lorenz M. 2002: CopR binds and bends its target DNA: a footprinting and fluorescence resonance energy transfer study. *Nucleic Acids Res.* 30: 2052-2060

Stock A.M., Robinson V.L. and Goudreau P.N. 2000: Two-component signal transduction. *Annu. Rev. Biochem.* 69: 183-215

Stokkermans T.J.W., Ikeshita S., Cohn J., Carlson R.W., Stacey G., Ogawa T. and Peters N.K. 1995: Structural requirements of synthetic and natural product lipo-chitin oligosaccharides for induction of nodule primordia on *Glycine soja. Plant Physiol.* 108: 1587-1595

Literatur

Straus D., Walter W. and Gross C.A. 1990: DnaK, DnaJ, and GrpE heat shock proteins negatively regulate heat shock gene expression by controlling the synthesis and stability of σ^{32}. *Genes Dev.* 4: 2202-2209

Streeter J.G. 2003: Effect of trehalose on survival of *Bradyrhizobium japonicum* during desiccation. *J. Appl. Microbiol.* 95: 484-491

Streeter J.G. and Gomez M.L. 2006: Three enzymes for trehalose synthesis in *Bradyrhizobium* cultured bacteria and in bacteroids from soybean nodules. *Appl. Environ. Microbiol.* 72: 4250-4255

Strom A. R. and Kaasen I. 1993: Trehalose metabolism in *Escherichia coli:* stress protection and stress regulation of gene expression. *Mol.r Microbiol.* 8: 205-210

Süß C., Hempel J., Zehner S., Krause A., Patschkowski T. and Göttfert M 2006: Identification of genistein-inducible and type III-secreted proteins of *Bradyrhizobium japonicum*. *J. Biotechnol.* 126: 69-77

Sugawara M., Cytryn E.J. and Sadowsky M.J. 2010: Functional role of *Bradyrhizobium japonicum* trehalose biosynthetic and metabolic genes during physiological stress and nodulation. *Appl. Environ. Microbiol.* 76: 1071-1081

Sulavik M.C., Houseweart C., Cramer C., Jiwani N., Murgolo N., Greene J., DiDomenico B., Shaw K.J., Miller G., Hare R. and Shimer G. 2001: Antibiotic susceptibility profiles of *Escherichia coli* strains lacking multidrug efflux pump genes. *Antimicrob. Agents Chem.* 45: 1126-1136

Swem D.L. and Bauer C.E. 2002: Coordination of ubiquinol oxidase and cytochrome *cbb*3 oxidase expression by multiple regulators in *Rhodobacter capsulatus*. *J. Bacteriol.* 184: 2815-2820

Swem L.R., Kraft B.J., Swem D.L., Setterdahl A.T., Masuda S., Knaff D.B., Zaleski J.M. and Bauer C.E. 2003: Signal transduction by the global regulator RegB is mediated by a redox-active cysteine. *EMBO J.* 22: 4699-4708

Szeto W.W., Nixon B.T., Ronson C.W. and Ausubel F.M. 1987: Identification and characterization of the *Rhizobium meliloti ntrC* gene: *R. meliloti* has separate regulatory pathways for activating nitrogen fixation genes in free-living and symbiotic cells. *J. Bacteriol.* 169: 1423-1432

Tate R.L. 1995: Soil microbiology. *In* Symbiotic nitrogen fixation. p. 307-333; John Wiley & Sons, New York, *USA*

Taylor B.L. and Zhulin I.B. 1999: PAS domains: internal sensors of oxygen, redox potential, and light. Microbiol. Mol. Biol. Rev. 63: 479-506

Thumfort P.P., Atkins C.A. and Layzell D.B. 1994: A re-evaluation of the role of the infected cell in the control of O2 diffusion in legume nodules. *Plant Physiol.* 105:1321-1333

Thorne S.H. and Williams H.D. 1997: Adaption to nutrient starvation in *Rhizobium leguminosarum* bv. *phaseoli*: analysis of survival, stress resistance and changes in macromolecular synthesis during entry to and exit from stationary phase. *J. Bacteriol.* 179: 6894-6901

Thorne S.H. and Williams H.D. 1999: Cell densitiy-dependent starvation survival of *Rhizobium leguminosarum* bv. phaseoli: identification of the role of N-acyl homoserine lactone in adaptation to stationary-phase survival. *J. Bacteriol.* 198: 981-990

Tichi M.A. and Tabita F.R. 2001: Interactive control of *Rhodobacter capsulatus* redox-balancing systems during phototrophic metabolism. *J. Bacteriol.* 183: 6344-6354

Tiwari R.P., Reeve W.G., Dilworth M.J. and Glenn A.R. 1996a: An essential role for *actA* in acid tolerance of *Rhizobium meliloti*. *Microbiology* 142: 601-610

Literatur

Tiwari R.P., Reeve W.G., Dilworth M.J. and Glenn A.R. 1996b: Acid tolerance in *Rhizobium meliloti* strain WSM419 involves a two-component sensor-regulator system. *Microbiology* 142: 1693-1704

Tomoyasu T., Gamer J., Bukau B., Kanemori M., Mori H., Rutman A.J., Oppenheim A.B., Yura T., Yamanaka K., Niki H., Hiraga S. and Ogura T. 1995: *Escherichia coli* FtsH is a membrane-bound, ATP-dependent protease which degrades the heat-shock transcription factor σ^{32}. *EMBO J.* 14: 2551-2560

Trotman A.P. and Weaver R.W. 1995: Tolerance of clover rhizobia to heat and desiccation stress in soil. *Soil Sci. Soc. Am. J.* 59: 466-470

Tseng T.T., Gratwick K.S., Kollman J., Park D., Nies D.H., Goffeau A. and Saier M.H.Jr. 1999: The RND permease superfamily: an ancient, ubiquitous and diverse family that includes human disease and development proteins. *J. Mol. Microbiol. Biotechnol.* 1: 107-25

Tsukada S., Aono T., Akiba N., Lee K.-B., Liu C.-T., Toyazaki H. and Oyaizu H. 2009: Comparative genome-wide transcriptional profiling of *Azorhizobium caulinodans* ORS571 grown under free-living and symbiotic conditions. *Appl. Environ. Microbiol.* 75: 5037-5046

Tu J.C. 1981: Effect of salinity on *Rhizobium*-root hair interaction, nodulation and growth of soybean. *Can. J. Plant Sci.* 61: 231-239

Tucker N.P., D'Autreaux B., Yousafzai F.K., Fairhurst S.A., Spiro S. and Dixon R. 2008: Analysis of the Nitric Oxide-sensing Non-heme Iron Center in the NorR Regulatory Protein. *J. Biolog. Chem.* 283: 908-918

Turner J.S., Glands P.D., Samson A.C.R. and Robinson N.J. 1996: Zn^{2+}-sensing by the cyanobacterial metallothionein repressor SmtB: different motifs mediate metal-induced protein-DNA dissociation. *Nucleic Acids Res.* 19: 3714-3721

Uhde C., Schmitt R., Jording D., Selbitschka W. and Pühler A. 1997: Stationary-phase mutants of *Sinorhizobium meliloti* are impaired in stationary-phase survival or in recovery to logarithmic growth. *J. Bacteriol.* 179: 6432-6440

Urecht C., Koby S., Oppenheim A.B., Münchbach M., Hennecke H. and Narberhaus F. 2000: Differential degradation of *Escherichia coli* σ^{32} and *Bradyrhizobium japonicum* RpoH factors by the FtsH protease. *Eur. J. Biochem.* 267: 4831-4839

van Veen H.W., Margolles A., Müller M., Higgins C.F. and Konings W.N. 2000: The homodimeric ATP-binding cassette transporter LmrA mediates multidrug transport by an alternating two-site (two-cylinder engine) mechanism. *EMBO J.* 19: 2503-2514

Viprey V., Del Greco A., Golinowski W., Broughton W.J. and Perret X. 1998: Symbiotic implications of type III protein secretion machinery in *Rhizobium*. *Mol. Microbiol.* 28: 1381-1389

Vouk V. 1926: Grundriss zu einer physiologischen Auffassung der Symbiose. *Planta* 2: 661-668

Vriezen J.A.C., de Bruijn F.J. and Nüsslein K. 2007: Responses of rhizobia to desiccation in relation to osmotic stress, oxygen, and temperture. *Appl. Environ. Microbiol.* 73: 3451-3459

Wadhams G.H. and Armitage J.P. 2004: Making sense of it all: bacterial chemotaxis. *Nat. Rev. Mol. Cell Biol.* 5: 1024-1037

Waldminghaus T., Fippinger A., Alfsmann J. and Narberhaus F. 2005: RNA thermometers are common in α- and φ-proteobacteria. *Biol. Chem.* 386: 1279-1286

Literatur

Wang S.P. and Stacey G. 1991: Studies of the *Bradyrhizobium japonicum nodD₁* promoter: a repeated structure for the *nod-Box*. *J. Bacteriol.* 173: 3356-3365

Wang L., Bender C.L. and Ullrich M.S. 1999: The transcriptional activator CorR is involved in biosynthesis of the phytotoxin coronatine and binds to the *cmaABT* promoter region in a temperature-dependent manner. *Mol. Gen. Genet.* 262: 250-260

Wang X. 2001: Plant phospholipases. *Annu. Rev. Plant Physiol. Plant Mol. Biol.* 52: 211-231

Wang H., Dzink-Fox J.L., Chen M. and Levy S.B. 2001: Genetic characterization of highly fluoroquinolone-resistant clinical *Escherichia coli* strains from China: role of acrR mutations. *Antimicrob. Agents Chem.* 45: 1515-1521

Waters J.K., Hughes B.L. 2nd, Purcell L.C., Gerhardt K.O., Mawhinney T.P. and Emerich D.W. 1998: Alanine, not ammonia, is secreted from N2-fixing soybean nodule bacteroids. *Proc. Natl. Acad. Sci. USA* 95: 12038-12042

Weber A. and Jung K. 2002: Profiling early osmostress-dependent gene expression in *Escherichia coli* using DNA macroarrays. *J. Bacteriol.* 184: 5502–5507

Wei X. and Bauer W.D. 1998: Starvation-induced changes in motility, chemotaxis, and flagellation of *Rhizobium meliloti*. *Appl. Environ. Microbiol.* 64: 1708-1714

Werner D. 1987: Pflanzliche & mikrobielle Symbiosen. *Georg Thieme Verlag Stuttgart*, New York, USA

West A.H. and Stock A.M. 2001: Histidine kinases and response regulator proteins in two-component signaling systems.*Trends Biochem. Sci.* 26: 369-376

Westbrock-Wadman S., Sherman D.R., Hickey M.J., Coulter S.N. Zhu Y.Q., Warrener P., Nguyen L.Y., Shawar R.M., Folger K.R. and Stover C.K. 1999: Characterization of a *Pseudomonas aeruginosa* efflux pump contributing to aminoglycoside impermeability. *Antimicrob. Agents Chem.* 43: 2975-2983

White D.G., Goldman J.D., Demple B. and Levy S.B. 1997: Role of the *acrAB* locus in organic solvent tolerance mediated by expression of *marA*, *soxS*, or *robA* in *Escherichia coli*. *J. Bacteriol.* 179: 6122-6126

White D. 2000: Homeostasis. *In* The Physiology and Biochemistry of Prokaryotes. p. 404-414; White (Ed.). Oxford University Press, New York, *USA*

Wiegert T., Hagmaier K. and Schumann W. 2004: Analysis of orthologous *hrcA* genes in *Escherichia coli* and *Bacillus subtilis*. *FEMS Microbiol. Lett.* 234: 9-17

Wilderman P.J., Sowa N.A., Fitz-Gerald D.J., Fitz-Gerald P.C., Gottesman S., Ochsner U.A. and Vasil M.L. 2004: Identification of tandem duplicate regulatory small RNAs in *Pseudomonas aeruginosa* involved in iron homeostasis. *Proc. Natl. Acad. Sci. USA* 101: 9792-9797

Wilkinson S.P. and Grove A. 2006: Ligand-responsive transcriptional regulation by members of the MarR family of winged helix proteins. *Curr. Issues Mol. Biol.* 8: 51–62

Wösten M.M. 1998: Eubacterial sigma-factors. *FEMS Microbiol. Rev.* 22: 127-150

Wood J.M. 1999: Osmosensing by bacteria: signals and membrane-based sensors. *Microbiol. Mol. Biol. Rev.* 63: 230–262

Wu J. and Rosen B.P. 1991: The ArsR protein is a trans-acting regulatory protein. *Mol. Microbiol.* 5: 1331-1336

Literatur

Yamada M., Yamashita K., Wakuda A., Ichimura K., Maehara A., Maeda M. and Taguchi S. 2007: Autoregulator protein PhaR for biosynthesis of polyhydroxybutyrate [P(3HB)] possibly has two separate domains that bind to the target DNA and P(3HB): functional mapping of amino acid residues responsible for DNA binding. *J. Bacteriol.* 189: 1118-1127

Yan A.M., Wang E.T., Kan F.L., Tan Z.Y., Sui X.H., Reinhold-Hurek B. and Chen W.X. 2000: *Sinorhizobium meliloti* associated with *Medicago sativa* and *Melilotus* spp. in arid saline soils in Xinjiang, China. *Int. J. Syst. Evol. Microbiol.* 50: 1887-1891

Yanagi M. and Yamasato K. 1993: Phylogenetic analysis of the family Rhizobiaceae and related bacteria by sequencing of 16S rRNA gene using PCR and DNA sequencer. *FEMS Microbiol. Lett.* 107: 115–120

Yang J., Sangwan I. and O'Brian M. 2006: The *Bradyrhizobium japonicum* Fur protein is an iron-responsive regulator in vivo. *Mol. Gen. Genom.* 276: 555-564

Yassein M.A., Ewis H.E., Lu C.-D. and Abdelal A.T. 2002: Molecular cloning and Characterization of the *Salmonella enterica* serovar Paratyphi B *rma* gene, which confers multiple drug resistance in *Escherichia coli*. *Antimicrobiol. Agents Chemo.* 46: 360-366

Yelton M.M., Yang S.S., Edie S.A. and Lim S.T. 1983: Characterization of an effective salt-tolerant, fast-growing strain of *Rhizobium japonicum*. *J. Generell Microbiol.* 129: 1537-1547

Yohannes E., Thurber A.E., Wilks J.C., Tate D.P. and Slonczewski J.L. 2005: Polyamine stress at high pH in *Escherichia coli* K-12. *BMC Microbiol.* 5:59

Young J.P.W., Downer H.L. and Eardly B.D. 1991: Phylogeny of the phototrophic rhizobium strain BTAi1 by polymerase chain reaction-based sequencing of a 16S rRNA gene segment. *J. Bacteriol.* 173: 2271-2277

Yuan G. and Wong S.-L. 1995: Regulation of *groE* expression in *Bacillus subtilis*: the involvement of the σ^A-like promoter and the roles of the inverted repeat sequence (CIRCE). *J. Bacteriol.* 177: 5427-5433

Yura T., Nagai H. and Mori H. 1993: Regulation of the heat-shock response in bacteria. *Annu. Rev. Microbial.* 47: 321-50

Yura T. 1996: Regulation and conservation of the heat-shock transcription factor σ^{32}. *Genes Cells* 1: 277-284

Yura T., Guisbert E., Poritz M., Lu C.Z., Campbell E. and Gross C.A. 2007: Analysis of σ^{32} mutants defective in chaperone-mediated feedback control reveals unexpected complexity of the heat shock response. *Proc. Natl. Acad. Sci. USA* 104: 17638–17643

Zaat S.A.J., Wijffelman C.A., Spaink H.P., van Brussel A.A.N., Okker R.J.H. and Lugtenberg B.J.J. 1987: Induction of the *nodA* promoter of *Rhizobium leguminosarum* Sym-plasmid pRL1JI by plant flavanones and flavones. *J. Bacteriol.* 169: 198-204

Zahran H.H. and Sprent J.I. 1986: Effects of sodium chloride and polyethylene glycol on root hair infection and nodulation of *Vicia faba* L. plants by *Rhizobium leguminosarum*. *Planta* 167: 303-309

Zahran H.H. 1999: *Rhizobium*-legume symbiosis and nitrogen fixation under severe conditions and in an arid climate. *Microbiol. Mol. Biol. Rev.* 63: 968-989

Zehner S., Schober G., Wenzel M., Lang K. and Göttfert M. 2008: Expression of the *Bradyrhizobium japonicum* type III secretion system in legume nodules and analysis of the associated *tts-Box* promotor. *Mol. Plant Microbe Interact.* 8: 1087-1093

Literatur

Zhan H.J. and Leigh J.A. 1990: Two genes that regulate exopolysaccharide production in *Rhizobium meliloti*. *J. Bacteriol.* 172: 5254-5259

Zhang L., Li X.-Z. and Poole K. 2001: Fluoroquinolone susceptibilities of efflux-mediated multidrug-resistant *Pseudomonas aeruginosa*, *Stenotrophomonas maltophilia* and *Burkholderia cepacia*. *J. Antimicrob. Chem.* 48: 549-552

Zuber U. and Schumann W. 1994: CIRCE, a novel heat shock element involved in regulation of heat shock operon *dnaK* of *Bacillus subtilis*. *J. Bacteriol.* 176: 1359-1363

Zgurskaya H.I. and Nikaido H. 2000: Multidrug resistance mechanisms: drug efflux across two membranes. *Mol. Microbiol.* 37: 219-225

Publikationen

Schürer H., Lang K., Schuster J. and Mörl M. 2002: A universal method to produce *in vitro* transcripts with homogenous 3´ends. *Nucleic Acids Res* 30: e56

Ludwig F., Medger A., Börnick H., Oppitz M., Lang K., Göttfert M. and Röske I. 2007: Identification and expression analyses of putative sesquiterpene synthase genes in *Phormidium* sp. and prevalance of *geoA*-like genes in a drinking water reservoir. *Appl. Environ. Microbiol.* 73: 6988-6993

Lang K., Lindemann A., Hauser F. and Göttfert M. 2008: The genistein stimulon of *Bradyrhizobium japonicum*. *Mol. Genet. Genomics* 279: 203-211

Zehner S., Schober G., Wenzel M., Lang K. and Göttfert M. 2008: Expression of the *Bradyrhizobium japonicum* Type III Secretion System in Legume Nodules and Analysis of the Associated *tts* box Promotor. *Mol. Plant Microbe Interact.* 21: 1087-1093

Okazaki S., Zehner S., Hempel J., Lang K. and Göttfert M. 2009: Genetic organization and functional analysis of the type III secretion system of *Bradyrhizobium elkanii*. *FEMS Microbiol. Lett.* 295: 88-95

Wenzel M. & Lang K., Günther T., Bhandari A., Lulchev P., Weiss A., and Göttfert M: FrrA of *Bradyrhizobium japonicum* is a flavonoid-responsive regulator of a putative multidrug efflux system. *J.Bacteriol.* submitted

Lang K., Pessi G. and Göttfert M.: Stress responses in *Bradyrhizobium japonicum*. Manuskript *in preparation*

I want morebooks!

Buy your books fast and straightforward online - at one of world's fastest growing online book stores! Environmentally sound due to Print-on-Demand technologies.

Buy your books online at
www.morebooks.shop

Kaufen Sie Ihre Bücher schnell und unkompliziert online – auf einer der am schnellsten wachsenden Buchhandelsplattformen weltweit! Dank Print-On-Demand umwelt- und ressourcenschonend produziert.

Bücher schneller online kaufen
www.morebooks.shop

KS OmniScriptum Publishing
Brivibas gatve 197
LV-1039 Riga, Latvia
Telefax: +371 686 204 55

info@omniscriptum.com
www.omniscriptum.com

Printed by Books on Demand GmbH, Norderstedt / Germany